Philippe Gervais-Lambony

L'Afrique du Sud et les États voisins

Édition augmentée

ARMAND COLIN

Collection U

Géographie

Illustration de couverture : Johannesburg, province du Gauteng, Afrique du Sud © Ludovic Maisant/Hemis/Corbis.

Maquette de couverture : L'Agence libre
Mise en pages : PCA
Cartographie : Julie Robert

Armand Colin
21 rue du Montparnasse
75006 Paris
www.armand-colin.com

ISBN : 978-2-200-28986-7

Introduction

Tout ouvrage a ses limites, en partie fonction de son objet mais aussi du moment où il est conçu et rédigé. Le texte que l'on va lire l'a été pour l'essentiel en 1997, soit trois ans après l'élection de Nelson Mandela à la présidence de la République d'Afrique du Sud, et voici aujourd'hui 16 ans. À l'exception de deux chapitres rédigés en 2013, il ne s'agit pas d'une édition mise à jour mais bien du texte originel, donc d'un état des lieux géographique de sept pays d'Afrique australe à ce moment-là.

Une mise à jour n'aurait pu être qu'une réecriture complète et une réorganisation du plan de l'ouvrage, ceci pour trois raisons.

Premièrement, les changements survenus durant les années écoulées ont été considérables, dans la région d'abord, mais globalement à l'échelle planétaire aussi avec leurs conséquences régionales. Cet aspect factuel qui n'empêche pas les continuités obligera le lecteur à une confrontation entre le texte repris ici et la bibliographie la plus récente; c'est ainsi que des éléments de bilan pourront être construits. Jamais il ne faut négliger un facteur essentiel de changement: le renforcement de l'inscription à l'échelle mondiale des territoires étudiés, qui peut être illustré par un bref exemple. En juillet 2013, les paysans-orpailleurs du village de Lucinio, dans la forêt du Choco au centre de la Colombie, participaient à un vaste mouvement de grève nationale en bloquant les axes routiers du pays. Ce contre quoi ils protestaient était la concession minière accordée par le gouvernement colombien à Anglo Gold Ashanti, filiale de l'Anglo American Corporation Plc, premier groupe financier sud-africain, qui les privait de leur droit d'exploiter des ressources en or. Nous sommes bien loin de l'Afrique australe, et pourtant c'est aussi à cette échelle globale qu'il faut aujourd'hui comprendre cette région du monde. Et la mondialisation de l'Afrique est aussi culturelle, on le sait, et elle conduit à des changements sociaux majeurs même s'ils concernent avant tout les classes moyennes émergentes et les nouvelles élites. C'est dans cette perspective qu'il faut lire les pages qui suivent.

Deuxièmement, les problématiques mêmes des sociétés concernées ont radicalement changé. Les années 1990 ont été dominées par le retour de l'Afrique du Sud sur la scène internationale et donc régionale, par la thématique de la réconciliation en même temps que par celle du passage à un régime «post-apartheid». Aujourd'hui l'apartheid peut sembler loin dans le temps, les jeunes Sud-Africains ne l'ont tout simplement pas connu, et ce sont aujourd'hui aussi des interrogations sur la mondialisation et ses conséquences qui animent les débats, certes sur fond de structures spatiales en grande partie héritées des régimes ségrégationnistes. Aux fractures construites par le passé entre groupes dits « raciaux » se sont au moins superposées des fractures sociales nouvelles, parfois recoupant d'ailleurs les mêmes divisions spatiales : le passage des questions « raciales » aux questions sociales est un des aspects centraux des problématiques actuelles de la région et tout particulièrement de l'Afrique du Sud. C'est aussi l'une des raisons pour lesquelles l'atmosphère d'optimisme des années 1990, fondée sur l'extraordinaire espoir suscité par la fin du régime raciste de Pretoria, semble bien loin aussi ; n'est-ce pas plutôt la déception qui domine ?

Troisièmement, la discipline géographique a aussi évolué, à tout le moins la manière de faire de la géographie de l'auteur de l'ouvrage. Des champs de réflexion nouveaux ont été ouverts, notamment dans le domaine de la géographie culturelle et politique. De facture très classique dans son plan et son contenu, l'ouvrage écrit en 1997 le serait différement aujourd'hui. Tout d'abord, l'idée d'un « cadre » physique et historique, décor dans lequel se déploierait une organisation de l'espace contemporain est désuete : c'est plus dans une interrogation sur les intercations entre temps, espace et société que l'on se placerait aujourd'hui, d'où la refonte du chapitre 1 de l'ouvrage de 1997 qui a aussi pour objet de donner des éléments d'information sur les évolutions de chacun des États traités. Ensuite, les frontières nationales devraient-elles encore être aussi le cadre exact des chapitres ? La question se pose tant les recompositions spatiales ont été importantes et multi-scalaires. Plus encore, les thématiques de la mondialisation d'une part, de la justice spatiale d'autre part, devenues essentielles, pourraient structurer un ouvrage écrit aujourd'hui.

Pour ces différents ordres de raison, le choix a donc été dans la présente édition de reprendre la plupart des chapitres d'origine. Le chapitre 1 a été fusionné avec l'ancien chapitre 12 et réécrit ; quelques passages devenus inutiles ou pouvant prêter à confusion ont été supprimés dans les autres chapitres. On a par ailleurs ajouté un chapitre d'actualisation sur l'Afrique du Sud (*post scriptum*). De la même manière, la bibliographie a été entièrement actualisée. Les cartes de l'ouvrage de 1997 ont aussi été sélectionnées, dans certains cas mises à jour, et réunies avec de nouvelles cartes dans un cahier en fin d'ouvrage.

Ci-après, les éléments de l'introduction de l'ouvrage d'origine peuvent donc être repris à condition de garder à l'esprit un point essentiel : 1997 est une année charnière. Certes ce n'est pas la date de la fin de l'apartheid et c'est bien celle-là qui a été le basculement majeur ; mais c'est l'année de l'affichage d'un changement de politique économique par le gouvernement sud-africain qui s'est finalement poursuivi jusqu'à aujourd'hui et a eu des conséquences sociales et spatiales majeures sur toute la région. En effet, si ce n'est qu'en 1999, lors des secondes élections nationales en Afrique du Sud, que Thabo Mbeki a succédé à Nelson Mandela, c'est dès 1997 que le choix d'une politique résolument néo-libérale a été fait. Ce choix n'a pas été sans relation avec les effets très forts en Afrique australe de la crise financière asiatique de 1997. On est alors passé d'une période marquée par le discours sur la réconciliation et la redistribution à celui de la compétition internationale, et ceci tant aux échelles nationales que locales et surtout métropolitaines. C'est donc le chemin parcouru depuis ce changement, et ses effets socio-spatiaux, qui peuvent être observés.

La géographie régionale impose de choisir des limites spatiales. Nous avions dans la première édition de cet ouvrage décidé de couvrir sept pays : l'Afrique du Sud, le Botswana, le Lesotho, le Mozambique, la Namibie, le Swaziland et le Zimbabwe. La région d'Afrique australe ainsi délimitée et malgré les différences profondes d'un État à l'autre nous semblait former un ensemble relativement cohérent. Le chapitre 1 ci-après interroge cette cohérence dont nous esquissons ici quelques aspects.

L'histoire de l'un ou l'autre des sept pays se comprend par référence aux autres, que ce soit l'histoire précoloniale des populations africaines (dont les royaumes successifs ont couvert souvent des territoires aujourd'hui politiquement distincts et dont les divers mouvements ont concerné toute la région), l'histoire coloniale qui a vu la conquête par différentes puissances européennes de l'ensemble de la région (avec l'Empire britannique comme puissance dominante) ou enfin l'histoire récente, marquée partout par des politiques ségrégatives. De ce fait, dans la plupart des cas, les structures spatiales héritées du passé sont de formes similaires dans les sept pays car elles ont un temps répondu au même objectif : maintenir la suprématie des populations d'origine européenne sur les autres. Enfin, une unité des peuples de la région s'est certainement forgée dans la lutte contre la domination européenne, les liens politiques et humains entre les divers mouvements de lutte armée ont été forts, par exemple entre Mozambique et Zimbabwe, ou entre Afrique du Sud, Lesotho, Mozambique et Zimbabwe.

Ensuite, tous les pays étudiés ici ont été liés par des mouvements migratoires anciens, essentiellement dus au travail dans les mines sud-africaines, mais pas seulement. L'Afrique du Sud, le Zimbabwe, le Botswana et la Namibie tirent aujourd'hui encore principalement leurs revenus de l'extraction minière alors que les salaires perçus par les travailleurs migrants sont encore essentiels pour le Swaziland et le Lesotho. Ces mouvements vont aujourd'hui très au-delà : les migrations internationales vers l'Afrique du Sud s'étendent à l'ensemble du continent africain, d'autant plus que la situation économique européenne et la fermeture de plus en plus stricte de ses frontières pousse à se diriger vers les pôles de dynamisme économique nouveaux.

Plus profondément encore, les pays étudiés sont unis par un fond culturel commun (seul le Mozambique fait souvent exception). Les modes de vie, le vocabulaire courant, les pratiques sociales (et le type de lieux où elles s'expriment) sont régionaux. Dans les *townships* de toutes les villes, le *shebeen* est le nom du débit de boisson informel ; le dimanche, partout, familles et amis se réunissent pour un *braai* (barbecue) ; dans tous les groupes africains, le jeune marié doit payer la *lobola* (dote) à la famille de l'épouse ; les gangsters dans les villes s'appellent partout des *tsotsi* ; les collines rocheuses des *kopje*...

Enfin, les sept pays appartiennent à la Communauté de développement d'Afrique australe (Southern African Development Community, SADC), union économique régionale qui réunit les anciens pays de la ligne de front et l'Afrique du Sud. Qu'elle soit perçue comme une menace de domination de l'Afrique du Sud sur la région, ou, au contraire, comme le seul espoir économique des pays les plus pauvres, l'intégration régionale est déjà avancée et justifie amplement une approche commune des sept pays, d'autant plus qu'elle va de pair avec un fait économique : l'état de dépendance forte des pays de la région vis-à-vis de l'Afrique du Sud. Échanges commerciaux et voies de transport, malgré les efforts dans le domaine portuaire tant de la Namibie que du Mozambique, sont surtout favorables à l'Afrique du Sud, qui est d'évidence le pôle économique et politique régional.

Traiter ensemble ces sept pays est donc justifié, mais pourquoi ne pas étendre notre objet à l'Angola, la Zambie et le Malawi ? Les deux derniers ont un temps été politiquement unis au Zimbabwe dans la Fédération de Rhodésie, le premier (dont l'histoire est parallèle de celle du Mozambique) a été un terrain de conflit entre grandes puissances par Afrique du Sud interposée. Le Malawi, enfin, a longtemps dépendu du soutien économique du régime de l'apartheid qui s'en servait pour contourner les sanctions internationales. Sans vouloir négliger ces réalités, c'est pour des raisons pratiques, notamment de place, que nous avons choisi de limiter cette étude à l'Afrique du Sud et aux pays frontaliers. Même dans cette optique, la question s'est posée de savoir s'il était justifié d'inclure le Mozambique : ancienne colonie du Portugal, dépourvu de richesse minière, tourné vers l'océan Indien, il s'agit d'un cas particulier dans la région. Seule la partie sud du pays a été très fortement affectée par les migrations vers l'Afrique du Sud et on aurait pu se limiter à elle. Le choix finalement retenu a été de traiter de tous les pays ayant avec l'Afrique du Sud une frontière commune : c'est que cet ouvrage reposait aussi sur un autre choix, celui de centrer clairement l'étude régionale sur l'Afrique du Sud à laquelle sept chapitres sur douze sont consacrés. On reproche pourtant assez, et souvent à juste titre, aux Sud-Africains de faire preuve d'impérialisme et le risque est grand, par le plan adopté, de reproduire ce travers. De fait, chacun des pays ici traités suffirait à occuper un ouvrage entier, chacun devrait être étudié plus en détail. Il reste que l'Afrique du Sud est la première puissance de la région : c'était vrai en 1997, cela ne l'est pas moins en 2013 ; au contraire, le secteur privé sud-africain est aujourd'hui omniprésent dans tous les pays ici traités, il y est même souvent le premier employeur.

Enfin, est-il besoin de rappeler que les transformations de l'Afrique du Sud depuis la fin de l'apartheid sont d'une ampleur qui justifie qu'on leur apporte la plus grande attention : non contents d'abolir l'apartheid, les Sud-Africains ont mis en œuvre une nouvelle constitution, procédé à des élections libres à tous les niveaux, du national au local, réorganisé le découpage administratif du territoire en créant nouvelles provinces et municipalités, réformé le système de santé, le système éducatif, l'armée et la police. Même pondérés par les échecs ou les renoncements des politiques conduites depuis 1994, ces changements, ne serait-ce que dans leur dimension spatiale, méritent une attention toute particulière. Il faut y ajouter des faits nouveaux : l'émergence d'une nouvelle classe moyenne et la mondialisation de l'économie nationale. Ces deux éléments étaient encore peu perceptibles en 1997, ils sont devenus essentiels : l'Afrique du Sud n'est plus seulement un pays « post-apartheid », elle est aussi un pays « émergent » et de nouvelles questions sociales et spatiales s'y posent.

Disons enfin que les limites de cet ouvrage ne sont pas seulement spatiales mais aussi thématiques. Il s'agit d'un livre de géographie, c'est-à-dire centré sur les problèmes spatiaux, à différentes échelles. Les questions traitées ont été choisies en fonction de la spécificité de la région étudiée. Ainsi les principales sont celles de l'organisation des espaces régionaux et des nouvelles modalités de fonctionnement spatial après les changements politiques qui ont supposé des redécoupages territoriaux.

Ceci signifie que dans aucun cas il ne s'agit ici de décrire de manière exhaustive les pays. Vouloir tout traiter aurait été par trop ambitieux et la place aurait de toute façon fait défaut. Néanmoins, l'histoire, la sociologie et la science politique sont trois disciplines dont les apports sont indispensables à la compréhension de la géographie de l'Afrique australe. Nous leur consacrons donc une large place : d'une part, la brutalité des changements historiques explique la prégnance du passé sur le présent, d'autre part, en Afrique australe, la géographie est politique parce que la politique a toujours été à la base de l'organisation spatiale et que la géographie a été un outil politique au service d'idéologies racistes (le partage de l'espace entre races était le fondement de l'apartheid). Si elle est politique, la géographie est aussi ici politisée : par le passé, la géographie (et l'histoire) de l'Afrique australe ont été si souvent connotées, déformées, au service d'un discours, que le chercheur ne peut échapper à un certain engagement.

Remarques de vocabulaire

Un certain nombre de termes employés couramment en Afrique australe trouvent leur origine dans les doctrines et les politiques de l'apartheid dont la terminologie était aussi un outil de propagande. Dans bien des cas, on est obligé de reprendre ces termes et il est souvent difficile de les traduire. Par ailleurs, il est nécessaire d'expliquer pourquoi on les utilise malgré leurs ambiguïtés : employer un vocabulaire racial ne signifie pas que l'on adhère à ces classifications mais seulement qu'on leur reconnaît une réalité sociologique et souvent politique incontournable. Au cours des pages qui suivent, chacun des termes utilisés sera défini en temps voulu, mais nous avons voulu au préalable signaler les plus couramment employés et les plus polémiques pour clarifier quelques points idéologiques une fois pour toutes. Ces précautions de langage ne sont pas anecdotiques, les vocabulaires utilisés successivement en Afrique australe ont eu des portées concrètes considérables sur les mentalités et les expériences vécues (individuelles et collectives) et le sujet est encore très sensible (il y aurait, il y a, des pages à écrire sur cette question) : les mots sont piégés et dangereux.

Par ailleurs, on ne peut se limiter aux problèmes posés par la traduction des termes anglais en français. Il faudrait avoir les compétences linguistiques pour réfléchir aux traductions dans toutes les autres langues de la région, qu'elles soient d'origine européenne (allemand et portugais), africaine ou mixte (afrikaans). Et ces problèmes linguistiques concernent aussi, et aujourd'hui beaucoup plus que dans les années 1990, la dénomination de lieux. Au Zimbabwe, c'est dès les années 1980 que la toponimie coloniale a été modifiée ; en Namibie c'est après l'indépendance dans les années 1990. En Afrique du Sud, en revanche, ce n'est que depuis le début des années 2000 qu'un vaste programme de dénomination des régions, des districts administratifs, des municipalités, des rues même a été mis en œuvre, à toutes les échelles donc et sous l'égide d'une commission nationale. On trouvera, par exemple, à la fin de cette introduction un tableau indiquant les changements de noms des principales villes du pays. Dans les chapitres repris de l'ouvrage de 1997, ce sont les noms anciens qui sont utilisés.

Dire les couleurs de la nation arc-en-ciel

La classification raciale, établie légalement à partir de 1948 par le régime de l'apartheid en Afrique du Sud et en Namibie, reprise presque à l'identique par le régime rhodésien au Zimbabwe, divisait la population en quatre catégories dont les dénominations devaient remplacer les désignations coloniales de *kaffirs, coolies, natives...* Ainsi on était blanc (ou Européen), noir (ou bantou), asiatique (ou indien) ou coloré (*coloured* en anglais). Nous utilisons ici, quand nécessaire, ces différents termes, à l'exception de celui d'asiatiques qui prête trop à confusion pour un lecteur francophone (même si le mot « indien » que nous utilisons est très inexact puisqu'il désigne des Sud-Africains n'ayant en général plus de lien avec l'Inde ou le Pakistan). Pour les groupes blancs et noirs, nous utiliserons de préférence le mot « blanc » (et éventuellement européen) d'une part, noir et africain d'autre part (ce qui ne signifie pas que nous nions l'africanité des autres groupes de population). Pour le groupe dit « *coloured* » nous n'utiliserons pas le terme « métis » mais « coloré ». L'usage du mot métis est plus que problématique : ce groupe de population est en effet varié et, dans sa très grande majorité, il n'est pas constitué de métis au sens français de sang-mêlé. Les Colorés en Afrique australe sont, pour le dire vite, tous ceux qui n'ont été classés ni blancs, ni noirs, ni indiens : il peut s'agir, par exemple, de populations d'origine malaise, malgache, de populations dites « hottentotes » (ou « khoikhoi »), de populations métissées d'Européens et de Hottentots, mais rarement de métis d'Européens et d'Africains noirs, et plus rarement encore de première génération.

Concernant chaque groupe, quand nous faisons référence précisément à un groupe ethno-linguistique, nous employons le mot exact, par exemple les Afrikaners, les Zoulous ou les Malais du Cap.

Enfin, l'avènement de la nouvelle Afrique du Sud a apporté des complexités terminologiques nouvelles. Généralement, les sud-Africains utilisent aujourd'hui le mot noir pour désigner l'ensemble des non-blancs, ce qui permet de leur reconnaître un statut commun d'anciennes victimes de l'apartheid. À l'inverse nous utilisons parfois ici l'expression non-blanc (très criticable mais plus claire pour un lecteur francophone) pour désigner cette catégorie de sud-Africains.

Il va sans dire enfin, qu'au-delà des mots, nous partageons l'espoir de beaucoup que les désignations raciales ne soient un jour plus utiles, néanmoins, parce que les mentalités changent lentement et surtout parce que les inégalités sociales en Afrique australe seront encore longtemps aussi raciales, il continue d'être nécessaire de les utiliser.

Réserves, *homelands*, bantoustans, terres de couleur...

Les territoires sud-africain, namibien et zimbabwéen ont été longtemps divisés racialement entre terres européennes et terres africaines. Dans les trois pays, les terres africaines se sont d'abord appelées réserves (indigènes) et nous utilisons ce mot pour les époques historiques correspondantes. En Afrique du Sud et en Namibie, ces territoires ont ensuite (à partir de la fin des années 1950) été appelés bantoustans puis *homelands*, ce qui correspondait à des changements de statut. Nous utiliserons de préférence le mot d'origine afrikaans « bantoustan » qui est le plus couramment utilisé. Au Zimbabwe, il n'y eut jamais de bantoustans mais des Tribal Trust Lands (TTL) jusqu'à l'indépendance, puis des zones communales (Communal Areas) par opposition aux zones commerciales (Commercial Areas), qui sont pour l'essentiel les anciennes terres blanches, après l'indépendance. Dans le cas du Zimbabwe, nous reprenons ces termes qui sont la terminologie officielle, tout en gardant à l'esprit l'hypocrisie qu'il peut y avoir à effacer ainsi dans le vocabulaire la référence raciale sans l'effacer dans les faits.

Des locations aux *townships*

Le dernier terme que nous souhaitons définir en préalable est le mot *township*. Il désigne toujours dans les pages qui suivent un quartier africain formel loti par les autorités. Nous utilisons le mot anglais sans en proposer de traduction car aucune ne serait satisfaisante. Un *township* est une forme de découpage de l'espace pour attribution de parcelles rectangulaires (le terme anglais comprend cette notion d'angle droit, comme dans le *township* rural nord américain). En ville, la traduction la plus juste et la plus simple serait donc lotissement (c'est pourquoi nous utilisons le mot *township* au masculin contrairement à d'autres auteurs). Mais en Afrique australe le mot est progressivement devenu synonyme de lotissement pour Africains, puis parfois plus largement de quartier africain, ce changement terminologique est lié notamment aux évolutions des politiques urbaines. En effet, à l'origine de la plupart des villes d'Afrique australe, les quartiers blancs étaient souvent lôtis par les autorités, alors que les quartiers pour non-blancs, appelés alors *locations*, ne faisaient pas l'objet d'un lotissement mais seulement d'une délimitation à l'intérieur de laquelle les habitants construisaient leurs logements (l'autre type de logement pour non-blancs était la cité minière, le *compound* au sein duquel les mineurs noirs étaient logés dans les dortoirs des *hostels*). À partir de la fin des années 1940, les anciennes *locations* ont été progressivement détruites pour être remplacées par de vastes lotissements publics en périphérie des villes, les *townships*. On a donc cessé d'employer le terme de *location* (*native, indian, malay location...*) après que ce soit développée cette forme urbaine nouvelle : le *township* est une forme urbanistique qui correspond à un âge d'aménagement urbain. Dans le même temps, les quartiers européens s'étant au contraire développés presque seulement selon les règles du marché privé, le mot *township* est devenu synonyme de lotissement pour Africains. Pour un citadin d'Afrique australe le mot évoque aussi immédiatement un paysage urbain très spécifique, raison supplémentaire pour reprendre le terme tel quel. Le *township* s'oppose aussi à des formes d'occupation moins formelles de l'espace urbain. Pour désigner ces autres formes urbaines, nous reprenons souvent le terme utilisé localement de camp de squatters, à condition qu'il s'agisse effectivement d'une forme non autorisée d'occupation du sol. Sinon, on utilise des termes faisant référence au paysage, par exemple bidonville, ou plus généraux comme quartier au bâti précaire ou informel.

Dénommer, renommer : remarques sur les nouvelles toponymies

Il y a d'étranges décalages temporels dans les dénominations de lieux d'Afrique australe. Ainsi, traverser, en 2013, une petite ville dans une partie de l'ancien Transvaal devenue province du Mpumalanga peut vouloir dire emprunter la *Voortrekker road*, nommée ainsi en mémoire des colons d'origine hollandaise, ceci près de 20 ans après la fin de l'apartheid. À l'opposé, on chemine encore aujourd'hui à Maputo le long de la rue Karl Marx alors que le pays s'est entièrement ouvert à l'économie de marché et qu'ont poussé dans la ville des centres commerciaux si typiques de la ville post-moderne. En Afrique du Sud, dans l'aire métropolotaine d'Ekurhuleni, qui ne s'appelle plus East Rand depuis l'an 2000, l'un de ces centres commerciaux porte le nom de Chris Hani, Secrétaire général du parti communiste sud-africain et *leader* de la branche armée de l'ANC, assassiné en 1991. À Bulawayo, deuxième ville du Zimbabwe, les rues portent depuis les années 1990 des noms de héros de la guerre de libération, mais seulement des noms de héros appartenant à l'ethnie Shona alors que nous sommes dans une ville Ndebele dont la participation à la lutte a été effacée pour des raisons strictement politiques.

Produire des territoires et des lieux, c'est aussi les nommer, et les enjeux de la toponymie sont identitaires. Le cas sud-africain est sans doute le plus complexe étant donné les changements récents de la tononymie. À l'échelle provinciale, les noms ont été définis par le gouvernement (seuls deux noms sont en langues africaines : le Gauteng, « le lieu de l'or », et le Mpumalanga, « pays où se lève le soleil »). Pour le reste, conformément à une loi de 1998, a été mis en place le South African Geographical Council qui est chargé de définir les noms officiels. Dans un pays multiculturel (et où co-existent de nombreuses langues, donc des noms souvent différents pour le même lieu) l'enjeu est essentiel. Le processus a été progressif, mais à partir de 2000 les noms des cours d'eau, des villes (les tensions ont été vives, et, par exemple, bien peu de résidents blancs de Polokwane ont renoncé à parler de Pietersburg), des municipalités, ont été stabilisés. À l'échelle locale, ce sont les municipalités qui définissent les noms des rues. Dans la plupart des cas, les changements ont été modérés, la municipalité d'eThekwini fait exception : en 2009 presque toutes les rues du centre-ville ont été renommées. Trois registres qui ont été privilégiés : membres de l'ANC, opposants indiens à l'apartheid, rois Zoulous. L'effacement des leaders d'autres partis politiques (en l'occurrence l'Inkhata Freedom Party longtemps puissant dans la province) en même temps que des marqueurs identitaires de la période coloniale a suscité de vives protestations.

Le tableau ci-après reprend les changements de nom des principales villes d'Afrique du Sud. Il n'est pas exhaustif mais vise seulement à faciliter la lecture du présent ouvrage dont certains chapitres sont antérieurs à ces changements et d'autres postérieurs. L'usage des deux noms reste souvent pleinement légitime puisqu'en fait les nouvelles autorités locales sont beaucoup plus étendues que les anciennes municipalités : par exemple, Tswhane englobe Pretoria et l'on peut utiliser, pour le moment, l'un ou l'autre nom selon l'entité dont on parle. Dans le cas des cartes actualisées ou nouvelles, on a indiqué en général les deux noms. Pour ce qui concerne les provinces, une seule à changé de nom depuis 1997, la province du Nord rebaptisée province du Limpopo (du nom du fleuve frontalier avec le Zimbabwe).

Tableau de correspondance pour les principales villes sud-africaines

1997	Nom actuel
Bloemfontein	Mangaung
Durban	eThekwini
East London	Buffalo City
East Rand	Ekurhuleni
Kimberley	Sol Platjee
Nelspruit	Mbombela
Pietermaritzburg	Mzunduzi
Pietersburg	Polokwane
Port Elizabeth	Nelson Mandela Bay
Pretoria	Tshwane
Richards Bay	uMhlatuze
Umtata	Mthatha

Première Partie

L'Afrique australe

Chapitre 1

L'Afrique australe, une « région » ?

L'Afrique australe constitue-t-elle une entité spatiale que l'on peut qualifier de « région » sous-continentale ? Ce finistère sud du continent africain s'avance massivement dans l'étendue océanique et sépare l'océan Indien à l'est et l'océan Atlantique à l'ouest, alors qu'au sud l'océan glacial Antarctique n'est pas bien éloigné. La seule limite non « naturelle » de l'ensemble régional est donc septentrionale, mais où faut-il la placer ? Et quelles grandes problématiques communes à cet ensemble peut-on dégager qui indiqueraient la « cohérence » de l'ensemble ?

Quelles délimitations ?

Il est habituel de placer la limite de l'Afrique australe aux frontières nord de l'Angola, de la Zambie, du Malawi et du Mozambique. Mais les délimitations sont diverses. Ainsi Pierre Gourou [1971] distingue « l'Afrique noire du sud-est », dans laquelle il range le Malawi, la Zambie, la Rhodésie (actuel Zimbabwe) et le Mozambique, et « l'Afrique australe », région centrée sur l'Afrique du Sud, qui comprend « la mouvance de la République d'Afrique du Sud » (Lesotho, Swaziland, Botswana et Namibie) et l'Angola. Jean-Pierre Raison [1994], quant à lui, considère dix pays de la zone comme appartenant à l'ensemble « Afrique australe », mais il distingue des « cercles » centrés sur l'Afrique du Sud : le « premier cercle » se compose de la Namibie, du Lesotho, du Swaziland, du Botswana et du Mozambique, au-delà se trouvent les périphéries (Zimbabwe, Malawi, Angola, Zambie). Dans la première édition du présent ouvrage, nous avions fait le choix d'analyser un ensemble composé de l'Afrique du Sud et des pays limitrophes, dans d'autres cas on a pu ne considérer que l'Afrique australe dite « anglophone » [Gervais-Lambony *et al.*, 1999] en arguant des spécificités très fortes de l'Afrique australe lusophone (Angola et Mozambique).

De fait, les délimitations de la région « Afrique australe » ont été multiples et ont varié dans le temps. Il n'est pas anecdotique que la littérature scientifique anglo-saxone utilise des définitions différentes de celles des auteurs francophones. Les Britanniques ont défini l'Afrique orientale dès la fin du XIXe siècle, alors qu'ils étaient déjà bien établis dans une partie de l'actuelle Afrique du Sud (Provinces du Cap et du Natal). La zone située entre ces deux ensembles, encadrée par les colonies portugaises d'Angola et du Mozambique, ne pouvait être que l'Afrique centrale : c'était la zone à conquérir (Livingstone l'avait qualifiée d'« *African interior* »), précisément pour relier l'austral et l'oriental et créer, rêve de Cecil Rhodes, une Afrique britannique du Cap au Caire. Dans les années 1940, il était bien établi dans le vocabulaire colonial britannique que les actuels Zambie, Zimbabwe et Malawi constituaient l'Afrique centrale : c'était une désignation toute coloniale (qui faisait notamment abstraction de l'Afrique centrale francophone) et qui n'est pas sans lien avec l'établissement de la Fédération d'Afrique centrale (1953-1963 : ce territoire réunit un temps les Rhodésies du Nord et du Sud, actuels Zambie et Zimbabwe, et le Nyasaland, actuel Malawi). Cette définition continue d'être souvent retenue, et les historiens de la région traitent couramment d'une Afrique australe constituée de l'Afrique du Sud, du Lesotho, du Swaziland, du Botswana et de la Namibie [voir, par exemple, Omer-Cooper, 1994]. Les atlas scolaires sud-africains excluent d'ailleurs aussi de l'Afrique australe le Malawi, l'Angola et la Zambie. Cependant, les ouvrages qui se fondent sur une définition institutionnelle de la région englobent les dix pays dans l'Afrique australe car il s'agit d'États membres de la SADC (carte 1).

La SADC

La Southern Africa Development Coordination Conference (SADCC) fut fondée en 1979 à Arusha (Tanzanie). Elle réunissait les six pays de la « ligne de front » (Angola, Botswana, Mozambique, Tanzanie, Zambie et Zimbabwe), mais aussi des pays membres de la SACU (Southern African Customs Union) (Lesotho, Swaziland et Namibie à partir de 1990) ainsi que le Malawi. L'objectif premier de la SADCC était de contrer l'influence économique de l'Afrique du Sud dans la région. Pour ce faire devaient être lancés conjointement des projets de développement permettant d'assurer l'indépendance des pays de la zone vis-à-vis du puissant voisin. Un sommet annuel des chefs d'État fixait les objectifs, des conseils des ministres avaient lieu tous les trois ans, occasion de répartir les tâches entre des commissions sectorielles. Enfin, un secrétariat général, basé à Gaborone, assurait la gestion de l'organisation. Le bilan de la SADCC a été très mitigé. Seul le secteur des transports a vu des projets se réaliser, essentiellement celui du corridor de Beira (Mozambique), qui a pu être remis en service grâce à l'aide internationale pour ouvrir un exutoire maritime au Zimbabwe. Cependant, dans le contexte de guerre que connaissaient deux pays au moins (Angola et Mozambique) et de déstabilisation menée par l'Afrique du Sud, la SADCC a eu le grand mérite d'exister et d'unir des pays que Pretoria cherchait précisément à diviser.

À partir du début des années 1990, les changements politiques en Afrique du Sud rendaient l'existence d'une association contre elle sans raison d'être, au

contraire, elle devait clairement devenir membre de la principale association régionale. La SADCC décida alors, en 1992, de changer de nature et d'objectifs. Elle se transforma en SADC (Southern African Development Community) et se donna pour but l'intégration économique de la région dans un marché commun (tout en maintenant la politique de soutien aux projets transfrontaliers grâce à son Fonds de développement régional). Cela rendit possible l'entrée dans l'organisation de l'Afrique du Sud qui se fit en 1994. Le périmètre de la SADC dépasse celui de l'Afrique australe puisqu'elle a toujours intégré la Tanzanie et qu'aujourd'hui s'y ajoutent la République démocratique du Congo, Maurice, les Seychelles et Madagascar (depuis 2005, mais sa participation a été suspendue suite au coup d'État de 2009).
Mi-1996, un accord de libre-échange a été signé entre tous les pays membres ; il prévoyait la suppression de toutes les barrières douanières ; celle-ci a été mise en œuvre à partir de 2000 mais exclut encore l'Angola, la RDC et les Seychelles. En 2008 a été signé un protocole d'accord entre la SADC et les communautés économiques d'Afrique orientale qui vise à terme à constituer une vaste zone de libre-échange unissant Afrique australe et Afrique orientale.
Si les dimensions économiques de la SADC donnent lieu à des évolutions régionales importantes, son rôle politique est beaucoup plus discutable, au cœur des débats depuis le début des années 2000, on trouve la question du Zimbabwe : la faiblesse des réactions de la SADC face aux manipulations successives des résultats électoraux dans ce pays (voir plus loin) l'indique assez.

Aux différents découpages de la région, il y a donc maintes raisons. Certaines sont conjoncturelles : considérations éditoriales pratiques, expériences individuelles des auteurs. D'autres sont des conséquences de l'histoire coloniale, elles conduisent à distinguer, d'une part l'ensemble Zimbabwe, Zambie, Malawi, d'autre part les deux anciennes colonies portugaises d'Angola et du Mozambique, et enfin les autres pays. Enfin, les considérations économiques sont essentielles. Au bout du compte, c'est cependant en fonction de leur relation avec l'Afrique du Sud qu'il est le plus pertinent de distinguer les pays d'Afrique australe. Cela légitime le choix de traiter d'abord de l'Afrique du Sud elle-même, puis de s'en tenir aux États qui en sont frontaliers, soit au total sept des dix États qui pourraient constituer l'Afrique australe.

Mais, même ce choix de délimitation fait, on reste confronté à la diversité de sept pays qui dit plutôt l'absence d'unité : une très inégale répartition de la population (à l'intérieur de chaque pays et entre les pays), une diversité économique très grande (du géant sud-africain au si démuni Swaziland) entre des territoires nationaux de tailles plus que contrastées, des trajectoires historiques divergentes (sous des dominations coloniales portugaise, allemande ou britannique, mais aussi avec des dates d'accession à l'indépendance très décalées).

Les milieux naturels présentent aussi la palette presque complète des milieux naturels tropicaux et, marginalement, méditerranéens. Chercher dans cette dimension environnementale les traits d'une unité régionale serait une gageure, sauf à la considérer, à juste titre, comme le produit de représentations produites et même si un élément commun essentiel est à retenir : la faiblesse et l'irrégularité des précipitations sur l'essentiel de la région.

Images des paysages, réalités d'une Afrique sèche

L'idée d'une unité « naturelle » de l'Afrique australe est à la fois ancienne, coloniale, et récente, liée au développement des activités touristiques. Elle est en tous cas fondée sur des représentations. Deux images émergent. L'une est celle du *veld*, de sa plate immensité nue, de ses lignes d'horizon fuyant à l'infini. L'autre est plus « mondialisée », c'est celle qui est commercialisée pour attirer les touristes internationaux, c'est limage de l'Afrique des grands parcs naturels et des safaris.

L'image mentale du *veld* nous est laissée par les romanciers et les cinéastes d'Afrique australe. Ces paysages évoquent l'intemporalité : « La route [...] s'engage bientôt en droite ligne dans [...] le plateau du Highveld. C'était le début de l'hiver ; un de ces matins immobiles, sans un souffle d'air, et que le soleil remplit d'une lumière calme, égale, qui découpe les quelques arbres en noir sur fond d'herbe pâle. De la gelée nocturne ne subsistait qu'une odeur fraîche » (Nadine Gordimer, 1966 [trad. 1993], *Feu le monde bourgeois*, Paris, 10/18, p. 13).

Ces hauts plateaux s'étagent en gradins séparés par des escarpements plus ou moins marqués dans le paysage. Le vocabulaire descriptif utilisé dans tous les pays de la zone est tiré de l'afrikaans ; on distingue le haut (au-dessus de 1 200 m), le moyen (600 à 1 200 m) et le bas *veld* (en dessous de 600 m). Les nuances de ce *veld* sont en effet nombreuses, depuis la nuance sèche, désolée, quasi désertique, sableuse et à végétation à épineux, jusqu'à la nuance plus humide du bas *veld* oriental, en passant par les paysages de haut *veld* marqués par le froid des hivers et l'adaptation de la végétation. Les couverts végétaux diffèrent ici en fonction de l'altitude et non pas de la latitude. Le bas *veld* est moins herbeux, souvent occupé par le *mopane*, une savane arborée ou une steppe ; c'est vrai aussi des grands fossés d'effondrement du Zambèze ou du bassin du Limpopo, exception faite des abords mêmes des fleuves. Sur le haut *veld* et le moyen *veld*, c'est l'herbe qui domine, contribuant à donner aux paysages les traits de l'immensité.

Cette monotonie du relief austro-africain est due, pour partie, à l'ancienneté du soubassement et au calme tectonique relativement récent par rapport à d'autres régions de la planète. L'essentiel de la région est constitué du socle hercynien et de sa couverture sédimentaire ou détritique. On y trouve les roches parmi les plus anciennes du monde (4 milliards d'années) sur le bouclier au nord et nord-ouest de l'Afrique du Sud et du Zimbabwe. Les deux tiers de ce bouclier, en Afrique du Sud, sont recouverts par la série sédimentaire et détritique du Karoo, épaisse de plus de 6 000 m et vieille de 150 à 250 millions d'années.

L'épisode du Karoo se termine par l'épisode volcanique jurassique qui a provoqué l'épanchement résistant de laves et basaltes formant les sommets des montagnes du Drakensberg sud-africain et du Lesotho.

Pourtant, ce *veld*, paysage dominant, ne doit pas occulter l'existence d'autres milieux, très variés, qui brisent l'image d'unité « naturelle » de l'Afrique australe. Le paysage montagnard, à des altitudes parfois supérieures à 3 000 m, est celui du Drakensberg, long bourrelet montagneux qui borde la partie orientale de la région. Ses paysages sont grandioses, accidentés de pics acérés, de pentes escarpées et de roches mises à nues aux couleurs chaudes, jaunes et orangées. Mais souvent aussi les massifs offrent des formes plus molles, cela en fonction de la lithographie, de l'étagement altitudinal et de l'exposition des versants. Certains secteurs connaissent un enneigement hivernal très important, ce qui permet au Lesotho de disposer de deux stations de ski (en juillet). Les paysages des vallées fluviales sont aussi divers, parcourus de cours d'eau paresseux comme le Zambèze sur l'essentiel de son cours ou, au contraire, vallées qui se rétrécissent en gorges et rapides tumultueux en traversant des zones de roches résistantes (volcaniques en général), souvent coupées de chutes parmi les plus belles du monde comme à Victoria Falls (Zambèze) ou à Augrabies Falls (Orange). En aval, les fleuves s'ouvrent généralement largement en deltas et estuaires grandioses avant de se jeter dans l'océan. Partout la végétation des bords de l'eau avec son abondante faune d'oiseaux crée un milieu et un spectacle à part entière. En milieu sec, la variété des formes du réseau hydrographique, qu'il s'agisse d'*oueds* repérables par les sols alluviaux de leurs vallées et la végétation arborée liée à la présence de l'inféoflux, ou de lacs salés plus ou moins secs (*pans*) ou de deltas intérieurs endoréiques (Okavango), créent d'autres paysages.

Évoquer le delta de l'Okavango conduit à l'autre image forte des paysages d'Afrique australe. Dans les immenses parcs naturels, les touristes découvrent l'Afrique telle qu'ils la rêvent. Essentiellement hérités de la colonisation britannique, les parcs naturels, nombreux, ont permis la conservation d'espèces animales particulièrement menacées et plus largement de la grande faune africaine. Les plus vastes sont mondialement célèbres, ce sont les plus grands d'Afrique : Hwange (14 651 km^2) au Zimbabwe, Kruger (19 455 km^2), Kalahari Gemsbok (36 000 km^2) à cheval sur l'Afrique du Sud et le Botswana, Etosha (22 270 km^2) en Namibie et Okavango Delta (15 000 km^2), Chobe (12 000 km^2) et Central Kalahari (51 800 km^2) au Botswana. Mais les parcs plus petits sont légion et permettent une activité touristique très profitable, que ce soit dans les parcs publics ou les réserves privées (le plus souvent d'anciennes fermes commerciales converties en réserves). À cet atout touristique s'ajoute la variété des littoraux, attractifs au moins sur l'océan Indien et le sud de l'Afrique du Sud, qui ont l'avantage de connaître l'été au moment de l'hiver dans l'hémisphère nord (mais l'essentiel de la fréquentation touristique balnéaire est encore régionale). En outre, de larges portions de littoraux restent à développer, ce qui constitue, pour l'Afrique du Sud et le Mozambique en tout cas, un potentiel touristique considérable : le littoral tropical de l'océan Indien fait alterner longues plages de sable, côtes à coraux avec leurs récifs frangeants, étendues de mangroves et lagunes, l'ensemble en avant d'un cordon dunaire imposant; le littoral méditerranéen du sud avec des sites grandioses de corniches liées à la tombée brutale de la montagne dans la mer, des calanques, des baies, des caps et promontoirs rocheux. Radicalement différents, les déserts côtiers namibien et sud-africain, longés par le courant froid de Benguela, marqués par le sel, la brume constante, les dunes, le froid et l'adaptation d'une végétation xérophile, ont un potentiel touristique faible mais sont baignés par des eaux parmi les plus poissonneuses du monde.

Mais au-delà de ces images, les milieux de la région sont caractérisés tout à la fois par la sècheresse d'ensemble et l'irrégularité des précipitations. L'analyse des données météorologiques permet de classer les climats d'Afrique australe en quatre grands groupes (carte 2): aride à l'ouest, méditerranéen au sud, tropical humide à l'est et tropical sec sur le plateau intérieur. Ces climats sont influencés par la circulation atmosphérique tropicale et tempérée au sud. Dans la zone intertropicale, le climat est lié à l'existence de trois cellules de hautes pressions tropicales, situées approximativement à 30° de latitude sud: sud-atlantique, sud-indienne, continentale. La haute pression dynamique continentale explique la faiblesse des précipitations. Comme elle est plus marquée en hiver, à cette saison l'air est subsident et il ne pleut pas (elle bloque l'air chaud et humide venant des régions équatoriales). En été, elle s'affaiblit, d'où les pluies d'été venues essentiellement de l'océan Indien. À cette même saison, la haute pression continentale étant très faible, l'air froid et sec de la haute pression atlantique et l'air chaud et humide de la haute pression indienne entrent en contact sur le continent: le long de ce front de contact les orages sont nombreux, ce qui donne le climat typique de la région de Johannesburg avec en été des orages violents quasi quotidiens. Le sud de l'Afrique australe, surtout en hiver, est quant à lui sous l'influence de la circulation cyclonique des latitudes tempérées liée aux basses pressions du front polaire (50-60° de latitude sud). Les dépressions (et les perturbations associées) de cette zone sont poussées vers l'est par les *easterlies*; il s'agit d'air froid et humide qui explique les fronts froids hivernaux affectant l'Afrique du Sud ainsi que les pluies d'hiver au sud du continent. Dans la région de Nelson Mandela Bay, les vents océaniques convergent toute l'année, les pluies sont donc réparties assez uniformément.

La sécheresse, sur l'essentiel du territoire de la région, pose une limite à l'utilisation intensive de l'espace, d'où l'importance des aménagements hydrauliques et des périmètres irrigués. La pluviosité est faible et surtout irrégulière, sauf dans les montagnes et sur le littoral oriental, et le réseau hydrographique est peu développé. Environ 60 % des territoires considérés ici reçoivent moins de 700 mm d'eau par an. Au Zimbabwe, seules les montagnes de l'est reçoivent plus de 1 000 mm d'eau par an. Même les hautes terres centrales consacrées à une agriculture commerciale européenne ne sont pas suffisamment arrosées (700 mm par an à Harare), sans parler du bas *veld* (moins de 300 mm par an à Beitbridge). Seuls l'extrême nord du Botswana et l'extrême nord-est de la Namibie reçoivent plus de 500 mm de pluie par an. Mis à part une étroite bande littorale et les hauteurs intérieures du nord du pays, le Mozambique est aussi médiocrement arrosé. En Afrique du Sud, au Lesotho et au Swaziland enfin, seules les hauteurs du Drakensberg et le KwaZulu-Natal sont correctement arrosées. En Afrique du Sud seulement 4 % du territoire reçoit plus de 1 000 mm par an. Ailleurs, on est en dessous des 700 mm par an, bien moins dans les régions arides de l'ouest. Enfin, et surtout, les précipitations sont caractérisées par leur irrégularité. Et plus la région est sèche, plus l'irrégularité est importante. Régulièrement, l'Afrique australe est victime de sécheresses ou d'inondations catastrophiques, et les études les plus récentes sur changement climatique annoncent la multiplication de ces événements climatiques combinés à une baisse globale des précipitations sur la région. Durant la période récente les épisodes de sécheresse les plus dramatiques ont eu lieu en 1991-1992, 2007 et 2012. Lors de cette dernière crise la production agricole du Lesotho par exemple a chuté de plus de 50 % et de l'aide alimentaire a été distribuée aussi au Zimbabwe. Les années 2000, 2011 et 2012 ont quant à elles été marquées par des inondations catastrophiques frappant le Mozambique, l'est de l'Afrique du Sud et du Zimbabwe, le Swaziland et le Lesotho ; au Mozambique plus de 250 000 personnes ont dû être déplacées fin 2012.

L'unité de cette Afrique, si elle existe, tient donc pour partie aux problématiques climatiques. Mais elle est bien d'avantage fondée sur l'histoire de la région, ses conséquences économiques, sociales et culturelles et les choix politiques contemporains. La domination de l'économie minère d'abord, surtout parce que les mines, aujourd'hui encore motrices des économies de la région, ont historiquement conditionné les flux financiers et migratoires (dont les conséquences culturelles ont été majeures) autant que la mise en place d'infrastructures de transport à l'échelle régionale. La relation géopolitique à l'Afrique du Sud ensuite : au XXe siècle, les interventions militaires, indirectes ou directes, sud-africaines ont touché la Namibie et le Mozambique, les actions de terrorisme d'État (bombes, attentats, agressions contre des bureaux de mouvements politiques...) ont frappé tous les pays. La dépendance économique vis-à-vis de l'Afrique du Sud a été le fait de tous aussi, soit dépendance complète (Lesotho, Namibie, Swaziland), soit par le biais du contrôle des axes de communication (Mozambique et Zimbabwe). Enfin, sur le plan politique, les situations des sept États présentent des points communs majeurs : presque tous ont à gérer des questions foncières héritées des politiques ségrégationnistes ; dans presque tous également est au pouvoir un parti politique issu de la lutte de libération mais qui malgré cet héritage a opté, aujourd'hui, pour des politiques économiques libérales. Plus conjoncturellement, les sept pays ont été fortement affectés par la crise économique mondiale de 2008-2009 qui a provoqué un ralentissement de leur croissance économique dont ils ne se sont à ce jour pas complètement remis, renforcant encore dans chaque pays les problèmes d'une pauvreté massive.

Tableau 1. Quelques chiffres sur les sept pays

	Population (millions)	Taux de croissance économique 2013 (%)	Chômage pop. active (%)	Population sous le seuil de pauvreté (%)
Afrique du Sud	53	2	25	45
Botswana	1,8	5,6	7,5	20
Lesotho	2,2	4,7	45	45
Mozambique	23,7	8,5	–	–
Namibie	2,3	4,2	51,2	40
Swaziland	1,2	0,7	40	63
Zimbabwe	12,6	5	–	–

Source : *Images économiques du monde 2014*, Paris, Armand Colin, 2013 et Stat SA, 2013.

« L'Afrique des mines »

À peu près tous les minerais sont présents en Afrique australe. Le simple catalogue des ressources exploitées est éloquent (tableau 2). C'est sur la richesse minière qu'est fondée l'économie de la Namibie, du Botswana, du Zimbabwe et largement de l'Afrique du Sud. Seuls trois pays sont restés longtemps mal dotés en richesses minières : le Mozambique, le Lesotho (où l'extraction de diamant est restée jusqu'à récemment une activité artisanale) et le Swaziland (qui exploite cependant des gisements d'amiante et de fer). Pourtant ces trois pays ont longtemps eu une économie qui reposait aussi sur l'activité minière : ils ont en effet fourni l'essentiel de la main-d'œuvre des mines sud-africaines et rhodésiennes et les renvois d'argent au pays constituaient un revenu essentiel pour les économies nationales.

Le poids quantitatif de l'exploitation minière reste essentiel dans la région, paradoxalement la mondialisation des échanges n'a pas conduit à une diversification économique, au contraire, et ce manque de diversité reste un problème central. Un bref tour d'horizon de la région l'indique. Les minerais se placent toujours, et de loin, en tête des exportations sud-africaines. 70 % de la valeur des exportations du Botswana et du Zimbabwe (essentiellement platine, or et diamants) reposent sur les minerais. La croissance économique du Mozambique, la plus forte de la région actuellement, s'appuie depuis la fin des années 1990 sur l'exploitation du gaz naturel, du charbon et de l'aluminium, celle de la Namibie sur le diamant et l'uranium, et dans les deux pays les perspectives d'exploitation pétrolières semblent prometteuses. Le Lesotho a accru récemment sa production de diamant dont la production représente désormais 10 % de son PIB (et encore à ce jour plus de 40 000 ressortissants du Lesotho sont employés dans les mines sud-africaines) mais a aussi réussi mieux que d'autres une diversification économique avec, d'une part, les bénéfices tirés de la vente de ses ressources en eau à l'Afrique du Sud (grâce aux aménagements considérables dans le cadre du Lesotho Highlands Water Project qui permet aussi la production hydro-électrique), et d'autre part, le développement d'une industrie textile (qui emploie 45 000 personnes, essentiellement des femmes, soit 50 % des emplois formels du pays) grâce à des investissements de sociétés nord-américaines et des accords commerciaux avec les États-Unis qui importe l'essentiel de la production.

Tableau 2. Les principales richesses minières exploitées en Afrique australe

Namibie	Zimbabwe	Botswana	Swaziland	Mozambique	Lesotho	Afrique du Sud
diamant, uranium, cuivre, plomb, zinc	platine, or, diamant, amiante, chrome, cuivre, lithium, tungstène, nickel, fer, charbon	diamant, cupro-nickel, cuivre, carbonate de soude	fer, amiante	gaz, charbon, auminium	diamant	or, diamant, charbon, fer, cuivre, zinc, chrome, platine, manganèse, vanadium, amiante, antimoine, verniculite, phosphate, argent, zirconium, titanium

Le rôle de la mine dans la région est cependant loin d'être seulement économique, il a été global sur l'histoire, la culture et l'organisation spatiale du sous-continent.

La colonisation, surtout britannique, avait pour objectif majeur le contrôle des mines de diamants et surtout d'or. Deux types de colonisation se sont opposés dans la région, la minière et la terrienne. Les Afrikaners furent les principaux acteurs de la seconde, ils cherchaient à s'emparer de terres rurales pour mettre en place une société conforme à leurs idéaux. Les conflits, dont la guerre des Boers, entre Britanniques et Afrikaners peuvent être interprétés comme une lutte entre intérêts miniers et intérêts terriens dont l'enjeu fut toujours la main-d'œuvre africaine... La guerre des Boers (1899-1902), par exemple, était une guerre impérialiste par laquelle les Britanniques voulaient prendre le contrôle des mines d'or du Witwatersrand exploitées à partir de 1886 sur le territoire de la république afrikaner du Transvaal. De même la conquête de la Rhodésie visait à prendre le contrôle de ce que l'on pensait être les anciennes mines d'or du Monomotapa (même si la faible importance des découvertes a poussé très vite les colons à se tourner plutôt vers l'agriculture).

C'est à partir des mines, pour les approvisionner en matériaux et main-d'œuvre et exporter leurs productions que les Britanniques ont développé le réseau ferroviaire qui est resté le plus achevé du continent. C'est aussi sur la base de la localisation des richesses minières que s'est fait le découpage interne à chaque pays entre terres blanches et réserves africaines (devenues bantoustans en Afrique du Sud): en Afrique du Sud, au Zimbabwe, en Namibie les terres réservées aux Européens furent soit les terres agricoles les plus riches, soit les terres potentiellement riches en minerais.

Par ailleurs, le développement des activités minières supposait une main-d'œuvre africaine, des capitaux et une industrie d'amont. Ce furent trois facteurs essentiels d'unification de la région.

En premier lieu, le besoin de main-d'œuvre africaine pour les mines provoqua des déplacements massifs de travailleurs sous contrat, et, en Afrique du Sud et en Rhodésie, cette main-d'œuvre vint longtemps essentiellement des pays voisins (Malawi, Mozambique, Lesotho et Swaziland surtout). Dans les mines d'or sud-africaines par exemple, au début des années 1970, 80 % des mineurs étaient étrangers. Cette proportion a fortement baissé à partir du milieu des années 1970, pour être ramenée aujourd'hui en général aux environs de 30 %. Cette part dominante de la main-d'œuvre étrangère s'explique par le fait que les gouvernements souhaitaient éviter que l'emploi dans les mines ne concurrence les emplois dans l'industrie et l'agriculture blanche, d'autre part les emplois de mineurs attiraient peu les nationaux car ils étaient dangereux et mal rémunérés. Mais l'essentiel, dans notre perspective, est que ces flux de main-d'œuvre ont affecté toute la région ou presque et ont contribué à constituer un ensemble économique et culturel. Au-delà encore, on ne peut négliger le fait que le système du travail migrant minier a servi de modèle, pour la gestion de la main-d'œuvre africaine en général, de même que le modèle du *compound* minier est un des fondements de la structure des villes de l'apartheid en Afrique du Sud, au Zimbabwe et en Namibie.

Enfin, c'est sur les mines que s'est fondé le développement industriel qui fait de l'Afrique australe un cas particulier en Afrique. En effet, le Zimbabwe et l'Afrique du Sud se distinguent car ces deux pays ont utilisé leurs ressources pour développer leurs industries. Le charbon a fourni l'énergie, le minerai de fer a permis le développement de la sidérurgie et de la métallurgie, l'or et le diamant le développement du capital et du secteur financier. En aval comme en amont, la mine est la source de la puissance économique de ces deux pays: l'industrie s'est développée, d'une part pour fournir les outils nécessaires à l'extraction minière, d'autre part elle s'est fondée sur la transformation des matières premières fournies par les mines. Ce processus unique en Afrique a donné naissance à des villes industrielles, voire à des régions entières dont le principal exemple est le Witwatersrand, ensemble de cités minières devenu région d'industrie lourde.

Il faut dire que la région bénéficie d'une géologie particulièrement favorable. Tout d'abord les terrains carbonifères du karoo offrent, en Afrique du Sud et au Zimbabwe, les gisements de charbon les plus riches et les plus facilement exploitables du monde. Ensuite les intrusions volcaniques sont nombreuses et riches en métaux rares. Mais ce sont, bien sûr, les terrains aurifères du Witwatersrand qui ont été essentiels: cette petite région, qui fut longtemps le plus important gisement du monde, a été le cœur de cette Afrique des mines. On comprend donc le sens de l'expression (polysémique) « l'Afrique des mines ». Mais la situation est en train de changer. Premièrement, les régions minières ne sont plus celles de jadis : l'or ne vient plus du Witwatersrand mais de la région de Welkom dans l'État Libre, le diamant est aujourd'hui surtout exploité au Botswana et sur les littoraux atlantiques d'Afrique du Sud et de Namibie. Deuxièmement, les variations actuelles du cours de l'or menacent l'économie sud-africaine et c'est sur les minerais plus rares, exploités dans des mines récentes, que l'on compte de plus en plus. En 1970, l'Afrique du Sud était le premier producteur d'or du monde, avec 68 % de la production planétaire ; en 2012, elle est le 6e producteur avec seulement 6 % de la production mondiale. Enfin, les mines emploient de moins en moins : par exemple, les mines d'or sud-africaines employaient plus de 500 000 personnes en 1989, en 1998 300 000 et en 2012 moins de 150 000.

Échelles contemporaines : Afrique du Sud, Afrique australe, Afrique, Monde

Une Afrique australe sud-africaine ?

L'Afrique du Sud est le « centre » de l'Afrique australe : nœud des transports (Johannesburg étant par exemple l'incontestable plaque tournante du trafic aérien de la région), lieu d'origine des principaux flux de capitaux, principal partenaire économique de la plupart des autres pays, modèle ou repoussoir culturel et politique enfin. Dès lors, c'est selon le rapport à ce centre qu'il convient de définir les sous-ensembles régionaux. Le degré de dépendance économique vis-à-vis de l'Afrique du Sud est un bon critère de différenciation régional, or cette dépendance n'a pas diminué depuis le début du XXIe siècle. Les pays membres de la SACU (Southern Africa Costums Union) restent les plus dépendants (Namibie, Botswana, Swaziland et Lesotho).

La SACU

La Southern Africa Costums Union (SACU) est la plus petite et la plus ancienne des organisations régionale d'Afrique australe. Elle fut créée par la Grande-Bretagne et l'Union sud-africaine en 1910 pour mettre en place une zone de libre-échange entre les protectorats britanniques et la nouvelle Union. En 1920, la Namibie, passant sous mandat sud-africain, devint membre de la SACU. En 1969, l'organisation a été redéfinie dans un contexte nouveau (indépendance du Botswana, du Lesotho et du Swaziland). Aujourd'hui, elle comprend l'Afrique du Sud, le Botswana, le Swaziland, le Lesotho et la Namibie et son mode de fonctionnement a été modifié suite à des négociations commencées en 1994 et qui ont abouti à un accord en 2000. La SACU est une zone de libre-échange à tarifs douaniers communs. Les taxes douanières sont perçues par l'Afrique du Sud et reversées par elle aux pays membres, des accords commerciaux internationaux sont aussi négociés et signés en commun, notamment avec les États-Unis et l'Europe. La SACU reste certainement un outil de la domination sud-africaine sur ses voisins, mais les bénéfices qu'en tirent les petits États sont démontrés par le fait que la Namibie a choisi de rester membre après son accession à l'indépendance. Pour le Swaziland et le Lesotho, cette union a été encore renforcée par la création en 1974 d'une zone rand (dans laquelle le Botswana a refusé d'être intégré), devenue la *Common Monetary Area* : les monnaies swazi (le lilangeni) et sotho (le maluti) sont fixées sur le rand qui a cours dans les trois pays (mais l'inverse est faux).

Hors de la SACU, le Mozambique est plus encore que naguère dans l'orbite sud-africaine et le Zimbabwe ne se distingue que relativement en raison de son histoire politique récente dont les effets sont d'ampleur régionale. La dynamique territoriale régionale est donc l'intégration sous domination sud-africaine. Et il n'y a d'ailleurs pas d'alternative pour l'Afrique du Sud elle-même : seul le renforcement de l'unité régionale peut permettre d'espérer un développement harmonieux pour la région, et l'Afrique du Sud ne peut se permettre de négliger ses voisins car troubles politiques et difficultés économiques à ses frontières ont pour conséquence directe des flux migratoires qu'elle ne peut absorber comme la crise politique et économique du Zimbabwe depuis la fin des années 1990 l'a montré.

La « crise » zimbabwéenne

En juillet 2013, Robert Mugabe, au pouvoir depuis 1981 au Zimbabwe, a été réélu à la tête de l'État avec plus de 60 % des voix lors d'élections marquées par des intimidations, des achats de votes et de nombreuses irrégularités. Les observateurs de la SADC ont néanmoins validé les résultats et les chefs d'État de la région ont félicité Robert Mugabe pour son élection. Depuis la fin des années 1990, la situation politique et économique du Zimbabwe perturbe profondément les équilibres régionaux et laisse dans l'embarras les dirigeants.
À partir du début des années 1990, le Zimbabwe, fortement endetté, a été contraint par les organisations internationales, au premier rang desquelles le FMI, à mettre en œuvre un plan d'ajustement structurel. La vigueur des mesures d'austérité budgétaire, l'accroissement du chômage dans un contexte de désindustrialisation dû à l'ouverture d'une économie longtemps fermée sur elle-même et un autoritarisme de plus en plus brutal du pouvoir (qui dans le même temps impliquait le pays à grand frais dans le conflit de la République démocratique du Congo), ont conduit à une montée en puissance des oppositions, émanant notamment du mouvement syndical. De ce mouvement est né en 1999 le Movement for Democratic Change (MDC), parti d'opposition dont la première campagne politique a destabilisé le parti dominant, la ZANU-PF, lors d'un référendum sur une réforme constitutionnelle en 2000. L'enjeu était la possibilité du maintien au pouvoir de Robert Mugabe pour un nouveau mandat. Fragilisé par son échec au référendum, le régime lança d'une part une répression poli-

cière d'une extrême violence contre l'opposition, d'autre part un programme de redistribution rapide des terres commerciales, abandonnant le principe d'un achat volontaire conforme aux accords de l'indépendance et l'idée même d'une compensation financière. Ainsi la ZANU-PF se présentait comme un parti anti-colonialiste, s'appuyait sur le mouvement des anciens combattants de la guerre de libération dont elle soutenait les actions d'invasion violente de fermes blanches et pouvait satisfaire l'élite politique en lui attribuant des terres agricoles tout en accusant le MDC d'être au service du capitalisme international et de l'ancienne puissance coloniale. Dans ce climat de violence, la ZANU-PF a remporté les élections de 2002 puis de 2005. Dans le même temps, le pays sombrait dans une spirale dramatique : entre 2002 et 2006, le PIB zimbabwéen s'est contracté de plus de 50 % et le taux de chômage est monté à 80 %, l'inflation dépassait les 165 000 % en 2008, près de 5 millions de personnes ne survivaient que grâce à l'aide alimentaire, plus de 4 millions de Zimbabwéens avaient émigré essentiellement vers l'Afrique du Sud, l'espérance de vie à la naissance était tombée à 34 ans du fait de l'épidémie de Sida et de la malnutrition, omniprésente après les invasions des fermes commerciales et la chute de la production agricole. C'est dans ce contexte que se sont déroulées les élections parlementaires, puis présidentielles de 2008, cette fois remportées dans les urnes par le MDC dirigé par Morgan Tsvangirai, mais suivies d'une nouvelle vague de violence politique (qui a amené Morgan Tsvangirai à se retirer entre les deux tours de l'élection présidentielle) qui a conduit, après intervention de la SADC, à la mise en place d'un gouvernement associant la ZANU-PF et le MDC (avec Morgan Tsvangirai comme Premier ministre) et maintenant Robert Mugabe à la tête de l'État.

Sous ce nouveau gouvernement dans lequel le MDC détenait les portefeuilles économiques alors que la ZANU-PF conservait notamment le contrôle des forces de sécurité et la justice, le dollar zimbabwéen a été abandonné, les comptes nationaux établis en dollars US (le rand sud-africain ayant aussi cours dans le pays). L'inflation a été jugulée. Le FMI et la Banque mondiale interviennent de nouveau au Zimbabwe depuis juin 2009, un plan d'aide directe sud-africain a été mis en œuvre. Dans le même temps, les services publics ont été lentement remis en marche et les produits de première nécessité sont devenus de nouveau accessibles à qui peut les payer. Les investissements étrangers ont commencé à reprendre, mais ils sont aujourd'hui d'abord chinois et indiens, ce qui constitue un virage majeur et correspond à un choix politique. La Chine achète désormais 40 % de la production de tabac et a investi dans les mines de diamants ; les investissements indiens se dirigent aussi vers le diamant et l'industrie métallurgique. La ZANU-PF a cependant poursuivi sa politique de nationalisation au-delà des seules terres commerciales : l'*Indigenisation and Empowerment Act*, voté en 2011, oblige les sociétés étrangères à céder 51 % de leurs actifs à des nationaux zimbabwéens dans les 5 ans à venir.

Les événements politiques et sociaux au Zimbabwe ont des impacts majeurs sur la région entière. Tout d'abord, ils ont provoqué des mouvements migratoires massifs depuis le Zimbabwe que l'Afrique du Sud ne peut absorber dans des conditions décentes. Ils ont ensuite profondément affecté en Afrique du

Sud et en Namibie la manière d'envisager la question foncière. Partant de situations foncières toutes trois très inégalitaires, les politiques plus que modérées, encore aujourd'hui, de la Namibie (qui entre 1991 et 2010 n'a redistribué à des agriculteurs noirs que 11 % des terres agricoles blanches) et de l'Afrique du Sud en ce domaine ont été contestées de l'intérieur sur la base de l'expérience zimbabwéenne. Celle-ci est l'objet aujourd'hui d'un débat contradictoire : longtemps considérée comme strictement destructrice, elle est désormais ré-évaluée par des universitaires africains et britanniques qui constatent que la structure foncière du pays a bel et bien été transformée. Certes l'élite politique de la ZANU-PF a largement bénéficié de la « redistribution », mais dans le même temps 1,3 million de ménages ruraux ont désormais accès à la terre et exploitent 70 % des terres agricoles du pays, et 30 000 exploitations de taille moyenne (50 à 200 hectares) en cultivent 20 %, le reste des terres étant surtout cultivé en tabac et coton, souvent sous le contrôle de grands groupes agro-alimentaires (notamment sud-africains). Ces auteurs estiment qu'à long terme cette réforme pourrait donc se révéler avoir des effets positifs. Enfin, le refus de la ZANU-PF d'accepter une quelconque alternance politique interroge sur les régimes issus des mouvements de libération nationale et fondés sur la domination d'un parti politique : Swapo en Namibie, ANC en Afrique du Sud, Frelimo au Mozambique. Finalement, seuls la démocratie du Botswana et le régime monarchique constitutionnel du Lesotho ont permis des alternances politiques. Le Swaziland reste quant à lui une monarchie autocratique, les mouvements de grèves à répétition de ces dernières années n'empêchant pas le roi Mswati III de continuer de refuser le multipartisme et de mener avec son clan un train de vie extravagant dans l'un des pays les plus pauvres du monde.

L'immobilisme de la SADC face aux dérives zimbabwéennes se comprend d'autant mieux que les pouvoirs en place dans les pays de la région ont tous fait aujourd'hui, en pratique, le deuil des idéologies socialistes qui, souvent, les ont portées au pouvoir ; c'est le cas en Namibie, en Afrique du Sud et au Mozambique. L'adoption de politiques économiques néo-libérales, faborables aux investissements étrangers, a d'ailleurs renforcé au lieu de le réduire le poids économique régional de l'Afrique du Sud. Le Mozambique en est l'exemple le plus frappant. À partir de 1995, le gouvernement s'est engagé dans la libéralisation rapide de son économie en même temps que la vie politique était démocratisée mais restait dominé par le Frelimo. L'État mène une politique d'exemptions fiscales pour attirer les investissements du monde entier, d'autant plus facilement qu'il a conservé le contrôle public du foncier hérité de la période marxiste-léniniste : irlandais et européens, chinois, indiens, brésiliens (dans les mines de titane), mais surtout sud-africains. Ceux-ci sont les premiers investisseurs au Mozambique : 250 sociétés sud-africaines emploient 43 000 Mozambicains, des filiales de l'Anglo-American Corporation ont investi dans les plantations de canne à sucre et de coton, la SAB-Miller produit de la bière à Maputo, Sasol exploite le gaz mozambicain *offshore*. Le projet Mozal, contrôlé par des capitaux sud-africains, a fait du Mozambique l'un des premiers producteurs d'aluminium du monde (aluminum qui pèse à lui seul pour 65 % des exportations du pays). Le barrage de Cahora Bassa (passé en 2006, après des négociations avec le Portugal, sous le contrôle majoritaire de l'État mozambicain) produit une électricité bon marché destinée à l'exportation vers l'Afrique du Sud. Le Mozambique est devenu l'un des meilleurs élèves de la mondialisation économique, au point que le FMI a effacé l'essentiel de sa dette. Mais le déficit commercial augmente avec les importations croissantes au fur et à mesure que la réussite économique se confirme. Ce pays pauvre (avec une espérance de vie à la naissance de 39 ans) est bel et bien redevenu une périphérie de l'Afrique du Sud qui peut de nouveau utiliser le port de Maputo comme exutoire maritime et investir dans le secteur touristique et immobilier sur la côte. À Maputo, le touriste sud-africain est de moins en moins dépaysé : ne peut-il pas en effet faire ses achats dans un supermarché sud-africain et utiliser automatiquement son téléphone portable dont des sociétés sud-africaines contrôlent le réseau ?

Le Botswana, le Lesotho, la Namibie et le Swaziland continuent d'être aujourd'hui dans une situation de dépendance similaire. Le Zimbabwe ne l'est finalement pas moins malgré ses politiques nationalistes : plus de 50 % des ses échanges commerciaux se font avec l'Afrique du Sud sans le soutien économique de laquelle Robert Mugabe n'aurait d'ailleurs certainement pas pu se maintenir au pouvoir. La relation est cependant aussi d'interdépendance : le Mozambique est le quatrième excédent du commerce sud-africain, sa part dans l'excédent global est de près de 30 % devant le Zimbabwe et après la Zambie. Déficitaire dans ses échanges avec le reste du monde, l'Afrique du Sud est bénéficiaire dans ses échanges avec l'Afrique subsaharienne et ceux-ci sont largement dominés par les échanges avec les voisins proches membres de la SADC. L'Afrique du Sud est donc certes dominante, mais elle a aussi besoin de ses voisins pour équilibrer sa balance commerciale, et c'est aujourd'hui à l'échelle continentale qu'elle souhaiterait reproduire ce type d'interrelation.

Une Afrique du Sud africaine ?

Depuis 1994, l'Afrique du Sud s'est en effet aussi voulue « africaine » au-delà de l'Afrique australe. Le président Mbeki, successeur de Nelson Mandela en 1999, avait promis l'*African Renaissance*, à savoir une politique plus « africaniste » tant sur le plan intérieur (c'est-à-dire qui aurait accéléré la redistribution économique et le développement des quartiers et régions défavorisées) qu'international (c'est-à-dire une politique étrangère plus tournée vers l'Afrique). L'Afrique du Sud a joué un rôle de négociateur dans de nombreux conflits africains et elle a été motrice dans la transformation en 2000 de l'Organisation de l'Unité africaine en Union africaine dotée de nouveaux objectifs d'intégration économique et de communauté politique. Dans la foulée, l'Afrique du Sud a impulsé, avec le Nigeria et l'Algérie, l'adoption du Nouveau Partenariat pour le développement de l'Afrique (New Partnership for Africa's Development, NEPAD) qui est une sorte de charte de bonne conduite économique et politique pour les États africains, puis s'est portée candidate pour représenter l'Afrique au Conseil de sécurité des Nations unies. Cette évolution diplomatique s'est accompagnée d'un changement économique. L'Afrique du Sud est devenue l'une des plaques tournantes du commerce continental africain : elle importe des produits qui sont ensuite ré-exportés sur le continent. Les flux non légaux ont une structuration similaire : c'est par l'Afrique du Sud que transitent les diamants du Kasai mais aussi des volumes considérables de drogues illégales. Certes il n'en reste pas moins vrai que l'Afrique du Sud exporte aujourd'hui ses productions principalement vers la Chine (devenue son premier partenaire commercial), l'Europe, l'Amérique et le Japon, et c'est un aspect majeur de l'internationalisation de son économie. Mais les échanges avec l'Afrique augmentent considérablement. L'ensemble du continent ne représentaient que 2 % des importations sud-africaines en 1994 (essentiellement en provenance du Zimbabwe) contre 12 % aujourd'hui (en provenance avant tout du Nigeria, du Mozambique, de Zambie, d'Angola et du Zimbabwe) ; il pèse en 2013 pour 18 % de la valeur de ses exportations (dont la valeur est passée de 8,9 milliards de rands en 1994 à 123 milliards en 2012).

La fin de l'apartheid a ainsi rendu possible une véritable « africanistion » de l'économie et des entreprises sud-africaines. Certaines grandes entreprises ont en effet fait le choix d'un développement de leurs activités en Afrique (carte 3). C'est bien sûr le cas du secteur minier présent en Afrique australe et de l'Ouest, mais aussi de grands groupes para-publics. Eskom, par exemple, compagnie para-publique de production d'électricité, se développe sur l'ensemble de l'Afrique : le contrôle du barrage d'Inga en République démocratique du Congo devrait permettre à terme la connection des réseaux d'Afrique australe et d'Afrique centrale ; déjà Eskom gère la société électrique du Nigeria et s'implante en Afrique du Nord. Sasol est aussi une société para-publique, d'ailleurs créée sous l'apartheid pour assurer l'approvisionnement énergétique du pays mais aussi sa capacité de production industrielle dans le domaine chimique ; c'est aujourd'hui le premier groupe chimique du continent, et il est d'autant plus présent dans l'exploration et l'exploitation de nouveaux gisements d'hydrocarbures (l'exploitation du gaz mozambicain est une de ses principales opérations à l'étranger) que ceux-ci manquent à l'Afrique du Sud. Les stratégies des groupes privés diffèrent peu de celles des groupes publics. La chaîne de distribution Score est implantée dans 15 pays d'Afrique avec 119 supermarchés, et c'est un atout considérable pour la diffusion des productions sud-africaines du Ghana à l'Égypte en faisant un détour par l'île Maurice ; enfin Vodacom et MTN, groupes leaders sur le marché sud-africain de la téléphonie mobile, se disputent le marché africain depuis seulement quelques années, sans du tout se limiter à l'Afrique australe. Si Vodacom est en partie contrôlé par l'État sud-africain (35 %), MTN est entièrement privée et vise à réaliser d'ici quelques années l'essentiel de ses profits hors d'Afrique du Sud. Au total c'est plus de 3 milliards d'euros que l'Afrique du Sud investit chaque année hors de ses frontières en Afrique, soit 300 % de plus qu'en 1996.

Une Afrique australe mondialisée

Au-delà, cependant, il ne faut jamais négliger le fait que la fin de l'apartheid a aussi signifié pour l'Afrique du Sud l'entrée dans l'économie mondiale et que ceci relativise l'importance de l'ancrâge régional et continental. L'Afrique du Sud, un an après avoir accueilli la Coupe du monde de football qui en a fait pendant quelques semaines un « centre » du monde, a ainsi rejoint, en 2011, les BRICS malgré sa très petite dimension par rapport aux géants indien, brésilien, russe et chinois. L'Afrique du Sud a été invitée par la Chine à rejoindre les BRICS pour une raison claire : l'ouverture sur les marchés africains et l'accès aux matières premières dont elle a besoin pour maintenir sa croissance. Mais les enjeux sont aussi géopolitiques : être un BRICS, c'est avoir un pied dans les grandes organisations internationales, se donner un rôle leader en Afrique, être parmi les nouvelles puissances mondiales au profit desquelles les équilibres planétaires semblent être en train de basculer.

Dans le même temps, de grands groupes financiers sud-africains se sont internationalisés très au-delà du continent et de la sous-région. L'exemple de l'Anglo American Corporation illustre cette tendance. Le groupe est né en 1917 de l'exploitation aurifère puis a pris le contrôle de la société De Beers, premier producteur mondial de diamant. Les activités minières ont été diversifiées tout au long du siècle, avec l'exploitation des mines de cuivre de Zambie dans les années 1930, puis la prise de contrôle de mines de platine, la création de la société Amcoal pour l'exploitation du charbon dans les années 1950 et celle de Mondi, filiale spécialisée dans le bois, la fabrication de pâte à papier, pulpe et autres produits dérivés, dans les années 1960. En 1961, l'Anglo American rachète la Hudson Bay Mining au Canada, puis, dans les années 1970, s'implante en Amérique latine. En 1984, Mondi prend pied en Europe. Après 1994, l'internationalisation s'accélère : les achats de mines se multiplient en Amérique latine mais aussi en Afrique (au Mali et surtout en 2003 l'achat du groupe Ashanti Gold au Ghana pour constuituer la filiale Anglo Gold Ashanti) et en Australie ; par ailleurs, dans les secteurs de l'emballage et des matériaux de construction, le développement en Europe et aux États-Unis est considérable. Jusqu'en 1998, les intérêts du groupe en Afrique étaient contrôlés par l'Anglo American elle-même et un autre groupe (Minorco) était chargé des intérêts hors d'Afrique (à l'exception du diamant). Mais, en 1998, les deux branches ont fusionné, en même temps que le siège social de la société quittait Johannesburg pour Londres. Ce mouvement reflète la part croissante des activités non africaines qui, depuis 2003, représentent plus de 50 % des profits de l'Anglo American Plc qui reste le premier producteur d'or, de platine, de charbon (privé) et de diamants du monde. Rappelons que l'Anglo American Corporation Plc emploie plus de 400 000 personnes dans le monde et réalise un chiffre d'affaire de près de 23 milliards de dollars.

On comprend que ce mouvement de mondialisation de l'Afrique du Sud a entrainé dans son sillage celui de l'ensemble de la région Afrique australe. C'est aussi vers le Mozambique et la Namibie que se dirigent aujourd'hui des flux économiques mondiaux, c'est pour accéder aux matières premières de la région que la Chine renforce sa présence en Afrique du Sud, c'est pour desservir un marché global que les installations portuaires de Namibie et du Mozambique aussi se renforcent. C'est l'ensemble de la région qui se trouve aujourd'hui repositionné dans des flux bien plus complexes que par le passé. Ainsi, par exemple, les usines Mercedes de Buffalo City, au sud du continent, produisent désormais des véhicules pour le marché nord-américain...

La complexification des échelles, qui peut sembler brouiller l'image d'ensemble régional, est donc un fait récent majeur. Mais elle n'est pas contradictoire, comme on l'a vu, avec, d'une part, le maintien des interrelations régionales ni avec, d'autre part, le renforcement de traits hérités de passés plus ou moins lointains. Au contraire, les effets de la mondialisation, loin de conduire à la diversification des territoires et des activités de la région, peuvent sembler avoir, paradoxalement, rapproché les trajectoires nationales en renforçant la dominance des activités minières traditionnelles, en réduisant partout le poids de l'industrie manufacturière et en poussant au développement rapide d'un secteur tertiaire commercial, financier et de service. Spatialement aussi, la mondialisation n'a que peu perturbé les équilibres régionaux, l'ouverture des frontières et l'ouverture sur le monde renforçant plutôt le poids régional de l'Afrique du Sud et notamment de ses principales métropoles.

Chapitre 2

Une histoire de conflits et de conquêtes, la formation d'une sous-région continentale

L'HISTOIRE DE L'AFRIQUE AUSTRALE est celle de la conquête puis de l'organisation géographique d'un territoire. Mais, multiculturelle, l'Afrique australe connaît plusieurs histoires et surtout plusieurs historiographies. L'une, longtemps dominante a été produite par les Blancs d'Afrique du Sud. Elle est d'autant plus difficile à manier qu'elle est le fruit d'une réécriture depuis les années 1920 dans le but, d'une part, de justifier la domination des Blancs sur les autres groupes (en démontrant en particulier l'antériorité de leur présence dans certaines parties du pays), et dans celui, d'autre part, de créer un mythe fondateur au peuple afrikaner. Cette histoire, largement révisée depuis les années 1980, représente encore un enjeu. Mais surtout, les historiens, par souci de vérité et par choix politique, sont désormais nombreux à opter pour d'autres points de vue. En premier lieu, l'histoire des groupes bantous est étudiée en tant que telle, les conquêtes européennes n'en étant qu'un moment historique ; en second lieu, l'histoire sociale, notamment urbaine, est devenue une branche essentielle de la discipline et étudie avant tout les populations non blanches. On s'efforcera ici, sans entrer dans le détail des débats historiographiques, de mettre en relief les différents enjeux de l'histoire tout en la retraçant brièvement, au moins pour les aspects qui sont essentiels à la compréhension de la région. Quatre enjeux majeurs méritent d'être mis en relief :

- la mise en place du peuplement : cet aspect est ici essentiel puisqu'il existe un conflit sur l'antériorité de l'occupation ;
- la conquête européenne : présentée comme l'expansion civilisatrice d'une société rurale par les Afrikaners, comme une conquête économique impérialiste allemande, portugaise et surtout britannique, ou comme l'asservissement violent de groupes bantous, selon le point de vue, il s'agit en tout cas d'une lutte complexe pour des espaces plus ou moins riches de potentialités ;

- la mise en place d'une économie moderne fondée sur l'exploitation minière : c'est l'histoire de la région à partir des années 1860 et c'est un moment clé, celui où les structures sociales sont transformées par l'émergence d'une société urbaine dans un monde jusque-là rural ;
- la ségrégation : elle a affecté, à des degrés divers, tous les pays de la région, et il ne s'agit pas seulement de l'apartheid sud-africain. Sa compréhension nécessite de revenir à ses racines, qui plongent sans doute dans l'histoire des sociétés européennes esclavagistes du XVIIe siècle.

La mise en place du peuplement

Il est devenu banal, en Afrique du Sud, de rappeler que l'histoire du pays ne commence pas en 1652, date à laquelle la Compagnie des Indes Orientales établit une base de ravitaillement au cap de Bonne-Espérance, sur la route des Indes. Elle ne commence pas non plus en 1487 quand Bartholomé Dias atteint Mossel Bay sur la côte sud du continent, ni en 1498 quand Vasco de Gama fait escale sur ce même Cap avant d'aller débarquer sur l'île de Mozambique et d'initier ainsi la main-mise portugaise sur ce territoire. Pas plus qu'elle ne débute quand les commerçants arabes, au moins cent ans plus tôt, commencent à organiser des échanges sur la côte mozambicaine. Ces divers événements ne sont que les débuts de l'histoire blanche de la région.

À l'inverse, l'histoire précoloniale de l'Afrique australe est mal connue. Les recherches archéologiques ont montré que la région était occupée depuis plus de 50 000 ans. Pour ce qui est des temps historiques, on sait qu'avant l'arrivée des Européens, deux principaux types de populations l'occupaient : des chasseurs-cueilleurs et éleveurs nomades appartenant au groupe khoisan d'une part, des agriculteurs-éleveurs bantous d'autre part.

L'occupation pré-européenne

Les véritables autochtones de la région sont les Khoisan. Ces chasseurs-cueilleurs auraient occupé, de façon éparse et avec une très faible emprise sur l'espace, l'ensemble des terres situées au sud du Zambèze. Ils étaient présents dans pratiquement toute la région au moins depuis 1 000 ans avant Jésus-Christ. De petite taille, vivant en groupes nomades de 50 à 80 membres, ils ont laissé des traces artistiques importantes sous la forme de peintures rupestres sous abris naturels. Il semble que, par des échanges avec des populations du nord, certains groupes khoisan soient devenus éleveurs quand les conditions naturelles le permettaient, notamment dans la région du Cap et au pied de l'escarpement du Drakensberg. Quand les Européens débarquèrent dans la région, ils appelèrent *bushmen* les chasseurs-cueilleurs et *hottentots* les éleveurs nomades, créant ainsi une séparation entre deux groupes ethniquement similaires. Il est plus approprié de parler respectivement de deux sous-groupes khoisan, les San et les Khoikhoi (ou Khoi).

Le deuxième grand groupe humain est bantou. Il comprend, dans toute la région étudiée, cinq familles linguistiques: nguni, sotho, shona, tsonga et ovambo (carte 4). Pour le reste, les grands groupes ethniques actuels sont le fruit d'une ethnogenèse récente ou d'une définition *a posteriori* par les ethnologues de l'apartheid.

Les Bantous auraient commencé à occuper l'est de la région à partir du IIIe siècle de notre ère. On sait peu de choses sur les mouvements migratoires qui amenèrent ces populations sur ces terres. Il n'y a certainement pas eu de migrations massives, mais une arrivée progressive de petits groupes depuis le nord. À partir du début du deuxième millénaire de notre ère, ces populations bantoues occupaient les terres propices à leur type d'agriculture, c'est-à-dire celles situées à l'est de l'isoyète des 500 mm, soit l'actuel KwaZulu-Natal, l'État Libre, une partie de l'ancien Transvaal, le Mozambique et le Zimbabwe. Agriculteurs, ils cultivaient avant tout le sorgho mais étaient aussi éleveurs, association qui, avec de fortes nuances, s'est d'ailleurs pérennisée jusqu'à nos jours. Surtout, ils mirent rapidement en place des structures sociales et politiques complexes qui donnèrent naissance aux premiers royaumes bantous. Ceux-ci, par leurs richesses, attirèrent les convoitises des commerçants arabes puis des puissances européennes.

Entre le XIIe et le XIXe siècle, c'est au nord du Limpopo sur les territoires des actuels Mozambique et surtout Zimbabwe que se sont succédé des royaumes et empires bantous puissants, essentiellement shona. Le Grand Zimbabwe, véritable complexe urbain de pierre sur 40 hectares était le centre de l'un de ces royaumes. Son déclin laissa la place au célèbre royaume du Monomotapa, mieux connu, car il fut décrit par les voyageurs portugais, et couvrait une bonne part du Zimbabwe et du Mozambique actuels réunis. Sa prospérité était fondée sur l'exploitation de gisements aurifères, ainsi que sur une solide société agro-pastorale. Ses échanges commerciaux étaient importants avec la côte et les pays de l'océan Indien, soit directement, soit par le biais de commerçants arabes. Attirés par cette richesse et pour commercer avec cet empire, les Portugais créèrent le fort de Sofala en 1525 sur le site actuel de Beira. À cette époque, cependant, et pour des raisons complexes (épuisement des gisements aurifères, surpâturage, poussée portugaise, traite des esclaves de plus en plus onéreuse en hommes), l'empire du Monomotapa était déjà sur le déclin. Les royaumes rovzi, plus petits (limités à l'actuel Zimbabwe) et plus éclatés, lui succédèrent de la fin du XVIIe siècle aux années 1830.

Au sud du Limpopo, donc sur le territoire de l'actuelle Afrique du Sud, les groupes bantous, organisés en chefferies, n'ont pas connu de royaumes aussi structurés jusqu'à l'époque contemporaine. Les deux groupes principaux de ces régions sont les Nguni et les Sotho. Ils possèdent, en fait, la même origine mais se sont différenciés à l'époque moderne. Une chronologie grossière permet de le comprendre:

- Au premier siècle de notre ère, des agriculteurs-pasteurs bantous étaient installés dans le bas *veld* au sud du Limpopo.
- À partir du début du second millénaire, certains groupes migrèrent progressivement vers le sud, entre la côte de l'océan Indien et l'escarpement du Drakensberg. Comme se trouvaient là des terres bien arrosées et de vastes pâturages, l'élevage prit le pas sur l'agriculture. Pour les mêmes raisons (eau abondante et riches terres) leur habitat se dispersa. Ces groupes donnèrent les Nguni. Au sud, aux alentours de la Fish River, les Nguni étaient entrés en contact avec des populations khoikhoi et les avaient en partie assimilées. La langue nguni devint une langue à « clicks » par intégration de mots khoikhoi. Vivant par petits groupes, les Nguni ne créèrent pas d'États centralisés, leurs liens interclaniques s'établissaient par mariages, lesquels sont toujours exogamiques.
- Dès la fin du premier millénaire de notre ère, d'autres groupes bantous avaient implanté leurs activités sur les hautes terres, à l'ouest du Drakensberg. Ils n'entrèrent pas en contact avec les Khoikhoi dont ils étaient séparés par le Kalahari, leurs langues ne furent donc pas des langues à « clicks ». L'eau était peu abondante sur les hautes terres et, les impératifs de défense aidant, ces groupes formèrent de gros villages groupés, voire des villes. Ce furent les Sotho, dont les États furent centralisés bien plus tôt que ceux des Nguni, consolidés encore par la pratique des mariages endogamiques.

On voit que ces deux grandes familles linguistiques doivent beaucoup de leurs différences actuelles à des conditions naturelles et des parcours migratoires différents. Ils se divisèrent encore par la suite en clans, chefferies et royaumes, qui se trouvèrent, au XIXe siècle, pris dans des alliances et histoires divergentes. Leurs divisions furent exploitées par les conquérants blancs face auxquels les Africains furent toujours désunis. Il reste que la vérité historique n'est pas l'éclatement ethnique originel des populations de la région mais au contraire leur relative unité, d'autant plus que les contacts et échanges entre les groupes furent toujours très importants.

Le *Mfecane*

Quand commence l'histoire coloniale en Afrique australe ? La réponse à cette question varie fortement selon les régions. Si on peut la dater du XVe siècle pour une petite partie du Mozambique, elle remonte au milieu du XVIIe siècle pour la région du Cap et au XIXe siècle ailleurs. Certes les implantations européennes au Cap ont eu des effets indirects sur des régions éloignées, mais les événements cruciaux qui se déroulèrent sur les hautes terres intérieures et sur la côte de l'océan Indien durant la première moitié du XIXe siècle étaient largement indépendants de la présence européenne. La seule façon de les rendre compréhensibles est de les traiter dans la continuité de l'histoire du peuplement africain, avant de revenir plus loin à l'histoire de la conquête européenne.

Entre 1820 et 1840, se produisit une série d'événements violents en Afrique australe. Ces événements sont regroupés généralement sous le terme *Mfecane* (en zoulou) ou *Difaqane* (en sotho) qui signifie approximativement « guerre illimitée ». Il s'agit d'une succession de conflits qui provoquèrent des migrations brutales de populations dans toute la région, vidèrent d'hommes des secteurs entiers, provoquèrent ailleurs des concentrations dans des montagnes refuges. Ces événements intervinrent au moment même où les Européens, venus de la colonie du Cap, commençaient à pénétrer loin à l'intérieur des terres (mais sans lien de causalité entre les deux types de mouvements).

L'origine du *Mfecane* est l'expansion du royaume zoulou. Cette chefferie nguni, s'organisa dans les années 1810-1820, selon des règles militaires nouvelles fondées sur une répartition des hommes en classes d'âges, elles-mêmes organisées en régiments (les *impi*) constituant une armée permanente. Le roi Shaka, fils bâtard d'un chef zoulou, perfectionna ce système, inventa un armement nouveau et des tactiques de combat originales. Il mit ensuite cet outil militaire très performant au profit d'une politique expansionniste et parvint à unifier sous son contrôle l'ensemble des clans nguni de l'actuel KwaZulu-Natal.

Le *Mfecane*, à proprement parler, est la conséquence de cette consolidation d'un royaume zoulou. Divers groupes nguni, fuyant l'autorité de Shaka, firent mouvement vers le nord, le sud et l'ouest. Certains allèrent jusqu'en Tanzanie ou au Malawi. D'autres firent la guerre aux chefferies xhosa (autre sous-groupe nguni occupant le sud de l'Afrique du Sud jusqu'aux limites de la colonie du Cap). Sur les hautes terres, parmi les populations sotho, les conséquences de ces conflits furent dévastatrices : pillages, razzias, destruction des récoltes et du cheptel, famine. Certains groupes sotho se réfugièrent dans les montagnes refuges du Drakensberg. Pour ces groupes, le *Mfecane* a été un *stimulus* à l'organisation en États. Ce fut le cas des Basotho, dirigés par le roi Moshoeshoe mais aussi, plus au nord, des Pedi. Ailleurs, sur les hautes terres, de vastes régions furent abandonnées de sorte que les colonisateurs blancs purent s'en emparer sans mal et considérer en être les premiers occupants. Beaucoup d'historiens contestent cette thèse et suggèrent que l'on a exagéré le vide humain des hautes terres provoqué par le *Mfecane* pour « justifier » l'avancée des colons européens. Il reste certain que beaucoup de groupes africains que les Blancs ont rencontrés sur leur chemin à cette époque étaient au moins affaiblis par les troubles provoqués dus au *Mfecane* et que leur capacité de résistance était limitée.

La conquête européenne jusqu'aux années 1870

La compréhension de la conquête européenne suppose un retour en arrière, jusqu'au milieu du XVIIe siècle. Cette conquête est à la fois la construction d'un territoire et d'un mythe fondateur de l'Afrique du Sud blanche et raciste.

L'histoire de la conquête de l'ensemble de la région peut être divisée en plusieurs phases. La première, hollandaise et portugaise, dure jusqu'au début du XIXe siècle, la seconde est allemande en Namibie, britannique ailleurs. L'enjeu colonial fut d'abord la possession de la terre jusqu'à la découverte des gisements de diamants dans la région de Kimberley en 1867, puis d'or dans le Witwatersrand en 1886.

Globalement, l'histoire de la colonisation fut celle d'une progression spatiale des Européens vers le nord qui ne s'acheva qu'à la fin du XIXe siècle. Grossièrement, en effet, la poussée européenne est toujours venue du Sud, à l'exception notable de la conquête portugaise du Mozambique et, dans une moindre mesure, de la mainmise allemande sur la Namibie. C'est pourquoi il est logique de retracer les grandes lignes de la construction du territoire à partir du sud, c'est-à-dire du Cap. Il va sans dire qu'il s'agit là d'une approche européocentriste ; nous l'utilisons pour des raisons pratiques et en assumons les défauts.

La colonie du Cap jusqu'à l'intervention britannique de 1795

Le cap de Bonne Espérance, « découvert » en 1487 par le Portugais Bartholomeu Dias fut, durant des décennies, une simple escale sur la route des Indes dont le commerce des épices faisait tout l'intérêt. C'est pour permettre le ravitaillement de ses navires en produits frais que la Compagnie des Indes Orientales (compagnie hollandaise) décida, en 1651, de créer une base au Cap. Il n'était pas question d'en faire une colonie de peuplement mais une simple escale technique. Dans ce but, Jan Van Riebeck, jeune agent de la Compagnie, fut envoyé au Cap avec une centaine d'hommes. Il arriva sur place en 1652. Le succès de l'escale fut rapide, malgré des difficultés du début. Il fallut vite augmenter la production agricole pour nourrir la population de la colonie et fournir le ravitaillement des navires, donc développer une agriculture coloniale. C'est pourquoi, dès 1657, la Compagnie libéra certains de ses employés de leurs contrats et leur concéda des terres à cultiver. Cette décision fut lourde de conséquences :

- elle créa une classe de propriétaires hollandais, fermiers libres, les *burghers*, susceptibles de revendiquer par la suite des droits et pouvoirs vis-à-vis de la Compagnie ;
- elle provoqua une extension des terres cultivées et, en conséquence, les premiers conflits avec les éleveurs khoikhoi que l'on commençait à priver de leurs pâturages ;
- elle induisit, enfin, les premières importations d'esclaves.

Les esclaves étaient surtout importés d'Inde, de Ceylan, d'Indonésie et de Madagascar pour être utilisés à la construction des infrastructures de la nouvelle colonie, mais aussi pour être répartis entre les propriétaires terriens pour cultiver la terre. Une fois le mouvement d'importation lancé, il s'avéra irréversible. À partir des années 1710 il y eut toujours plus d'esclaves que de citoyens libres dans la colonie: en 1793, par exemple, ils étaient environ 15 000 esclaves pour 14 000 citoyens libres. L'importation d'esclaves fut continue tout au long du siècle car leurs dures conditions d'existence empêchèrent toujours leur nombre de s'accroître.

La colonie européenne s'étendit rapidement vers l'intérieur par la multiplication des fermes. Des centres secondaires furent créés au nord du Cap, notamment Stellenbosch en 1680. En 1688 arrivèrent aussi au Cap 180 huguenots français qui avaient fui la France pour la Hollande après la révocation de l'édit de Nantes. D'abord concentrés à Franschhoek (« le coin des français » en hollandais), ils furent ensuite dispersés par les autorités de la Compagnie qui souhaitaient éviter le développement d'une communauté francophone spécifique. Ils se lancèrent souvent dans la culture de la vigne avec un succès notable. À partir des années 1710, la population européenne du Cap augmenta de manière continue, par accroissement naturel ou par installation sur place d'employés de la colonie sans que l'on continue après 1707 à encourager cette immigration. À cette population libre s'ajoutaient quelques esclaves affranchis dont le nombre ne fut jamais important.

Au XVIIe siècle, la société du Cap était bien établie. Esclavagiste, elle avait repoussé ou asservi les populations khoikhoi. Structurée socialement, elle était dominée par une bourgeoisie terrienne, les *burghers,* dont les activités étaient tournées vers la mer (à savoir l'exportation de produits agricoles) et qui acceptaient de moins en moins bien la tutelle de la Compagnie des Indes Orientales. Cette société était aussi divisée spatialement entre la région cultivée autour du Cap et de Stellenbosch, et les zones plus éloignées où des fermiers blancs, souvent jeunes et qui n'étaient pas parvenus à trouver des terres plus proches du Cap, menaient une vie d'éleveurs semi-nomades, proche de celle des Khoikhoi avec lesquels ils étaient en concurrence mais dont ils avaient adopté bien des traits culturels. Ces éleveurs blancs étaient appelés les *trekboers,* ce qui signifie « paysans nomades » en hollandais. À la différence des *burghers,* leurs activités étaient tournées vers l'intérieur des terres. Menant une vie rude sur des terres mal connues, ils employaient quelques esclaves importés mais surtout des domestiques khoikhoi qui, privés de leurs terres, n'avaient pas eu d'autre choix que de travailler au service des Européens. À la fin du XVIIIe siècle, le contraste était fort entre ces deux éléments de la société européenne: le monde assez sophistiqué, dense et encadré, près de la ville du Cap avait assez peu en commun avec le monde des régions périphériques. À cela s'ajoutait un univers complexe, au-delà des frontières de la colonie, peuplé d'esclaves évadés, de Blancs ayant fui contrôle et autorité, de Khoikhoi cherchant de nouveaux pâturages…

À la fin du XIXe siècle, cette société coloniale était déjà entrée en contact, et très vite en conflit, avec des populations d'agriculteurs-éleveurs bantous, les Xhosa. Les deux groupes, en cours d'expansion territoriale, étaient en concurrence pour le contrôle des pâturages et, pour la première fois, des commandos boers affrontèrent des armées nguni. Après trois premiers conflits armés (en 1779-1781, 1793 et 1799) la frontière entre les deux communautés était plus ou moins établie sur la Fish River.

Le Cap britannique, 1795-1870

Les Britanniques décidèrent de s'emparer de la Colonie en 1795 parce que la France révolutionnaire, en envahissant les Pays-Bas, risquait de contrôler la Colonie du Cap, donc un point de passage essentiel sur la route des Indes. Même s'ils la restituèrent provisoirement aux Hollandais entre 1803 et 1806, on peut considérer qu'à partir de 1795 la région entra dans l'orbite de l'Empire britannique.

Les Britanniques héritèrent d'un territoire déjà organisé qu'ils se contentèrent d'abord de « stabiliser », notamment sur la Fish River, frontière orientale de la colonie. Ils s'efforcèrent aussi d'asseoir leur autorité sur les colons hollandais, ce qui se fit sans mal dans la région du Cap mais fut beaucoup plus difficile aux marges de la colonie où vivaient les *trekboers*. Ceux-ci n'acceptèrent jamais cette nouvelle tutelle.

Entre 1820 et 1835, quatre faits rompirent un équilibre instable et provoquèrent des mouvements de populations et l'extension des conquêtes. En 1815, une rébellion des colons blancs de la région frontière (à l'est de la colonie) fut violemment réprimée par les Britanniques. En 1820, 5 000 colons anglophones furent débarqués dans l'actuelle région de Port Elisabeth pour coloniser des terres gagnées sur les Xhosa. En 1828, sous la pression des missionnaires et du mouvement évangélique en Grande-Bretagne, une loi votée par le Parlement britannique fit théoriquement des Khoikhoi les égaux des Blancs. En 1833, enfin, l'abolition de l'esclavage dans les colonies britanniques acheva de menacer les structures sociales mises en place à l'époque hollandaise. De plus, l'appétit de terres des colons se trouvait limité par la fixation des frontières.

À la recherche de nouvelles terres et fuyant l'autorité des Britanniques, quelques milliers de Boers quittèrent la région à partir de 1835 pour se diriger vers le nord. Cet événement, idéalisé par la suite et appelé le Grand Trek (qui signifie « migration » en afrikaans), marqua le début de la conquête de l'intérieur de l'Afrique australe et de la construction d'un territoire dominé par les Blancs. Cette conquête dura jusqu'en 1898, date à laquelle le dernier royaume africain fut soumis. Le Grand Trek devait marquer aussi le début d'une colonisation bien spécifique, celle des Afrikaners qui créèrent des États blancs en Afrique sans être soutenus par une puissance coloniale. Durant plus de 60 ans, à partir de 1835, l'Afrique australe fut le terrain de guerres territoriales, entre Blancs et Noirs, entre Noirs, entre Blancs. L'originalité de ces conflits tient à ce qu'il ne s'agissait pas d'une conquête cohérente par un pouvoir colonial, mais d'une lutte pour le contrôle des terres, de la main-d'œuvre, puis des richesses minérales entre divers États africains, des États blancs afrikaners et l'Empire britannique, les alliances se modifiant sans cesse. Le Portugal, la France et l'Allemagne intervinrent à des degrés divers comme acteurs secondaires. La victoire des Européens dans cette lutte fut le fruit de leur supériorité technique, mais aussi de l'unité qu'ils surent montrer quand leurs intérêts furent véritablement menacés, ce que les Africains ne parvinrent jamais à faire. Ces guerres d'Afrique australe furent sans doute les plus dures et les plus longues de toutes les guerres de conquête d'Afrique.

Cette histoire de conflits a laissé des séquelles essentielles à la compréhension de la géographie de la région. Notamment la résistance africaine a été d'une telle vigueur que la carte des terres laissées aux Noirs à l'époque de l'apartheid ressemblait à celle des anciens royaumes, réduits et éclatés : les Européens n'ont jamais réussi à réellement modifier la géographie précoloniale. Contrairement à ce qui se produisit dans les autres grandes colonies de peuplement européen, en Amérique du Nord et en Australie, les sociétés autochtones bantoues ont, en Afrique australe, résisté aux pressions diverses et ne se sont pas désintégrées. Cela avait été le cas des Khoikhoi, aussi les Blancs pensaient-ils qu'il en irait de même pour les Bantous, mais le nombre de ces derniers, toujours très supérieur à celui des colons, et leurs structures sociales et politiques les ont préservés d'un tel sort.

Ce n'est pas le lieu de décrire en détail cette longue guerre territoriale, nous souhaitons seulement dresser un tableau rapide de la situation et des acteurs en présence dans les années 1870-1880, époque des découvertes minières qui allaient changer la nature des économies et des sociétés de la région.

La colonie du Cap, dominée par les Britanniques, devint une entité à part entière à partir de 1853, date à laquelle elle fut dotée d'un Parlement élu légiférant sur les affaires intérieures (avec une possibilité de *veto* de Londres). Le vote était censitaire, les revenus ou la propriété requise pour voter excluaient pratiquement l'ensemble des non-Blancs. Néanmoins le système n'était pas racial en théorie. En 1865, on recensa dans la colonie 180000 Européens, 200000 « Hottentots » (Khoikhoi) et autres *coloured* (c'est-à-dire colorés et descendants d'esclaves) et 100000 Bantous. Ces derniers étaient surtout concentrés à l'est du territoire, près de la frontière limitant les territoires xhosa.

À l'est du pays, une autre colonie britannique avait été développée à partir de 1842, le Natal. Ce territoire avait été occupé par les *trekkers* afrikaners qui, après avoir franchi le Drakensberg et vaincu les armées zouloues à la bataille de Blood River, avaient créé là l'éphémère république de Natalia. Souhaitant éviter la création d'une république forte sur cette côte (qui aurait pu développer des relations avec d'autres puissances européennes), les Britanniques s'étaient emparés par la force de la colonie en 1842, refoulant les Afrikaners sur les hautes terres. Peuplée progressivement de colons britanniques et de quelques Afrikaners, cette colonie comptait, dans les années 1870, 18000 habitants européens et près de 250000 Africains. En effet, située entre les territoires xhosa au sud et, surtout, zoulous au nord, la colonie du Natal recevait un nombre très important de migrants, notamment des groupes chassés par les conflits internes au royaume zoulou. C'est pourquoi le Natal fut le premier territoire de la région à mettre en place une ségrégation territoriale en créant des réserves africaines. Mais les agriculteurs africains travaillaient aussi sur les terres des missions qui leur étaient ouvertes et sur les terres de propriétaires blancs absentéistes. Agriculteurs relativement indépendants, les Africains du Natal ne pouvaient pas être une main-d'œuvre bon marché et facile pour les Européens, notamment pas pour le groupe de propriétaires terriens qui, au milieu du siècle, s'aperçut que le climat de la région était particulièrement propice à une culture commerciale lucrative : la canne à sucre. C'est pourquoi, en 1860, commença l'importation sous contrat de travailleurs qui devaient donner au Natal un autre de ses caractères spécifiques : 6000 Indiens arrivèrent au Natal entre 1860 et 1866, venant de Madras ou de Calcutta, et ce courant d'importation de main-d'œuvre se poursuivit dans la région jusqu'au début du xxe siècle.

Entre les colonies du Cap et du Natal s'étendaient les anciens territoires des Xhosa. Ceux-ci, premiers Africains à affronter les colonisateurs, avaient alors perdu l'essentiel de leur autonomie. Repoussés jusqu'à la Fish River, puis jusqu'à la Kei River, leur société pénétrée par les négociants européens mais aussi par des migrants venus du pays zoulou (les Mfengu), les Xhosa, après une succession de guerres (1818, 1834, 1846, 1850) étaient un peuple humilié. En 1856, une prophétesse promit la victoire sur les Blancs si les Xhosa abattaient leur bétail et détruisaient leurs récoltes. Cette prophétesse fut obéie : un immense abattage du bétail s'organisa (plus de 400 000 têtes sans doute), ce qui entraîna une famine sans précédent et des migrations massives vers la colonie du Cap où nombre de Xhosa devinrent employés. Les Britanniques, contrôlant directement une partie du pays xhosa (la British Kaffraria), y brisèrent le pouvoir des chefs en nommant des magistrats européens tout puissants. Dans les années 1870, si les Xhosa de l'est étaient encore relativement indépendants, les autres vivaient déjà dans ce qui n'était plus qu'une simple réserve, réservoir de main-d'œuvre pour la colonie du Cap.

À la même époque, les migrants afrikaners étaient parvenus à obtenir des Britanniques la reconnaissance de leurs républiques des hautes terres : la République d'Afrique du Sud au Transvaal (1860) et l'État libre d'Orange (1854). Ces deux territoires, contrôlés par d'anciens groupes de *trekkers* étaient pauvres, fragiles et marginaux économiquement, de sorte qu'ils présentaient peu d'intérêt pour l'Empire. Leurs populations étaient rurales et éparses. Quelques petites villes (Pretoria, Bloemfontein, Porchefstroom...) servaient de centres administratifs. La population européenne totale de ces deux territoires ne dépassait pas 50 000 personnes dans les années 1870. Fragiles économiquement, les républiques l'étaient aussi politiquement du fait des tensions entre les différents chefs afrikaners. Enfin, elles étaient en conflit souvent ouvert avec leurs voisins africains, d'une part pour leur avoir pris leurs terres, d'autre part parce que leur économie s'appuyait déjà sur une main-d'œuvre africaine qui était souvent prélevée lors de razzias de commandos afrikaners dans les communautés africaines : enfants et femmes étaient emmenés pour travailler sur les terres des Blancs, dans des conditions proches de l'esclavage. De plus, l'appétit de terre des fermiers blancs les poussait sans cesse à déborder les limites, d'ailleurs encore floues, de leurs territoires et à tenter de refouler les Africains.

Les royaumes entourant les territoires afrikaners des hautes terres avaient évolué diversement. Les Tswana (de la famille linguistique sotho), au nord, organisés en petites chefferies, résistèrent mal à la pression des Européens ; victimes de leurs razzias, incapables de s'unir pour faire front, ils furent vite réduits à quitter leurs terres ou à se soumettre à l'autorité des républiques. De nombreuses missions, dont la plus célèbre mission de la London Missionnary

Society, celle de Kuruman, dirigée par Robert Moffat, s'installèrent en territoire tswana, les chefs y voyant une protection contre les appétits afrikaners. De fait, cette présence missionnaire fut pour beaucoup dans la création en 1884 du protectorat britannique du Bechuanaland (devenu aujourd'hui le Botswana).

D'autres communautés connurent des sorts similaires à celui des Tswana, avec des degrés de résistance divers. Les Pedi (du groupe sotho) et les Venda (du groupe shona) maintinrent longtemps des royaumes forts qui résistèrent aux commandos boers (les Venda furent le dernier groupe africain à perdre son autonomie en 1898). Au sud, sur les hauteurs du Drakensberg et dans la vallée du Caledon, les Afrikaners de l'État Libre d'Orange furent confrontés à une résistance militaire qui bloqua leur expansion, celle du royaume sotho de Moshoeshoe, capable de lever des milliers de guerriers et de cavaliers, munis d'armes à feu, contre les commandos boers. Afrikaners et Sotho entrèrent en concurrence pour la vallée du Caledon aux terres fertiles et attractives pour les deux groupes. En 1858, les Sotho refoulèrent les Afrikaners, mais ils furent vaincus lors d'un second conflit en 1865 et durent faire appel à la protection des Britanniques qui établirent effectivement un protectorat sur la région (aujourd'hui le Lesotho) mais en fixèrent les limites sur le Caledon, c'est-à-dire en privant les Sotho d'une bonne partie de ce qui avait été leur territoire. Un autre royaume montagneux devait obtenir la « protection » britannique à la fin du siècle, le Swaziland, au nord-est du pays. Les Swazi, peuple du groupe nguni, avaient établi leur royaume en opposition aux Zoulous. Comme pour les Sotho de Moshoeshoe, le *Mfecane* avait renforcé la cohésion de cet État.

Finalement, en 1870, l'Afrique australe n'était encore contrôlée que de façon partielle par les Européens. Leur contrôle économique notamment était incomplet. Nombre d'agriculteurs africains prospéraient grâce au négoce avec les colonies, nombre de chefferies étaient largement autonomes, et c'était encore plus vrai au nord du Zambèze. La population blanche elle-même était mal contrôlée : négociants, missionnaires, trafiquants d'ivoire côtoyaient fermiers et administrateurs. Des groupes colorés contrôlaient aussi de vastes territoires. *A fortiori* le royaume zoulou, malgré ses défaites et ses crises était encore une puissance importante hors du contrôle européen. La véritable fin de la conquête coloniale eut pour moteur le contrôle des richesses minières découvertes à partir des années 1860.

L'Afrique australe minière, urbanisée, industrialisée, colonisée et capitaliste

La naissance d'une économie minière

Sur des terres arides situées aux confins de l'État Libre d'Orange fut découvert en 1867 un gisement de diamants. Cinq ans plus tard, la ville minière de Kimberley comptait 50000 habitants, dont 20000 Blancs. Quatre autorités revendiquèrent les terrains diamantifères: l'État Libre d'Orange, le Transvaal, une chefferie tswana et une chefferie griqua. Les Griqua, population composée de groupes colorés ayant migré vers le nord pour y prendre possession de territoires, demandèrent la protection des Britanniques contre les autres groupes. En 1871 leur territoire fut annexé et nommé Griqualand de l'Ouest. En 1880, il fut rattaché à la colonie du Cap.

Les diamants furent d'abord exploités par de petits prospecteurs à titre individuel, ce qui conduisit à une fragmentation extrême des lots. Les rares mineurs non blancs, parce que dépourvus de tout capital, furent vite éliminés et réduits à n'être que les employés des Blancs. Les gisements de diamants de Kimberley étaient les plus importants jamais découverts dans le monde, mais deux problèmes se posèrent très vite: il fallut aller de plus en plus profond pour extraire les pierres et il fallut trouver des voies sûres pour l'écouler sur un marché incertain. Parce qu'on avait besoin de techniques d'extraction de plus en plus sophistiquées, de machines et d'un accès aux marchés, la propriété minière se concentra rapidement, les petits mineurs, un temps protégés par les autorités britanniques locales, furent remplacés par quelques sociétés. Dans les années 1880, la concentration était presque achevée. Trois sociétés se partageaient les gisements, la De Beers de Cecil Rhodes, la société de Barney Barnato et celle d'Alfred Beit. Rhodes, jeune Anglais venu depuis Londres se soigner au Natal en 1869, gagné par le goût des affaires, était aussi habité par un projet colonial de grande ampleur. Beit était venu en Afrique du Sud pour acheter du diamant pour le compte d'une société allemande. Barnato, enfin, aventurier truculent, était parti de rien pour devenir le plus gros propriétaire de mines de diamants. Associant les trois groupes, la De Beers Consolidated Mines obtint le monopole du diamant en 1888. Sept ans plus tard cette société résolvait ses problèmes d'accès au marché: une association de marchands londoniens achetait par avance l'ensemble de la production. L'association de deux monopoles, celui de l'extraction et celui de la commercialisation fit, jusqu'à aujourd'hui, la puissance du groupe.

Dans les vingt premières années de Kimberley, se mit en place un système économique qui domina ensuite l'histoire du pays. Politiquement d'abord, les patrons miniers contrôlèrent la colonie du Cap dont Cecil Rhodes devint Premier ministre en 1890. Dans le même temps, l'économie de l'Afrique australe commença de reposer sur les richesses minières. Surtout, pour la première fois, la main-d'œuvre africaine était massivement nécessaire en ville. Les modalités de sa gestion furent organisées selon des principes appliqués par la suite à l'ensemble de la population africaine urbaine. Très vite aussi, parmi les mineurs et les ouvriers des industries liées, une hiérarchie s'établit qui distingua les Blancs des Noirs. Les premiers maniaient les machines et supervisaient le travail non qualifié et dangereux des seconds. De plus, un système original de contrôle de la main-d'œuvre, fondé sur le travail migrant, fut mis en place. Les Africains venaient travailler sous contrat, sans leurs familles et avec obligation de repartir à l'échéance de celui-ci. Ce système garantissait une main-d'œuvre docile et bon marché. Les logements des Africains furent aussi strictement contrôlés:

ils habitèrent dans des cités minières fermées dont ils ne pouvaient sortir librement (officiellement pour éviter les vols de diamants). Ce système coercitif de gestion du travail migrant fut repris dans la plupart des villes de la région : l'Africain ne devait y résider que dans la mesure où il y occupait un emploi. Ainsi, la cité minière, elle-même inspirée des cités ouvrières européennes, fut l'ancêtre du *township* réservé aux travailleurs non blancs : la ville d'apartheid est ainsi née à Kimberley dans les années 1870.

Ce système social et économique serait resté marginal si, en 1886, un ouvrier agricole réparant un mur de ferme, à Langlaate, propriété située à une soixantaine de kilomètres au sud de Pretoria, n'avait découvert un gisement aurifère qui s'avéra être, encore une fois, le plus important du monde. Johannesburg naquit sur ce site. Son histoire fut similaire à celle de Kimberley, mais à une autre échelle.

Les gisements du Witwatersrand (la « crête des eaux blanches » en afrikaans) s'étendent sur 80 km d'est en ouest ; ils sont sub-affleurants dans la partie nord puis les couches plongent vers le sud où l'or est en profondeur (jusqu'à près de 4000 m). Au centre de cet ensemble fut créée Johannesburg qui, en 10 ans à peine, devint la plus grande ville d'Afrique australe (plus de 200000 habitants en 1899) et le plus grand complexe minier aurifère du monde. Comme dans le cas de Kimberley, les mineurs furent d'abord de petits prospecteurs blancs, d'ailleurs souvent venus de cette ville. Le minerai extrait dans le Rand a toujours été de faible teneur en or. Ceci ne posait que peu de problèmes tant que l'or était extrait en surface. Mais, en 1889, on découvrit en outre que l'or, déjà difficilement extrait en profondeur, n'était pas traitable selon le procédé ordinaire : il était mêlé à de la pyrite et en était indissociable. Les petits prospecteurs n'avaient pas la capacité technique pour venir à bout de ces problèmes. Ce fut une véritable panique parmi la population de mineurs aventuriers de Johannesburg. Beaucoup durent vendre et partir chercher fortune ailleurs. La crise dura deux ans, de 1890 à 1892. Mais les grosses compagnies minières voyaient loin. Elles profitèrent de l'effondrement du marché pour acheter à bas prix les concessions, précipitant le mouvement de capitalisation des propriétés et exploitations minières.

Le procédé MacArthur-Forrest permit de résoudre le problème de la séparation de l'or de sa matrice : il consiste à dissoudre l'or dans une solution de cyanide pour le faire ensuite précipiter. Utilisable seulement par des sociétés capitalistes, il permit aux grosses sociétés, dont les capitaux venaient avant tout de Kimberley, de poursuivre l'exploitation de l'or (elles avaient, dès avant 1889, commencé à acheter des terrains au sud des mines d'or, sachant qu'elles pourraient à terme y exploiter de l'or en profondeur). Même si la concentration n'alla jamais aussi loin que dans l'industrie du diamant, quelques patrons miniers, les *randlords*, dominèrent vite l'industrie. En s'associant dans un syndicat et à travers la chambre des mines, ils parvinrent à réguler le marché et à contrôler le Witwatersrand. Ils organisèrent notamment le contrôle de la main-d'œuvre africaine selon les principes déjà appliqués à Kimberley. Très vite ils eurent un rôle politique qui les opposa au gouvernement du Transvaal. Cecil Rhodes, président de la De Beers et Premier ministre de la colonie du Cap, était un membre éminent de cette société de *randlords*. Il organisa en 1895 une tentative de coup d'État contre le gouvernement de Paul Kruger, le raid Jameson, qui échoua lamentablement. Le gouvernement du Transvaal, dominé par une bourgeoisie *boere* rurale, voyait d'un très mauvais œil le développement de Johannesburg. Il en tirait certes profit par le biais d'un système de monopoles sur les transports et les approvisionnements de la ville et par des taxes. Mais la population minière blanche était anglophone, et elle devint vite plus nombreuse que la population rurale afrikaner. Le gouvernement, en conséquence, refusa toujours de lui accorder le droit de vote. Sujets britanniques brimés mais contrôlant ou travaillant une richesse minière inouïe, les habitants de Johannesburg étaient un prétexte idéal à une intervention britannique. La guerre entre Européens, appelée guerre des Boers, qui éclata en 1899, n'a pas d'autre origine : les Britanniques voulaient s'emparer des richesses minières du Rand et créer enfin une confédération d'Afrique australe sous leur contrôle. Mais cette guerre ne pouvait être menée avant la fin effective de la conquête coloniale en Afrique australe, c'est-à-dire tant qu'il existait des territoires contrôlés par les Africains hors de l'emprise européenne.

La fin de la conquête

Le royaume zoulou restait, dans les années 1870, le plus puissant des royaumes africains. Considéré par les Britanniques comme un obstacle majeur à leur projet politique pour la région, à savoir la constitution d'une fédération de territoires dominés par les Blancs sous le contrôle de Londres, il devait être réduit. Ceci devait en outre leur permettre de satisfaire la faim de terre des Afrikaners du Transvaal (annexé par les Britanniques une première fois en 1877). En 1879, Londres lança ses armées sur le royaume zoulou. Sous-estimant leurs adversaires, les Britanniques connurent à Isandhlwana la plus importante défaite de leur histoire coloniale, perdant près de 600 soldats. Mais les Zoulous furent finalement vaincus après l'arrivée de renforts. Le roi Cetshwayo fut exilé, et le royaume divisé en treize chefferies entre lesquelles les conflits furent encouragés. Sombrant dans la guerre civile, le royaume zoulou devint une proie facile et à la fin des années 1880, les Zoulous étaient cantonnés dans des réserves et le reste de leurs terres ouverts aux fermiers européens.

La défaite zouloue permit ensuite aux Britanniques de réduire le royaume pedi, plus au nord, en l'envahissant avec l'appui des Swazi. Au sud du pays, les derniers Xhosa indépendants furent annexés par la colonie du Cap en 1894. Enfin, en 1898, des commandos boers appuyés par des régiments swazi (alliés traditionnels des Boers) et tsonga écrasèrent les Venda.

En 1896-1897, une épidémie de peste bovine sans précédent ravagea la région et finit d'affaiblir les populations africaines déjà militairement vaincues. Les sociétés africaines en furent destructurées sans retour, au moment même où elles voyaient leur force de travail aspirée par les régions minières et urbaines alors en pleine croissance.

À cette époque, l'ensemble de la région était sous contrôle européen (carte 5). Les Allemands s'étaient emparés de la Namibie en 1884, à la demande de négociants germaniques qui souhaitaient être protégés, aussi bien des populations autochtones que des Britanniques. Négligeant le nord du pays, les colons allemands s'étaient installés sur les hautes terres centrales, en expulsant les éleveurs herero et nama. Les révoltes de ces deux groupes dans les années 1890 et 1900 furent violemment réprimées, cette répression allant, dans le cas des Herero, jusqu'à l'organisation par les Allemands d'un véritable ethnocide.

L'actuel Zimbabwe avait été concédé par le gouvernement de Londres à la British Southern Africa Company, compagnie privée à charte, présidée par Cecil Rhodes qui en fit un outil de son projet colonial : une Afrique britannique du Cap au Caire. Conquise en 1890, « pacifiée » brutalement en une dizaine d'années, la Rhodésie fut contrôlée jusqu'en 1923 par la BSAC. Les objectifs étaient avant tout d'exploiter des richesses minières supposées très importantes. Une agriculture européenne fut aussi mise en place et c'est finalement cette agriculture qui se révéla la plus profitable. La population africaine, shona et ndebele, fut confinée dans des réserves, comme en Afrique du Sud.

Le Mozambique, enfin, était portugais même si encore mal contrôlé. Les frontières de cette colonie avaient été définitivement fixées par traité entre le Portugal et la Grande-Bretagne en 1891. À partir de cette date, pour assurer le contrôle du territoire, le gouvernement portugais concéda une large partie de sa colonie à des compagnies privées (sur le modèle de la British Southern Africa Company en Rhodésie).

La guerre des Boers (1899-1902), qui s'engagea deux ans après que le dernier royaume africain de la région eut perdu son autonomie, fut, d'une certaine façon, la dernière conquête européenne : il s'agissait de coloniser les derniers territoires indépendants d'Afrique australe (l'État Libre d'Orange et la République d'Afrique du Sud). Cette guerre, que les Britanniques pensaient gagner rapidement, dura deux ans et demi. L'engagement de Londres fut massif (plus de 450 000 soldats combattirent), une armée puissante affronta des commandos boers. Même après la prise des grandes villes, Pretoria et Johannesburg, et l'exil du Président Kruger en Europe, la guerre continua sous forme de guérilla. Les Britanniques recoururent à la pratique de la terre brûlée (comme d'ailleurs dans les conflits les opposant aux Africains), détruisant les récoltes et surtout déportant les familles afrikaners dans des camps de concentration pour couper l'approvisionnement des commandos. La violence, la durée et la cruauté de ce conflit cristallisèrent les clivages ethniques entre Blancs. Ce fut aussi un élément essentiel de l'historiographie mythique afrikaner, un peuple luttant pour sa liberté contre l'oppresseur. Enfin, les chefs politiques afrikaners de la première moitié du XXe siècle furent les produits de cette guerre durant laquelle ils s'illustrèrent comme généraux et chefs de commandos.

Les Africains furent officiellement exclus de ce conflit. En fait, et cela fut occulté par l'histoire officielle, ils furent utilisés comme main-d'œuvre et comme aides par les deux camps, et périrent ou furent déportés en grand nombre.

La paix signée en 1902 semblait laisser les mains libres aux Britanniques en Afrique australe, les deux anciennes républiques boers étant sous contrôle du *High Commissionner* (gouverneur) britannique. Pourtant, l'évolution politique du pays n'alla pas dans le sens d'un renforcement de l'impérialisme britannique, au contraire. Les Afrikaners anti-impérialistes s'unirent dans des partis politiques ethniques. Le gouvernement de Londres, représenté par Lord Milner, *High Commissionner* de la colonie, mena une politique volontariste de développement économique et s'aliéna de la sorte la classe ouvrière et les artisans anglophones en apparaissant comme avant tout au service des intérêts miniers. Malgré les désaccords de fond, tous les partis en présence s'entendaient sur l'idée d'unifier les quatre États (colonies du Cap et du Natal, État Libre d'Orange et Transvaal) : les Britanniques parce que c'était leur dessein colonial, les anti-impérialistes car ils y voyaient une chance d'être plus autonomes. En 1910, quand fut créée l'Union d'Afrique du Sud, les élections furent remportées par les anti-impérialistes : moins de 10 ans après leur défaite militaire, les Afrikaners, en la personne de Louis Botha, ancien général de l'armée du Transvaal, s'emparaient du pouvoir politique.

La mise en place et la cristallisation des formes ségrégatives

À partir de la mise en place de l'Union d'Afrique du Sud en 1910 et jusqu'à la fin des années 1980, l'histoire de l'Afrique australe est celle de la mise en place de plus en plus stricte de politiques raciales ségrégatives et de l'organisation des résistances à ces politiques. Les luttes anti-ségrégatives (et, de fait, anti-coloniales) ne s'achevèrent véritablement qu'avec la fin de l'apartheid, même si dans les pays voisins les indépendances furent acquises plus tôt.

Pour l'Afrique du Sud, et de façon très similaire pour la Namibie et le Zimbabwe, le XXe siècle fut caractérisé par trois vastes transformations qui intéressent directement le géographe : le découpage de l'espace en territoires réservés racialement (réserves puis bantoustans) ; une urbanisation croissante des populations africaines liée à un mouvement quasi continu d'industrialisation ; et la mise en place d'une politique raciale qui visait à maintenir la suprématie blanche malgré les changements mondiaux et nationaux.

Les dates de la ségrégation

La séparation des races a toujours existé en Afrique du Sud depuis l'installation des Européens. La société du Cap a été esclavagiste du XVIIe au XIXe siècle. La colonie britannique du Natal a, la première, mis en place des réserves africaines pour séparer Noirs et Blancs. Dans les quatre territoires, les droits des non-Blancs avaient toujours été plus limités que ceux des Blancs (tant les droits civiques que les droits de la vie quotidienne). Seule la province du Cap avait accordé le droit de vote aux non-Blancs, mais selon un système censitaire qui limita toujours à une infime minorité les électeurs bruns ou noirs.

Néanmoins, à l'échelle nationale, les premières lois raciales datent du début du siècle, une fois l'Union réalisée. Et la loi fondamentale, porteuse des conséquences économiques et géographiques les plus fortes fut le *Land Act* de 1913 qui définissait les réserves africaines. Les territoires délimités représentaient 10 % de l'ensemble du pays et les zones urbaines étaient toutes en zone blanche. Les réserves correspondaient aux lambeaux subsistant des anciens territoires et royaumes africains. Hors de ces zones, les droits des non-Blancs concernant les déplacements et la possession de la terre étaient restreints. À partir de cette date, le territoire national sud-africain fut donc divisé en deux, il le resta légalement jusqu'en 1994 (avec de nombreux réaménagements territoriaux). Il l'est encore dans les faits aujourd'hui. Le même système de découpage des terres fut appliqué en Namibie au début du siècle et au Zimbabwe en 1930. Seuls les protectorats britanniques (actuels Lesotho, Swaziland et Botswana) et le Mozambique échappèrent à ce type de partage inégal de l'espace. En Afrique du Sud, le *Land Act* de 1913 jeta sur les routes des dizaines de milliers d'Africains qui durent quitter les terres de leurs ancêtres que la loi venait de déclarer blanches ; selon le mot célèbre de l'écrivain Sol Platjee, ils se retrouvèrent « parias sur leur terre natale ». Ce fut le début de nombreux déplacements de populations, forcés et massifs.

Les années 1920, économiquement difficiles en Afrique du Sud, furent marquées par la cristallisation des oppositions raciales. La modernisation de l'agriculture européenne poussa la population afrikaner des zones rurales à migrer massivement vers les villes où elle était en concurrence avec la main-d'œuvre africaine, elle aussi déracinée. Les patrons industriels et miniers tentaient de résoudre leurs problèmes en diminuant le coût de la main-d'œuvre, donc en employant de plus en plus d'Africains. En 1922, une révolte aux allures de révolution prolétarienne secoua le Witwatersrand : la population blanche ouvrière se souleva contre le patronat et sa politique de bas salaires. La révolte fut violemment réprimée par le gouvernement de Jan Smuts qui lança l'armée sur les révolutionnaires. Pourtant, la législation du début de cette décennie donna satisfaction au prolétariat blanc. Le *Industrial Conciliation Act* de 1924 exclut les Africains de toute négociation sociale et salariale. En 1923, le *Native (Urban Areas) Act* mit en place, pour la première fois au niveau national, le principe selon lequel les Noirs n'étaient tolérés en ville que dans la mesure où ils y avaient un emploi.

La mise en place d'une législation raciste n'empêcha pas le gouvernement de Jan Smuts d'être battu aux élections de 1924 par le Parti national de James Hertzog qui profita du retour à la prospérité de la période suivante. Cette période économiquement favorable résultait de la combinaison de plusieurs facteurs mais surtout de l'abandon par l'Afrique du Sud de l'étalon or, en 1932, ce qui provoqua une baisse massive des prix à l'exportation et une croissance économique sans précédent. La Seconde Guerre mondiale, durant laquelle les régiments sud-africains combattirent aux côtés des alliés, fut aussi une période d'industrialisation rapide. Conséquence majeure, la croissance urbaine s'accéléra (durant la guerre, la population de Johannesburg doubla) et la population africaine en ville devint plus nombreuse que la population d'origine européenne. Le syndicalisme africain gagna en vigueur de même que les partis politiques non blancs. Dans le même temps, le patronat poussait à une libéralisation du régime vis-à-vis des non-Blancs pour créer une élite africaine et une main-d'œuvre stable et de qualité. Ces divers changements sociaux provoquèrent la peur chez nombre de Blancs et entraînèrent en 1948 la victoire électorale du Parti national qui annonçait son programme sous le vocable *apartheid* (séparation).

Le Parti national resta au pouvoir jusqu'à 1994 et systématisa la ségrégation spatiale. Deux textes de loi de 1950 servirent de piliers au nouveau système : le *Group Areas Act* et le *Population Registration Act*. Ces textes imposaient, d'une part, le classement de tout individu dans un des quatre groupes raciaux reconnus (africain, *coloured*, asiatique et blanc), d'autre part, la définition de zones de résidence racialement séparées. Ces deux textes furent complétés par un arsenal législatif permettant aux autorités d'imposer ses principes raciaux et par la mise en place d'une administration au service du nouveau régime. La séparation de l'espace national entre terres blanches et terres noires fut accompagnée de la mise en œuvre d'un système de contrôle des déplacements des populations noires : le port d'un passeport intérieur pour circuler dans le pays et vivre en zone blanche fut imposé. Ce document, appelé le *pass*, devait porter mention de l'employeur blanc du travailleur et pouvait être contrôlé à tout moment. Ainsi pouvait être appliquée (mal en fait, preuve en sont les centaines de milliers de poursuites chaque année pour infractions aux lois sur le *pass*) l'obligation d'emploi pour résider hors des terres africaines. La ségrégation fut organisée et imposée dans tous les domaines de la vie sociale du pays. Sur le terrain, en ville comme en zone rurale, l'apartheid impliqua des déplacements de populations pour éliminer les « taches noires », c'est-à-dire l'ensemble des secteurs occupés par des Noirs en zones blanches. Près de 5 millions de personnes furent déplacées, soit depuis les zones rurales blanches vers les réserves devenues bantoustans, soit en ville vers des *townships* ségrégués. La séparation des races devait être totale pour permettre le développement séparé. Ce mouvement fut accompagné d'une répression violente de toute forme de contestation politique. En 1960, à Sharpeville, *township* du sud de Johannesburg, la police tira sur une foule de manifestants qui protestaient contre le *pass* et tua 69 personnes. Les responsables politiques africains, dont Nelson Mandela, furent emprisonnés à Robben Island ou quittèrent le pays.

Les années 1950 et 1960 constituent la première période de l'apartheid. Il s'agissait alors d'organiser la société en fonction de l'appartenance raciale de ses membres. Outre l'exclusion des droits politiques de l'ensemble des non-Blancs, l'apartheid de cette époque comprenait trois aspects principaux :

- Le petit apartheid. C'était l'ensemble des lois et règlements qui protégeaient l'intimité des Blancs dans leur vie quotidienne en leur évitant tout contact avec les non-Blancs. Il constituait l'aspect le plus criant du système, qui interdisait les unions mixtes et les relations sexuelles inter-raciales, imposait la ségrégation dans les lieux publics, depuis les plages jusqu'aux bureaux de poste en passant par les transports en commun et les lieux de distraction.

- Le grand apartheid. Il reposait sur l'application du *Group Areas Act* qui définissait les zones de résidence de chaque groupe racial et l'organisation du territoire en terres européennes d'une part, et réserves africaines d'autre part. Moins visible que le petit apartheid, il avait des conséquences bien plus durables. C'est cette forme d'apartheid qui justifia en ville la construction des immenses *townships* réservés aux Noirs, aux Colorés ou aux Indiens, à l'écart des villes blanches, et la destruction des anciens quartiers africains proches des centres, et, en zone rurale, le déplacement de millions de personnes vers les réserves.
- L'apartheid appliqué aux activités économiques était, enfin, le troisième aspect. Il interdisait les emplois qualifiés aux non-Blancs, de même qu'il leur interdisait la pratique d'activités commerciales indépendantes. Assurer le plein emploi aux populations d'origine européenne, satisfaire ainsi l'électorat et garantir les Blancs contre une éventuelle concurrence africaine, tels étaient les objectifs de ce système.

Les années 1970 constituèrent la deuxième époque de l'apartheid. Le développement séparé fut redéfini dans le cadre de la politique des bantoustans. Les anciennes réserves furent légèrement agrandies et destinées à devenir des territoires indépendants : dans un premier temps, tout Sud-Africain noir ne travaillant pas pour un employeur blanc devait résider dans son bantoustan ; à terme, ceux-ci auraient dû réunir l'ensemble des Africains. Les bantoustans furent au nombre de dix, définis en fonction des appartenances ethniques (définies selon les Européens). Cette poursuite à l'extrême de la logique de ségrégation spatiale eut des conséquences dramatiques, faisant des Noirs sud-africains des travailleurs immigrés dans leur propre pays et laissant un héritage de misère et de sous-équipement dans des régions entières que le gouvernement de Pretoria pouvait considérer comme étrangères. Dans les villes, la mise en place des bantoustans justifia l'arrêt des constructions de logements dans les *townships*, provoquant l'explosion des formes illégales d'occupation du sol (développement des camps de *squatters*). Les industries furent poussées à aller s'implanter aux frontières des territoires africains par un système de subventions attractif. Surtout les terres africaines, situées parfois à près de 100 kilomètres des lieux d'emplois, devinrent lieux de résidence légale, et des systèmes de bus et de trains furent mis en place pour déplacer quotidiennement les travailleurs sur de très grandes distances.

Ce système fut aussi mis en place en Namibie (sous mandat sud-africain après la Première Guerre mondiale) mais jamais dans les autres pays de la région. C'est le Zimbabwe qui s'en approcha le plus en réorganisant en 1969 les réserves africaines et en tentant d'y développer activités et centres urbains. Le gouvernement rhodésien, après avoir rompu les ponts avec la Grande-Bretagne en 1965 en déclarant unilatéralement son indépendance, avait bien envisagé de suivre le modèle sud-africain des bantoustans mais il n'en a eu ni les moyens ni le temps (en tout cas pour pousser la logique jusqu'à accorder l'indépendance à d'anciennes réserves). Pour l'Afrique du Sud, il faut souligner le retournement stratégique qu'a provoqué la politique de bantoustisation : jusque-là les ambitions territoriales de Pretoria étaient fortes puisque l'intégration du Botswana, du Swaziland et du Lesotho au territoire sud-africain était recherchée. À partir des années 1970, il n'en fut plus question. Il s'agissait, au contraire, de créer de nouveaux États indépendants. Le Lesotho, par exemple, a été un modèle pour la mise en place des bantoustans : indépendant, il n'en a pas moins toujours fourni de la main-d'œuvre à l'économie sud-africaine ; on peut tenir le même raisonnement à propos des régions du sud du Mozambique.

En Afrique du Sud même, cependant, après 1981, l'échec de la politique des bantoustans, sur laquelle nous reviendrons (voir chapitre 3), était manifeste et aucun nouveau territoire ne fut déclaré indépendant. La lutte contre le régime (voir chronologie en fin de ce chapitre), brisée dans les années 1960, reprit à partir de 1976 et des émeutes de Soweto. Les années 1980 précipitèrent la fin légale du régime d'oppression raciste : la lutte interne s'intensifia en même temps que les pressions internationales et les changements géopolitiques mondiaux affaiblissaient la position de Pretoria. Dans les faits, cependant, la fin de l'apartheid signifie simplement que tout est à faire pour effacer les traces spatiales d'une organisation territoriale héritée.

Les causes de la ségrégation

Quelles ont été les raisons d'être de la ségrégation raciale en Afrique du Sud ? Elle ne reposa pas sur un pur racisme idéologique, même s'il a existé dès le début. Le facteur économique a toujours été important, et l'on remarque que la mise en place de lois ségrégatives s'est toujours faite à des périodes économiques particulières. À partir de la découverte des richesses minières, les Européens ont eu besoin d'une main-d'œuvre africaine nombreuse, docile et bon marché. De même, le fonctionnement des fermes blanches a toujours reposé sur la main-d'œuvre africaine. La ségrégation a permis de satisfaire ces deux groupes économiques, urbain et rural. En divisant l'espace entre terres noires et blanches et en limitant les droits de séjour en zone blanche, on assurait à l'économie européenne une main-d'œuvre bon marché sans avoir à en supporter le coût de reproduction qui était reporté sur les zones rurales africaines (réserves africaines puis bantoustans). La loi sur la terre de 1913 qui définissait les réserves ne visait donc pas seulement à empêcher l'installation d'Africains en zone blanche mais aussi à préserver des espaces qui ne seraient pas accaparés par les Européens.

Le facteur politique, interne à la société européenne, n'a certes pas été moins essentiel que le facteur économique. Grossièrement, du moment que les Afrikaners ont eu reconquis le pouvoir politique, en 1910, ils n'ont eu de cesse de satisfaire leur électorat blanc et notamment de protéger le plus possible les Afrikaners pauvres de la concurrence des travailleurs non blancs, ce qui a justifié dans l'esprit des législateurs l'ensemble des lois sur la *colour bar* qui réservaient les emplois qualifiés aux Européens dans la plupart des secteurs économiques. De même, les lois ségrégatives du petit apartheid (séparation des races dans les transports, les lieux publics, etc.) devaient satisfaire les Européens modestes en les élevant au rang de groupe privilégié.

Enfin, les fondements de la ségrégation ont été souvent contradictoires. Le grand capital urbain, minier et industriel, gros consommateur de main-d'œuvre a longtemps tenté de réduire les effets de la *colour bar* qui l'obligeaient à utiliser une main-d'œuvre européenne plus coûteuse. De même, le système du travail célibataire migrant qui l'a d'abord servi a fini par lui nuire en empêchant la formation d'une main-d'œuvre stable et qualifiée. Néanmoins, les gains économiques ont certainement dépassé les désavantages et le monde des affaires s'est bien accommodé des diverses formes de ségrégation.

La lutte contre l'apartheid : chronologie, symboles, hommes et groupements

L'apartheid a duré en Afrique du Sud de 1948 à 1991. Ce fut une politique fondée sur le principe de la séparation des races et visant à maintenir les privilèges des Blancs d'Afrique du Sud, notamment des Blancs afrikaners. Ces 46 années ont été marquées par des événements au retentissement international, des violences, des emprisonnements arbitraires accompagnés de tortures, des départs en exil, des luttes politiques et armées... Ces luttes, réponses en général à des phases de mise en œuvre de nouvelles formes de ségrégation ou de répression, concernent le géographe car elles ont contribué à dessiner une géographie politique du pays et à créer un certain nombre de lieux symboles : Sharpeville, Soweto, Crossroads... Par ailleurs, les lois de l'apartheid ont faconné l'espace sud-africain. Peu de pays ont ainsi vu leur territoire aussi fortement marqué par l'histoire politique récente. Ce sont certaines des dates de cette histoire que nous souhaitons rappeler ici, mais en n'oubliant pas qu'il en est bien d'autres, que bien des affrontements locaux n'ont pas eu de retentissements, que la lutte est essentielle mais que le vécu quotidien, banal, de l'oppression, par des millions de Sud-Africains est certainement tout aussi important pour l'avenir et qu'il n'est pas possible d'en rendre compte ici.

1948 – Le Parti national remporte les élections, il annonce la mise en place de l'apartheid (que ses idéologues définissent comme le développement séparé).

1949 – La première loi de l'apartheid est votée, elle interdit les mariages interraciaux.

1950 – Le *Population Registration Act* impose la classification raciale de tous les Sud-Africains. Le *Suppression of Communism Act* permet aux autorités d'interdire toute forme d'opposition définie comme communiste.

1952 – Le port du *pass* est rendu obligatoire pour tout Africain noir adulte. Le South African Indian Congress lance la *defiance campaign*, forme de résistance passive à l'apartheid.

1953 – La résistance passive est interdite, le droit de grève est retiré aux travailleurs noirs, le *Separate Amenities Act* met en place le petit apartheid (ségrégation des transports et des lieux publis), le *Bantu Education Act* impose des programmes d'enseignement spécifiques aux Noirs.

1954 – Le *Native Resettlement Act* permet d'appliquer le *Group Areas Act*, c'est-à-dire de déplacer les populations noires vivant en zones déclarées blanches.

1955 – 3 000 délégués des mouvements d'opposition se réunissent à Kliptown (Soweto) et signent la Charte de la Liberté qui définit les objectifs de la lutte : une Afrique du Sud non raciale et démocratique.

1956 – Le droit de vote est retiré aux Colorés du Cap. Les syndicats multi-raciaux sont interdits. 156 opposants, dont Nelson Mandela, sont accusés d'avoir voulu renverser l'État et poursuivis pour haute trahison : le *Treason Trial* dura quatre ans mais les accusés furent déclarés innocents.

1959 – Hendrick Verwoerd, nouveau Premier ministre, annonce la création des bantoustans. Les universités sont ségréguées. Fondation du Pan-Africanist Congress, parti radical anti-apartheid, qui rejette l'alliance de l'ANC (African National Congress, parti multiracial majoritaire créé au début du siècle) avec les libéraux blancs et les organisations indiennes.

1960 – À Sharpeville, *township* du sud de la région de Johannesburg, la police tire sur la foule qui manifeste contre le *pass* à l'appel du PAC : 69 morts, 178 blessés. L'État d'urgence est déclaré, l'ANC et le PAC sont interdits.

1961 – L'Afrique du Sud devient une république et quitte le Commonwealth. L'ANC crée sa branche armée, *Umkhonto we Sizwe* (la lance de la nation).

1963 – Les principaux *leaders* de l'ANC, dont Nelson Mandela, Govan Mbeki et Walter Sisulu, sont arrêtés à Rivonia et poursuivis pour sabotage et haute trahison. Lors du procès de Rivonia, en 1964, ils sont condamnés à la prison à perpétuité à Robben Island (située au large du Cap). Les leaders de l'ANC sont en prison ou en exil, l'opposition est décapitée.

1964 – Les Nations unies appellent à des sanctions économiques contre l'Afrique du Sud.

1967 – Le *Terrorism Act* donne aux autorités des pouvoirs illimités de détention des accusés de terrorisme.

1968 – Création de la South Africa Students Organisation (Saso), présidée par Steve Biko.

1970 – Le *Bantu Homelands Citizenship Act* fait de tous les Africains des citoyens d'un *homeland* et les prive ainsi de tous droits en Afrique du Sud blanche.

1973-1974 – Vague de grèves massives à Durban et Johannesburg, agitation étudiante. L'armée sud-africaine prend en charge les fonctions de police en Namibie. L'Afrique du Sud est exclue de l'Assemblée Générale des Nations unies.

1975 – L'Inkhata, mouvement culturel zoulou (les partis politiques sont interdits), est pris en main par Mangosuthu Buthelezi, avec l'appui de l'ANC. Indépendance du Mozambique et de l'Angola.

1976 – Le 16 juin, des jeunes de Soweto manifestent contre l'imposition de l'afrikaans comme langue d'enseignement pour les Africains, la police tire sur des enfants, des mois d'émeutes nationales suivent, les édifices publics dans les *townships* sont détruits par les habitants. Les émeutes de Soweto marquent le début d'une révolte violente et généralisée, souvent conduite par des jeunes.

1977 – Steve Biko, leader du Mouvement de la Conscience Noire qui inspire les jeunes des *townships*, est assassiné en prison.
1979 – La plupart des lois sur l'emploi des non-Blancs sont abolies.
1982 – Création du Parti Conservateur qui s'oppose au projet de partage du pouvoir avec les Indiens et les Colorés. L'armée sud-africaine attaque les bases ANC de Maputo (Mozambique) et Maseru (Lesotho). Le cours de l'or s'effondre passant de 800 $ à 300 $ l'once. Mouvements de grèves. Début d'une crise économique profonde.
1983 – Nouvelle constitution qui instaure trois parlements – blanc, indien et coloré – responsables pour chacun de ces groupes. Rien n'est prévu pour la représentation des Noirs. Création de l'*United Democratic Front* (UDF) pour coordonner la résistance au régime. L'UDF devient le représentant dans le pays de l'ANC mais regroupe, au-delà, pratiquement l'ensemble de l'opposition démocratique.
1984 – Révolte dans les *townships* contre les évictions de *squatters*, notamment à Crossroads au Cap. L'armée est envoyée dans les *townships*. L'UDF appelle au boycott des élections des nouveaux parlements. Campagnes de boycotts des paiements des loyers et services, assassinats et boycott des conseils municipaux noirs mis en place par le régime.
1985 – La police tire sur la foule réunie pour commémorer le massacre de Sharpeville, 21 morts. L'ANC appelle à rendre les *townships* ingouvernables. Les violences éclatent partout; plus de 1 000 morts, 35 000 soldats déployés dans les *townships*. Création du COSATU, fédération des principaux syndicats. Des patrons blancs rencontrent des représentants de l'ANC à Lusaka. Début des affrontements violents au Natal entre militants de l'Inkhata et de l'UDF qui firent des milliers de morts durant les années suivantes et s'étendirent à l'actuel Gauteng.
1986 – L'État d'urgence est déclaré. Plus de 8 000 nouveaux prisonniers politiques. Destructions massives de camps de *squatters* au Cap. Grèves dans tous les secteurs, les mines sont très affectées.
1988 – Interdiction du COSATU et de 18 organisations politiques.
1989 – Frederick de Klerk succède à PW Botha et annonce des négociations avec l'ANC. Libération de Walter Sisulu et d'autres prisonniers politiques arrêtés dans les années 1960.
1990 – Levée des interdictions des organisations politiques. Oliver Tambo, président de l'ANC en exil, rentre en Afrique du Sud. Nelson Mandela est libéré en février. L'ANC renonce à la lutte armée en échange de la libération des prisonniers politiques. La violence entre partisans de l'ANC et de l'Inkhata s'intensifie avec l'appui occulte des forces de police. Des massacres dans les trains de la région de Johannesburg sèment la terreur.
1991 – Abolition des principales lois de l'apartheid, retour des exilés, libération des prisonniers politiques. Accord de paix entre la plupart des organisations politiques en septembre. La violence continue cependant, les actions d'une troisième force soutenue par le régime sont évidentes ainsi que le soutien des forces de l'ordre à l'Inkhata. Négociations politiques entre les principaux partis.
1992 – Lors d'un référendum, 68 % des électeurs blancs votent en faveur des réformes. Massacre de Boipatong: 37 personnes sont tuées par l'Inkhata. Arrêt, puis reprise des négociations. Le PAC s'y oppose.

1993 - Assassinat de Chris Hani, leader du Parti communiste, ancien chef de la branche armée de l'ANC, par des extrémistes blancs. La violence s'intensifie encore dans les *townships*. Accord entre ANC et NP sur la constitution intérimaire.
1994 - Premières élections démocratiques en Afrique du Sud le 27 avril. L'Inkhata décide finalement d'y prendre part. Nelson Mandela est élu président, un gouvernement d'union nationale est formé.
1997 - En février, la nouvelle constitution sud-africaine, dont le texte a été signé en décembre 1996, entre en vigueur et marque la dernière étape institutionnelle de la fin de l'apartheid.

Deuxième Partie

L'Afrique du Sud au sortir de l'apartheid : un pays en mutation

Chapitre 3

La nouvelle Afrique du Sud : découpage territorial, population et économie

Depuis la fin de l'apartheid et la mise en place d'un régime démocratique en 1994, le terme de nouvelle Afrique du Sud est sans cesse employé pour désigner le pays, car il est entré dans une phase de reconstruction : réunifier ce qui a été séparé pourrait être la définition de l'ensemble de la politique actuelle. Il s'agit de construire la « nation arc-en-ciel », métaphore utilisée par l'archevêque Desmund Tutu et reprise fort couramment. Il n'empêche, l'Afrique du Sud est encore terre d'inégalité entre groupes raciaux, et également entre ethnies et territoires, et la nouvelle Afrique du Sud est plus en devenir qu'un état de fait. Spatialement, les traces de l'apartheid seront très longues à effacer, si elles le sont jamais. La situation est d'autant plus complexe qu'aucun groupe ni espace n'est uniforme : d'une part les anciennes terres blanches recèlent aussi des espaces économiquement déprimés alors que les anciens bantoustans, à l'inverse, possèdent des secteurs mieux développés (notamment leurs anciennes capitales) ; d'autre part, à l'intérieur de chaque groupe racial et ethnique, existent des clivages sociaux forts entre élites, couches sociales moyennes et populaires. Enfin, les oppositions qui traversent la société sud-africaine sont aussi linguistiques, religieuses et culturelles. Avant d'aborder la présentation géographique du pays, il est indispensable de dresser un tableau rapide de la politique en cours de réorganisation de l'espace (et de sa gestion administrative et politique), ainsi que des grandes caractéristiques de sa population.

L'organisation du territoire national

L'ancien partage racial de l'espace, terres blanches et bantoustans

L'apartheid était une géographie, une projection dans l'espace d'une idéologie raciste dite de « développement séparé ». À toutes les échelles, le principe fondamental était l'attribution de territoires en fonction des races. Ceci laisse un héritage doublement problématique : d'une part les groupes raciaux longtemps séparés se méconnaissent, d'autre part le partage était inégal et les territoires réservés aux non-Blancs sont aujourd'hui en situation de sous-développement global nécessitant un rattrapage social massif.

Le partage de l'espace ancien était établi à deux échelles principales. À l'échelle nationale, le territoire sud-africain était divisé entre terres blanches (elles-mêmes réparties entre quatre provinces : province du Cap, État Libre d'Orange, Tansvaal et Natal) et bantoustans (carte 6). À l'échelle locale, dans les villes des zones blanches, c'est le *Group Areas Act* de 1950 qui régissait la répartition des populations dans des quartiers différents en fonction de la race.

La mise en place des bantoustans a été officiellement présentée comme favorable aux Africains qui devaient à terme y être indépendants et y connaître un développement parallèle à celui des ressortissants de l'Afrique du Sud blanche, mais de façon adaptée à leur culture. Blancs et Noirs étaient déjà territorialement séparés depuis la création des réserves indigènes (*native reserves*). En 1913, le *Native Land Act* avait délimité 8,9 millions d'hectares réservés aux indigènes. En 1936, le *Native Trust and Land Act* avait augmenté de 6,2 millions d'hectares le total de ces terres. Celles-ci constituaient une poussière de territoires appartenant au *South Africa Native Trust Land*. Après l'accession au pouvoir du Parti national, la nouveauté fut que le gouvernement sépara les « Bantous » en neuf « familles linguistiques » et attribua à chacune un territoire distinct (Zulu, Xhosa, Tswana, Sotho du Nord et du Sud, Swazi, Ndebele, Venda, Shangaan) tout en effaçant les *black spots* (enclaves noires résiduelles sur des terres blanches). Le prix payé par les populations noires en matière de déplacements forcés et de réinstallation en zones généralement inhospitalières et toujours étrangères fut très élevé (plusieurs millions de personnes déplacées). En 1959, le *Bantu Self-Government Act* instaura une administration et un gouvernement propres à chaque bantoustan. Insérés dans les limites provinciales, mais séparés par des frontières que les politiciens de l'apartheid voulaient infranchissables sans autorisation, ces bantoustans, plus tard appelés *Homelands*, ont fait l'objet de tentatives infructueuses de consolidation en ensembles cohérents. Six avaient un statut d'autonomie (*self-governing*) (Gazankulu, Lebowa, Quaqua, Kanguane, Venda, KwaNdebele), quatre furent officiellement déclarés indépendants (le Transkei en 1972, le Bophuthatswana en 1973, le Venda en 1979 et le Ciskei en 1981). Ces dix bantoustans (un de plus que de groupes linguistiques car deux étaient xhosa pour des raisons techniques avant tout) se géraient eux-mêmes avec une allocation du gouvernement de Pretoria. On en est arrivé, dans ces territoires, à une situation de sous-équipement grave, notamment en ce qui concerne les infrastructures et les équipements, tandis que la bureaucratie, le clientélisme, la corruption et l'inflation du nombre de fonctionnaires achevaient de paupériser des régions par ailleurs surpeuplées et dont toute l'économie reposait sur une agriculture de subsistance peu productive.

L'échec de la politique des bantoustans peut être apprécié de différents points de vue :

- Échec politique : la création de territoires indépendants ou autonomes n'a pas satisfait la demande des mouvements de lutte contre l'apartheid. Les bantoustans indépendants n'ont jamais été reconnus par la communauté internationale. La mise en place par Pretoria d'administrations africaines dans les bantoustans n'a pas suffi à fidéliser au régime une classe politique africaine. Les résultats ont plutôt été inverses : les populations africaines ont vite massivement rejeté les pouvoirs des bantoustans dont la corruption, la mauvaise gestion des affaires et l'allégeance à Pretoria étaient insupportables. Deux cas ont été particuliers : le Transkei où un leader populiste, le géneral Bantu Holomisa, s'est emparé du pouvoir en 1989 puis s'est opposé à Pretoria et a soutenu l'ANC ; le KwaZulu, contrôlé par l'IFP, qui a refusé l'indépendance mais s'est servi de l'administration du bantoustan pour accroître son pouvoir politique et satisfaire sa clientèle.
- Échec économique : aucun bantoustan n'est devenu une entité économiquement viable, malgré les financements souvent très importants de Pretoria (au total près de 11 milliards de rands pour les *homelands* non indépendants et plus de 6 milliards pour les quatre indépendants en 1993-1994). La situation de sous-développement des bantoustans n'a fait que s'aggraver aux cours des années. Seul le Bophuthatswana connaissait une situation économique moins mauvaise grâce à l'exploitation d'une très importante mine de platine et au développement du pôle touristique de Sun City. Pour le reste, les bantoustans sont restés des réservoirs de main-d'œuvre mais n'étaient même plus capables d'assurer correctement sa reproduction. Enfin, les industries de frontières, qui devaient se développer sur les terres blanches mais à la limite des bantoustans dont elles auraient utilisé la main-d'œuvre, sont restées très marginales malgré les subventions du gouvernement central.
- Échec démographique : la politique des bantoustans a totalement échoué à limiter la croissance des populations noires sur les terres blanches, notamment dans les villes. En effet, dans tous les cas à l'exception du Venda, la majorité des ressortissants « officiels » des bantoustans résidaient en zone blanche : en 1970, seulement un peu plus de 42 % des Noirs sud-africains résidaient dans leur bantoustan.

Tableau 3. Les anciens bantoustans d'Afrique du Sud

Bantoustan	Ethnie	Nombre de parcelles de territoires	Superficie (km^2)	Population estimée 1980 (en milliers)	Population estimée 1993 (en milliers)	Nombre de fonctionnaires 1994 (arrondi)
Bophuthatswana	Tswana	7	44055	1286	2601	65000
Ciskei	Xhosa	1	5300	630	901	30000
Gazankulu	Shangaan	4	6750	477	634	35000
KaNgwane	Swazi	2	2416	350	525	15000

Bantoustan	Ethnie	Nombre de parcelles de territoires	Superficie (km²)	Population estimée 1980 (en milliers)	Population estimée 1993 (en milliers)	Nombre de fonctionnaires 1994 (arrondi)
kwaNdebele	Ndebele	1	730	250	564	13000
KwaZulu	Zulu	40	35000	3178	5542	83000
Lebowa	Sotho du nord	11	25000	1658	2388	60000
QwaQwa	Sotho du Sud	1	480	232	480	15000
Transkei	Xhosa	3	45000	2622	3583	95000
Venda	Venda	1	6500	360	579	30000

Que la politique des bantoustans ait été un échec ne signifie pas qu'elle n'a pas eu de conséquences lourdes pour l'avenir. La plus importante est l'élargissement du fossé économique entre terres blanches et noires. Mais, à plus court terme, deux héritages posent problème : la multiplication des administrations et l'exacerbation des tensions ethniques.

Les tensions ethniques ont en effet été attisées, voire générées, car la création des bantoustans appelait une forme de purification ethnique (c'est-à-dire de nouveaux déplacements de populations, des violences et des redécoupages territoriaux). En effet, pour bénéficier de droits dans un de ces territoires, il fallait appartenir à l'ethnie à laquelle ils étaient officiellement réservés. Or, de fortes minorités d'autres ethnies se trouvaient souvent sur les terres des bantoustans. Dans certains cas, comme au Ciskei, un sous-groupe xhosa a été pratiquement inventé pour justifier l'existence du territoire par rapport au Transkei, lui aussi réservé aux Xhosa. Dans d'autres cas, de minuscules territoires ont été attribués à un bantoustan, à des centaines de kilomètres de là, simplement parce qu'un nombre important de membres de l'ethnie y résidait (ce fut le cas pour Taba Nchu, rattaché au Bophuthatswana bien que situé près de Bloemfontein).

Par ailleurs, la multiplication des administrations a posé problème au nouveau régime après la réintégration des dix bantoustans dans le territoire national. Les dix services publics comptaient au total près de 450 000 fonctionnaires (tableau 3) (outre les quelques 750000 qui travaillaient pour le gouvernement central).

Neuf nouvelles provinces

Puisque l'apartheid avait divisé l'Afrique du Sud en partageant l'espace, le nouveau régime démocratique se devait de reprendre entièrement le découpage territorial. Trois niveaux de gouvernement ont été définis : national, provincial et local. Au second niveau, qui nous intéresse ici, les changements se sont faits en douceur dans une volonté de réconciliation nationale. Pour passer de quatre provinces à neuf, on a pris en compte l'histoire contemporaine et intégré les anciens bantoustans aux provinces. Le découpage retenu a été repris de celui établi par la Banque de développement d'Afrique du Sud en 1982 selon des critères socio-économiques et selon les zones métropolitaines dans l'optique d'une planification économique à long et moyen terme qui, grande originalité pour l'époque, incluait les bantoustans. Après négociations entre les partis, on a abouti au découpage actuel en neuf provinces seulement (carte 7 et voir introduction sur les noms des provinces et de leurs capitales). La province du Cap a été divisée entre les actuels Cap de l'Ouest (capitale Cape Town), Cap de l'Est (capitale Bisho, intégrée en 2000 dans l'aire métropolitaine de Buffalo City) et Cap du Nord (capitale Kimberley, intégrée depuis 2000 dans l'aire métropolitaine de Sol Platjee). La délimitation de l'État Libre d'Orange n'a pas été modifiée, sa capitale est restée Bloemfontein (rebaptisée Mangaung). Le KwaZulu-Natal est formé du KwaZulu, du Natal et d'un morceau du Transkei. La province du Nord-Ouest (capitale Mafikeng) comporte des parties de l'ancienne province du Cap, du Transvaal et du Bophuthatswana. La province du Nord (depuis 2000, province du Limpopo, capitale Polokwane) comprend des parties du Transvaal, du Gazankulu, du Venda et du Lebowa. Le Mpumalanga (capitale Nelspruit/Mbombela) est l'ancien Transvaal oriental et le Kangwane, tandis que le Gauteng (capitale Johannesburg) correspond à l'ancien ensemble urbain du PWV (Pretoria-Witwatersrand-Vereeniging) et à un morceau du KwaNdebele.

Les capitales ont été choisies selon le principe de la plus grosse ville, ce qui a eu pour résultat dans le Gauteng de remplacer Pretoria/Tshwane par Johannesburg et ailleurs de donner souvent la priorité à l'ex-ville blanche sur l'ex-capitale de bantoustan. Deux anciennes capitales de bantoustan sont néanmoins devenues des capitales provinciales : Bisho, ancienne capitale du Ciskei (mais elle avait déjà été choisie par le gouvernement du Ciskei, au lieu de Debe Neck voulue par l'Afrique du Sud, à cause de sa proximité avec la ville blanche de King William's Town située à trois kilomètres) et Mmabatho, ancienne capitale du Bophuthatswana dont l'ancien nom de Mafikeng a été rétabli en 1997. Dans le cas du KwaZulu-Natal, enfin, c'est Pietermaritzburg (aujourd'hui Mzunduzi) qui, après de longues hésitations, est devenue capitale provinciale.

Les nouveaux noms sont neutres, se référant aux points cardinaux, ou ne sont que peu modifiés. Certes, les noms qui font très fortement référence à la langue ou à la culture afrikaner sont abandonnés : l'État Libre d'Orange a été simplifié en État Libre, le Transvaal a disparu. Deux noms seulement sont tirés de langues africaines : le Gauteng et le Mpumalanga. Le premier signifie approximativement « le lieu de l'or », le second « le pays où se lève le soleil ». La politique du compromis, enfin, est manifeste dans le choix du doublet KwaZulu-Natal.

Les provinces sont représentées depuis les élections législatives nationales et provinciales d'avril 1994 par des assemblées provinciales élues. Le nombre de députés varie selon le poids démographique de la province (environ un député pour 100 000 habitants). Sur les 400 députés que compte l'Assemblée nationale, 200 sont élus au niveau national et 200 au niveau de chaque province. On obtient ainsi à l'Assemblée nationale 21 députés pour le Cap de l'Ouest, 26 pour le Cap de l'Est, 4 pour le Cap du Nord, 40 pour le KwaZulu-Natal, 15 pour l'État Libre, 17 pour le Nord-Ouest, 20 pour la province du Limpopo, 14 pour le Mpumalanga et 43 pour le Gauteng. Chaque assemblée provinciale nomme également 10 membres pour siéger au Conseil national des Provinces sur la base d'une représentation proportionnelle des partis. Le Conseil est conçu comme la pièce maîtresse de l'articulation des pouvoirs entre l'échelon national et régional et a des pouvoirs budgétaires. Les provinces sont en outre représentées par un exécutif constitué d'un chef de gouvernement (le *Premier*) élu parmi les membres de l'assemblée provinciale et d'un gouvernement provincial nommé par lui qui comprend une dizaine de ministères (réforme agraire, administration et planification ; affaires économiques ; finances ; santé et protection sociale ; éducation et culture ; sécurité ; travaux publics ; transports ; logement et gouvernement local ; agriculture et planification de l'environnement). Le *Premier* a le pouvoir de signer les lois provinciales, de les renvoyer au parlement régional, puis devant le Conseil exécutif (c'est-à-dire le *Premier* et une dizaine de membres élus en proportion de leur représentation politique dans la législature), puis devant une commission d'enquête. Il a aussi le pouvoir de faire des référendums en accord avec la Constitution nationale.

Les problèmes posés par cette réorganisation de l'espace ont été multiples. En premier lieu des conflits sur les frontières ont opposé les provinces ; souvent des communautés ont revendiqué leur rattachement à une autre province quand elles y avaient un intérêt, par exemple quand leur lieu de travail se trouvait dans cette autre province ou que leur appartenance ethnique en faisait une minorité dans leur nouvelle province. Peu de modifications ont cependant été apportées au découpage originel. En second lieu, et plus profondément, le débat est encore en cours sur le degré d'autonomie dont devraient bénéficier les provinces. Si l'ANC est favorable à un pouvoir central relativement fort, les partis dont les bastions sont provinciaux réclament une forte autonomie. Celle-ci restera de toute façon très relative car les budgets des provinces sont attribués et affectés par le gouvernement central. Pour le logement, par exemple, les allocations sont données en fonction de la population et du pourcentage de chefs de ménages vivant en-deça du seuil de pauvreté. Le principe est que les revenus récoltés au niveau national doivent être équitablement partagés selon les provinces de façon à rétablir de meilleurs équilibres régionaux. Cette fonction de péréquation justifie la centralisation. Le problème de l'allocation des fonds aux provinces en tenant compte des disparités régionales, de l'intérêt national et de la capacité administrative des provinces doit être réglé par une commission fiscale et financière. Ces critères d'attribution font l'objet de vives critiques. Il faut dire que les calculs se basent largement sur des statistiques démographiques dont tout le monde connaît la faible fiabilité.

Le principal problème pour les provinces est donc qu'elles n'ont aucun moyen de s'autofinancer réellement. Même leur droit d'emprunt est extrêmement limité. Le Gauteng, le Cap de l'Ouest et le Mpumalanga sont les provinces qui s'en plaignent le plus car les plus riches, ainsi que le KwaZulu-Natal qui demande à pouvoir offrir des déductions fiscales aux industries sur des zones franches. Toutes ces provinces souhaitent pouvoir taxer le commerce et l'industrie pour augmenter leurs revenus. À ce sujet, le problème pratique qui se pose est celui de la connaisance de la population et de ses revenus. Or, appréhender la démographie et l'économie sud-africaines est plus difficile qu'il n'y paraît au premier abord.

Traits généraux de l'Afrique du Sud : population et économie

Qui sont les Sud-Africains ? Quel est le degré de développement du pays ? Les différences fondamentales d'une région à l'autre, héritage de l'ancien régime, font qu'il est difficile de répondre à ces questions à l'échelle nationale. Une présentation d'ensemble, nécessairement simplificatrice, permettra cependant de dessiner les grands traits de la population et de l'économie du pays.

Une population variée

Malgré une apparence de services statistiques efficaces, une grande incertitude règne sur la population sud-africaine. Le recensement d'octobre 1996, dont seuls les résultats préliminaires sont disponibles, est le premier recensement « post-apartheid », donc moins sujet à caution que le précédent. Celui de 1991 est à utiliser avec la plus grande précaution car il a été conduit en période de troubles, avec de nombreuses arrière-pensées. La méfiance des populations africaines vis-à-vis du pouvoir blanc explique le nombre de non-réponses, ou de réponses fausses. Par ailleurs, le gouvernement a toujours souhaité obtenir des statistiques démontrant la viabilité de ses politiques, d'où une sous-évaluation de la population africaine, surtout dans les villes, et une surévaluation des bantoustans. Enfin, il faut rappeler que pour les quatre bantoustans « indépendants » on ne dispose que de chiffres très peu fiables, voire d'aucune donnée, puisque ces terres n'étaient pas soumises avant 1994 aux recensements portant sur le territoire sud-africain. Le lecteur voudra donc bien considérer les chiffres qui suivent comme des approximations, les moins mauvaises possibles (voir *post-scriptum* pour les chiffres actualisés en 2013).

Une répartition forcée de la population

À l'échelle du pays entier, l'opposition entre l'ouest sec et peu peuplé et l'est bien arrosé et peuplé est nette (carte 8). Deux foyers de peuplement se dégagent : le Gauteng, avec des densités urbaines fortes et la côte du KwaZulu-Natal avec de fortes densités à la fois urbaines et rurales (celles-ci se prolongent vers le sud dans l'ancien Transkei). Ces fortes densités rurales correspondent grossièrement aux aires d'expansion ancienne des populations nguni dans un milieu favorable à leur agriculture : les pentes orientales du Drakensberg. Dès le XIXe siècle, ces zones ont été figées par la conquête européenne et, depuis lors, ont connu une densification progressive, accrue par les déplacements forcés de population. Les autres foyers de peuplement sont secondaires et surtout urbains. Il s'agit de la région du Cap, des pôles de Port Elisabeth et East London et, à l'intérieur, des champs aurifères de l'État Libre. À moyenne échelle, et hormis dans les grands centres urbains, c'est le partage historique de l'espace entre terres blanches et terres africaines qui explique les inégales densités de population. Globalement, l'opposition est-ouest correspond à l'opposition entre zones comprenant d'anciens bantoustans et zones n'en comprenant pas. À grande échelle, les contrastes de densités seraient plus extrêmes encore de part et d'autre des frontières raciales internes imposées par l'apartheid.

Un pays multiracial et multiethnique

Quatre grandes catégories raciales avaient été définies par les régimes blancs d'Afrique du Sud : blanche, noire, colorée et asiatique. Sur une population totale d'environ 40 millions d'habitants, il y avait en 1995 77,5 % de Noirs, 12,1 % de Blancs, 8,1 % de Colorés et 2,3 % d'Asiatiques. Ces pourcentages évoluent en faveur des Noirs, les taux d'accroissement naturel de la population sont en effet très inégaux selon les races : 0,8 % par an pour les Blancs, 1,9 % pour les Indiens (Asiatiques) et les Colorés, 2,5 % pour les Noirs.

La division de la population en groupes raciaux occulte une très grande variété ethnique.

Sur les quelques 5 millions de Blancs, environ deux millions sont anglophones, le reste est essentiellement composé d'Afrikaners, descendants des Hollandais du Cap et des huguenots français. Les minorités allemande, hollandaise, portugaise, italienne et grecque sont importantes. La communauté juive compte au total quelques 600 000 membres, originaires pour l'essentiel d'Europe orientale.

Les Indiens, environ 1 million de personnes, sont en majorité hindouistes, descendants de migrants venus du sud de l'Inde. Cependant, une large part de cette communauté est constituée de musulmans, originaires du nord de l'Inde et de l'actuel Pakistan.

Les Colorés sont des Métis, des Khoi, des Griquas, des Nama, ou plutôt ne sont ni indiens, ni blancs, ni noirs (voir les remarques de vocabulaire en introduction). 3,4 millions de personnes ont ainsi été définies négativement par les régimes racistes. Presque tous sont de langue afrikaans et beaucoup se reconnaissent avant tout dans une identité *coloured*.

Les Noirs constituent le groupe le plus complexe. Appartenant à deux grandes familles linguistiques, ils sont en outre divisés en neuf ethnies (qui ont été définies par les Européens). Les Zoulous, Xhosa et Swazi appartiennent au groupe nguni. Les Basotho, Tswana, Pedi et Ndebele du Transvaal appartiennent au groupe sotho. Les Venda appartiennent au groupe shona. Ces groupes ethniques sont moins divers qu'il ne semble et leur complexité est surtout le fruit des politiques de ségrégation qui visaient à diviser pour mieux régner (voir chapitre 2).

La diversité ethnique se reflète dans la diversité linguistique. Alors que seuls l'anglais et l'afrikaans étaient langues officielles jusqu'en 1994, la nouvelle Constitution en reconnaît onze.

Le zoulou est la première langue d'Afrique du Sud, devant le xhosa et l'afrikaans. Les débats actuels sur la question linguistique portent sur la question de la langue d'éducation. La tendance générale est à un usage de plus en plus important de l'anglais ; mais dans beaucoup de régions l'évolution sera lente et, à l'heure actuelle, l'anglais n'est indispensable qu'au KwaZulu-Natal et dans la ville de Johannesburg. Les deux autres langues potentiellement concurrentes sont le zoulou et surtout l'afrikaans. La communauté Afrikaner est la plus attachée à la défense de sa langue qu'elle perçoit comme un élément essentiel de son identité. Par ailleurs, l'afrikaans a un passé de langue d'enseignement, du primaire à l'Université. Dans l'ancienne Afrique du Sud, l'éducation était séparée jusqu'au niveau universitaire : on distinguait les universités blanches, certaines anglophones, d'autres afrikanophones, et les universités non blanches, une pour les Colorés au Cap, une pour les Indiens à Durban, et une pour chaque groupe ethnique africain. L'ensemble du système est aujourd'hui en difficulté. Une des pressions les plus fortes sur les universités, mais aussi sur bien des écoles secondaires et primaires anciennement blanches, est l'obligation d'accueil massif d'étudiants africains. Or, ceux-ci souhaitent recevoir un enseignement en anglais et non en afrikaans, ce qui met en cause le maintien de cette langue dans l'enseignement. Pour mieux percevoir l'importance de cette question linguistique, rappelons que les émeutes de Soweto, qui en 1976 ont ébranlé sans retour le régime blanc, étaient à l'origine une protestation contre l'usage de l'afrikaans comme langue d'enseignement pour les Africains.

Un pays à régime multipartiste

Au sortir des élections de 1994, l'Afrique du Sud est devenue une démocratie. La libération politique du pays a été tellement attendue que la politisation des Sud-Africains est forte : les taux de participation aux élections sont élevés et les débats politiques animés. Six partis politiques sont représentés au parlement. L'ANC (African National Congress) a collecté 62,65 % des voix lors des élections d'avril 1994 ; il détient 252 sièges au Parlement ce qui en fait de loin le premier parti politique du pays. Au niveau régional, il contrôle 7 des 9 provinces. Créé en 1912, mais plusieurs fois transformé, l'ANC a été le moteur de la lutte contre l'apartheid. Allié au SACP (South African Communist Party), à la plus grande confédération syndicale, le COSATU (Congress of South African Trade Unions), et à l'association des groupements civiques, la SANCO, il n'a pas de concurrent politique réel.

Le NP (National Party) a été au pouvoir de 1948 à 1994 ; c'est lui qui a mis en place le système d'apartheid. Il a cependant reçu 20,39 % des suffrages en avril 1994, notamment parce que la communauté colorée a voté pour lui. C'est aussi la raison pour laquelle ce parti a gardé le contrôle de la province du Cap de l'Ouest.

L'IFP (Inkhata Freedom Party), dirigé par Mangosuthu Buthelezi, a été fondé en 1975, avec à l'origine l'appui de l'ANC. Il s'en est écarté par la suite jusqu'à mener une lutte violente contre les militants de l'ANC (soutenu en cela par le régime de Pretoria). À dominante zouloue, l'IFP est un parti ethnique qui est surtout puissant au KwaZulu-Natal, province dans laquelle il détient le gouvernement. À l'échelon national, l'IFP a obtenu 10,5 % des suffrages et dispose de 43 sièges au Parlement.

Les quatre autres partis politiques n'ont pas dépassé en 1994 la barre des 5 % et ne contrôlent aucune province. Le FF (Freedom Front) est un parti blanc réactionnaire issu d'une scission au sein du NP. Le DP (Democratic Party) se définit comme libéral, son électorat est blanc et anglophone. L'ACDP (African Christian Democratic Party) n'a qu'un seul représentant au Parlement, c'est un parti religieux très marginal. Le PAC (Pan Africanist Congress of Azania), issu d'une scission de l'ANC en 1959, représente la tendance la plus dure de l'opposition nationaliste ; son échec total aux élections (1,25 % des votes) met en cause son avenir.

Enfin, parmi les formations non représentées au parlement, l'AWB, parti extrémiste blanc, est le plus fameux. Très marginal, organisé de façon paramilitaire, il a fait peser un temps une menace de terrorisme blanc contre le nouveau régime mais ne semble plus guère crédible aujourd'hui.

Un pays multireligieux

La plupart des religions sont représentées en Afrique du Sud et environ 70 % de la population se reconnaît dans l'une d'entre elles, la majorité des 30 % restants peut être dite animiste. 66 % des sud-Africains se déclarent chrétiens. L'islam (pratiqué par une partie des Colorés du Cap et de la communauté indienne), le judaïsme et l'hindouisme sont quantitativement très marginaux. Parmi les églises chrétiennes, les églises africaines indépendantes sont les plus importantes (avec près de 6 millions de fidèles), et parmi elles, la plus grande est la Zion Christian Church. Les catholiques ne sont qu'un peu plus de 2 millions alors que la Dutch Reformed Church réunit plus de 3 millions de fidèles et les anglicans 1,2 million.

Dans tous les groupes, la religion constitue un élement fort de l'identité individuelle et collective. Les églises ont souvent été impliquées dans la lutte politique, soit pour, soit contre l'apartheid.

Pour conclure sur la diversité sud-africaine, il n'est sans doute pas inutile de signaler à quel point les expressions artitiques la reflètent, du jazz sud-africain, synthèses d'influences américaines et africaines, à la peinture et la littérature. Les artistes sud-africains semblent de différents mondes, des tenants de l'art traditionnel des Ndebele ou des Zoulous, à l'art populaire urbain des *townships*, aux formes occidentales représentées par les grands orchestres classiques ou les formations qui se produisent à l'opéra de Pretoria et surtout à l'art d'avant-garde, art plastique particulièrement, qui s'exprime dans certains lieux privilégiés de Johannesburg et du Cap pour un public d'intellectuels avertis. Peu de pays présentent une telle palette qui montre à quel point l'Afrique du Sud est tiraillée entre plusieurs univers au total peu perméables.

Une économie puissante mais de très fortes inégalités

Dans un ordre d'idée différent, il est aussi vrai que peu de pays présentent des inégalités de niveau de vie aussi importantes que l'Afrique du Sud; aucun ne présente une corrélation aussi forte entre races et revenus.

Après une longue période de stagnation, voire de récession depuis les années 1980, liée au boycott international et à la crise politique interne, l'économie sud-africaine a renoué avec des taux de croissance positifs dès 1995. Par habitant, le PNB de l'Afrique du Sud est d'environ 2000 euros, ce qui en fait un pays fort riche pour l'Afrique mais cache bien des fragilités structurelles, en premier lieu les inégalités raciales et régionales.

Dans la plus riche des provinces, le Gauteng, le PNB par habitant est de plus de 2000 euros, dans la plus pauvre, la province du Limpopo, il est de moins de 300 euros. Très grossièrement, mais nous y reviendrons (troisième partie), ces inégalités provinciales recouvrent notamment de grandes disparités entre villes et campagnes, les régions les plus urbanisées étant les moins mal loties (carte 17).

Les Blancs, 12 % de la population, perçoivent environ 50 % de l'ensemble des revenus, les Africains environ 39 %. Cette inégalité raciale concerne aussi, évidemment, les équipements et l'accès aux services. Au sein de la population noire, 70 % des foyers n'ont pas accès à l'électricité, 50 % à l'eau, 60 % des actifs adultes sont analphabètes et moins de 200000 Noirs accèdent chaque année au niveau du Baccalauréat. Au total, 17 millions de personnes vivraient en deçà du seuil de pauvreté. Ces inégalités font peser un très lourd handicap sur un gouvernement démocratique élu qui s'est engagé à les résorber.

L'autre faiblesse de l'économie sud-africaine est qu'elle ne parvient pas à employer la population active: le taux de chômage est estimé à 40 %. Cette situation s'aggrave puisque la plupart des secteurs, mis à part les services, perdent des emplois, notamment les principaux employeurs: industrie, mine et agriculture commerciale. Là aussi l'inégalité est forte entre les groupes raciaux: environ 50 % de chômeurs dans la population active noire, moins de 5 % dans la population blanche. Le secteur informel, en plein développement n'est pas non plus capable d'absorber la main-d'œuvre sans emploi.

Il reste que l'Afrique du Sud n'en est pas moins une grande puissance économique à l'échelle de l'Afrique: elle y réalise près de 50 % de la production industrielle totale et y produit plus de 60 % de l'électricité. À l'échelle de l'Afrique australe, son poids est encore plus imposant puisqu'elle y produit plus de 80 % de l'électricité, possède plus de 80 % de son parc automobile et réalise plus de 70 % de l'ensemble des exportations, alors qu'elle ne compte que 40 % de sa population.

Par ailleurs, l'économie sud-africaine est relativement saine. Le commerce extérieur est légèrement excédentaire, mais les importations sont surtout des produits manufacturés et pétroliers et les exportations surtout des produits bruts, notamment miniers qui restent la première exportation en valeur (l'or est au premier rang, il représente environ 25 % des exportations en valeur). La dette publique, 50 % du PNB, est modérée pour un pays du Sud. L'inflation est maintenue à un niveau raisonnable; depuis 1992 elle a été ramenée à 7-8 % par an. La baisse du cours du rand, permet le maintien d'un flux important d'exportations et les produits sud-africains gagnent de nouveaux marchés depuis l'ouverture économique et la fin des sanctions.

L'économie sud-africaine présente la particularité d'être très largement dominée par un nombre réduit de grands groupes, organisés en *holdings* financiers composés d'ensembles complexes de sociétés travaillant dans les domaines les plus divers. Les cinq plus importants de ces groupes représentent à eux-seuls, en 1997, plus de 80 % de la capitalisation boursière de la bourse de Johannesburg; on les appelle les *big five* (par référence à l'expression désignant dans les parcs naturels sud-africains les 5 animaux les plus recherchés). Il s'agit, par ordre d'importance, de l'Anglo-American, la Rembrandt, la Sanlam, la SA Mutual et le Liberty Group.

Chaque groupe a son histoire et ses spécificités, chacun tire sa puissance d'une activité originelle particulière. Le rôle économique de ces groupes est tel qu'une présentation, au moins partielle, de leurs activités est nécessaire.

L'Anglo-American (voir aussi chapitre 1) est un groupe contrôlé par la famille Oppenheimer. Il représente un capital de plus de 20 milliards de rands et plus de 40 % de la capitalisation boursière sud-africaine. La puissance du groupe est fondée, entre autre, sur son association étroite avec la De Beers qui contrôle le marché du diamant. Sa part dans l'extraction de l'or et du platine est aussi essentielle. L'Anglo-American est la première puissance minière du monde: outre les diamants, l'or et le platine, les sociétés filles exploitent le charbon (société Amcoal) et l'uranium. L'Amcoal est le premier producteur de charbon en Afrique du Sud et l'AA contrôle aussi le terminal charbonnier de Richards Bay, le plus important du monde. Les investissements miniers de la société sont aussi importants à l'étranger, en Afrique bien sûr mais aussi en Europe. L'Anglo-American a aussi des intérêts dans l'industrie: acier, papier, bois, composants automobiles, industrie chimique. Elle contrôle la First National Bank, troisième des grandes banques sud-africaines. Enfin ses intérêtes dans l'agriculture sont non négligeables: c'est, par exemple, l'AA qui détient les commandes de la Tongaat Hulett, premier producteur de sucre d'Afrique du Sud.

Le Rembrandt Group, sous domination de la famille Rupert est à l'origine un producteur de tabac. Il contrôle 80 % de l'industrie sud-africaine du tabac. Il pèse pour 13 % de la capitalisation boursière du pays. Comme l'Anglo-American, mais dans une mesure moindre, le groupe s'est diversifié: mines, services financiers (le groupe contrôle une large part de la première banque du pays, Absa), bois, métallurgie, agro-alimentaire. Contrairement à l'Anglo-American, la Rembrandt est un groupe à dominante afrikaner. Il est s'associé à un autre géant, la Sanlam. À l'origine groupe d'assurance, la Sanlam est aujourd'hui un holding qui est représenté dans la banque, l'industrie chimique (SASOL), la métallurgie (GENCOR), l'industrie du bois et la mine.

La SA Mutual, autre poids lourd de l'assurance, contrôle la seconde société sucrière du pays et la seconde société productrice de ciment, elle contrôle la quatrième banque sud africaine (Nedcor).

Liberty Life est d'abord une compagnie d'assurance, c'est le moins diversifié des cinq groupes.

Le poids de ces grands groupes donne une forte rigidité à l'économie sud-africaine. Dans ce contexte, l'émergence d'un entreprenariat noir, le *black business*, est particulièrement difficile. Par exemple, les quatre banques contrôlees par les *big five* représentent pratiquement 90 % de l'activité bancaire du pays, donc dominent l'accès au crédit. La force du *lobbying* politique de ces groupes est aussi considérable, même auprès du nouveau gouvernement. Les grands groupes sont tout à la fois premiers employeurs, premiers vendeurs et premiers financiers d'Afrique du Sud. Leur contribution aux divers programmes de reconstruction nationaux est incontestable : tous ont des programmes importants d'aide sociale et de développement, tous ont aussi des programmes d'Affirmative action. Ils sont d'autant plus actifs dans ces domaines que leur rôle en tant que piliers économiques du régime de l'apartheid ne fait aujourd'hui plus de doute. Enfin les *big five* pèsent lourd par leur patrimoine foncier et immobilier, en zone rurale comme en ville.

Dans ce contexte, la politique économique et sociale du gouvernement sud-africain comporte deux faces contradictoires en apparence. Il s'agit de maintenir la machine économique héritée tout en assurant le rattrapage social des groupes anciennement défavorisés. Cet objectif est affiché dans tous les domaines, logement, éducation, santé, emploi, équipement... Il s'agit de rendre la société sud-africaine plus égalitaire en s'appuyant sur les richesses et les atouts du pays. Cette politique a deux axes majeurs, l'Affirmative Action et le Reconstruction and Development Program (RDP).

La politique d'Affirmative action consiste à favoriser l'emploi des groupes défavorisés : non-Blancs essentiellement, mais aussi femmes, handicapés... Les services publics ont une obligation en ce domaine et de fortes mesures incitatives poussent le secteur privé à suivre le mouvement. Ce programme, très contesté par la minorité blanche, se fait dans l'ensemble à l'amiable, sans éviction brutale des anciens cadres. Il pose néanmoins de graves problèmes de formation et de fonctionnement en période de transition.

Le Reconstruction and Development Program a été un pilier de la politique de rattrapage social. Un ministère spécifique avait été créé pour gérer les fonds alloués aux projets d'équipement permettant le rééquilibrage à l'échelle nationale (équipement des zones rurales et urbaines en eau, électricité, voies de communication, réhabilitation de logements... L'éventail des actions possibles était extrêmement varié). La philosophie reste la même, mais l'existence d'un ministère du RDP a posé des problèmes de fonctionnement et de concurrence avec les autres services publics. De plus, l'identification très lente des projets et leur mise en œuvre souvent conflictuelle ont bloqué l'ensemble du programme.

Ces deux programmes nationaux accompagnent l'ensemble de la réforme en cours des institutions et de l'organisation du territoire.

Chapitre 4

Le fait urbain en Afrique du Sud : recomposer les structures héritées, donner le droit à la ville

Près de 70 % des Sud-Africains, soit environ 25 millions d'entre eux, vivent dans des zones urbanisées. Si certains grands traits se retrouvent d'une ville à l'autre du fait d'une histoire commune, les contrastes entre elles sont plus importants que l'on ne pourrait le penser. La diversité urbaine va au-delà du simple effet de taille qui est la conséquence d'un réseau urbain dense et hiérarchisé.

Pour présenter le fait urbain en Afrique du Sud, le plus simple est d'aborder les villes par leurs paysages : ceux-ci sont parmi les plus tranchés du monde et démontrent les effets sur les structures urbaines de la politique de séparation des races. Le principal défi pour les villes d'Afrique du Sud d'aujourd'hui est de gérer l'héritage d'une structure urbaine ségréguée de façon à créer des cités intégrées et économiquement viables.

Une structure commune pour des villes diverses

Des paysages toujours contrastés

Les paysages des villes sud-africaines sont très « lisibles », au sens où la façon dont ils reflètent la société ségrégationniste qui les a imposés aux populations est clairement perceptible.

Chaque ville sud-africaine, à quelques exceptions près – mais c'est aussi le cas de chaque ville de Namibie et du Zimbabwe –, est au moins composée de quatre éléments : un ou des quartiers européens, un ou des quartiers non blancs, un centre commerçant et une ou des zones industrielles. Comprenons bien qu'il s'agit du résultat d'une politique de *zoning* urbain très contraignante, à deux niveaux : le premier est la séparation des différentes activités (résidence, industrie, commerce), le second est la séparation des quartiers résidentiels en fonction de l'appartenance raciale. Cette forme simple est surtout nette dans les villes secondaires (carte 9). Elle peut se compliquer d'une séparation des quartiers selon les classes sociales au sein de zones anciennement racialement homogènes s'il s'agit de villes importantes.

Quartiers blancs

Les quartiers européens (c'est-à-dire anciennement réservés aux Européens) sont toujours composés d'un habitat de type villa. Si le modèle de villa originel est un bâtiment simple, sans étage, bordé d'une véranda selon le modèle architectural colonial, les types sont aujourd'hui extrêmement variés. Seules les grandes métropoles possèdent des quartiers résidentiels composés d'immeubles. La villa, et le terrain sur lequel elle est construite, sont de dimensions variables en fonction de l'aisance plus ou moins grande des habitants du lieu. Dans les quartiers populaires d'une grande ville, ou dans une ville secondaire, les lots peuvent être de petites dimensions, les maisons très modestes et la densité du bâti relativement forte. À l'inverse, un survol des banlieues aisées permet de voir vastes propriétés, taches bleues des piscines et les formes nettes des terrains de tennis… Quoi qu'il en soit, les quartiers européens se caractérisent globalement par une faible densité de population et du bâti et par une abondance de la végétation des jardins (variable évidemment selon le niveau de vie du propriétaire et le climat de la région). Dans les plus grandes villes, un nouveau type d'habitat se développe depuis la fin des années 1970. Il s'agit de complexes résidentiels regroupant plusieurs logements (de quelques-uns à plusieurs dizaines), sur de petites parcelles. Ces complexes fermés sont possédés en copropriété et offrent des services communs (ramassage des ordures, entretien du jardin et des parties communes). Appelées *townhouses* ou *clusters* (quand les maisons ne sont pas jointives), ces résidences répondent à la fois aux besoins de familles plus restreintes, souvent aisées, de jeunes couples ou de retraités, et à un désir de sécurité dans les grandes villes.

Les vastes quartiers résidentiels européens sont, dans les grandes villes, ponctués de centres commerciaux dont les dimensions varient du petit centre de quartier aux vastes complexes des grandes métropoles. Dans les petites villes, les quartiers européens sont proches du centre-ville qui assure la fonction commerçante pour tous les quartiers résidentiels.

Au total, c'est une impression de confort et d'espace qui se dégage du paysage des quartiers européens, malgré les nombreuses nuances. Ils rappellent les villes américaines, sont structurés de façon similaire, bien équipés et conçus pour l'automobile qui y règne en maître (le piéton est rare… ou noir…).

Quartiers non blancs

La séparation entre les quartiers blancs et les autres est d'autant plus repérable qu'une zone non bâtie, plus ou moins étendue, sépare les quartiers, c'est la *buffer zone* (zone tampon). Sa fonction était précisément de limiter les contacts entre populations de races différentes mais aussi de permettre l'encerclement militaire, en cas de besoin, des quartiers non blancs. La zone tampon est parfois bâtie : une zone industrielle peut assurer cette fonction, ou bien un autre quartier.

Les quartiers non blancs sont de trois types : noirs, indiens ou colorés. La plupart sont postérieurs aux années 1950 et sont conçus selon un même modèle, celui du lotissement composé de parcelles de taille égale et au plan ordonné (quadrangulaire, circulaire, en étoile...).

Ce sont les quartiers indiens qui ressemblent le plus aux quartiers européens, pour la simple raison que le niveau de vie des Indiens est le plus proche de celui des Blancs et dans bien des cas supérieur. À cet égard, il faut distinguer le cas de Durban où tous les groupes sociaux sont représentés parmi la population d'origine indienne et où il existe donc à la fois des *townships* périphériques indiens et des quartiers indiens aisés composés de villas imposantes.

À l'opposé, quartiers colorés et noirs sont très similaires, bien que les premiers soient, dans l'ensemble, logés dans de meilleures conditions et dans des quartiers mieux équipés. C'est au Cap que les quartiers colorés sont le plus variés. Dans cette ville aussi, les minarets des mosquées ponctuent le paysage et lui donnent un caractère bien particulier.

Le composant essentiel des quartiers africains et colorés est la maison de *township* et le trait essentiel du paysage, sa monotonie.

La maison de *township* la plus classique est aussi connue sous le nom de maison-boîte d'allumettes (*matchbox house*) : ces maisons sont petites, construites en série et disposées en alignements monotones ; elles évoquent effectivement plus de petites boîtes rectangulaires que des logements. Elles comprennent en général quatre pièces, construites sur un terrain de 100 ou 150 m^2 ; les murs sont en briques ou en parpaings, la couverture est faite de plaques de tôle ou d'asbeste. Souvent, ces maisons sont accolées à une de leurs voisines (*semi-detached houses*), parfois c'est un alignement continu qui évoque les corons du nord de la France (*detached houses*). Originellement élément unique du bâti des quartiers africains, elles n'en constituent plus qu'un des éléments. D'abord des constructions plus récentes existent : lotissements nouveaux aux maisons légérement plus grandes ou constructions privées greffées sur la structure originelle de boîte d'allumettes. Beaucoup de citadins, au fur et à mesure qu'ils en ont eu les moyens et qu'ils ont pu devenir propriétaires de leur logement, ont en effet agrandi leur maison et en ont agrémenté la décoration.

Surtout, les *townships* sont aujourd'hui sur-occupés : de sorte que la maison type est souvent méconnaissable car les habitants y ont adjoint des constructions précaires, dans l'arrière-cour en général, où sont logés des locataires ou des membres de la famille ; ce sont les *backyards shacks*. À l'intérieur des logements, l'occupation est souvent plus forte encore : il n'est pas rare que plus de 15 personnes résident dans une maison de quatre pièces. À cette surpopulation est aussi liée l'existence d'un autre type de paysage qui est omniprésent dans les villes sud-africaines et que l'on peut qualifier de bidonville. Plus de

7 millions de citadins vivent aujourd'hui dans des habitats de ce type, soit dans de vastes camps de *squatters* isolés, soit, plus souvent, dans des camps situés dans les interstices entre et à côté des *townships* formels. Selon le statut foncier, le degré d'insécurité de la tenure et l'ancienneté du camp, le paysage varie car les parcelles sont plus ou moins grandes, le plan plus ou moins ordonné et les constructions plus ou moins élaborées. Dans certains cas, les constructions en dur apparaissent, signe d'une amélioration *in situ* de l'habitat, mais, le plus souvent les baraques sont de tôle et bois, plastique et papier, ou tous autres matériaux de récupération possibles.

Enfin, ponctuant les quartiers africains, on observe des complexes sinistres, immeubles de quelques étages ou alignements de logements dans de longs bâtiments en rez-de-chaussée : ce sont les *hostels*, logements pour travailleurs célibataires. Les travailleurs y étaient logés en dortoirs, avec cuisine et sanitaires collectifs, les grands *hostels* sont de vastes ensembles occupés par plusieurs milliers de personnes. Ces logements sont caractéristiques des grandes villes, surtout dans le Gauteng.

Zones d'activité

Le troisième composant paysager des villes sud-africaines est constitué des espaces consacrés aux activités économiques. On distingue les zones d'activités industrielles et minières et les centres-villes où sont concentrées les activités tertiaires. Les zones industrielles, plus ou moins étendues selon l'importance de la ville, sont presque toujours présentes, rappelant que l'Afrique du Sud est un pays industrialisé. Immenses dans le Witwatersrand et les autres grandes métropoles, elles sont situées généralement près des centres et des quartiers africains les moins récents. L'un des aspects de l'industrie sud-africaine est son caractère polluant : cette nuisance est importante à Johannesburg où une brume de pollution est presque toujours visible. Les activités minières, souvent aussi fort polluantes, occupent de vastes superficies : les terrils, carrières et anciens puits posent des problèmes de réaménagement quand l'exploitation est arrêtée (à Johannesburg, la large bande de terrains miniers au sud du centre-ville reste très peu mise en valeur). Enfin, dans les grands ports, une zone portuaire jouxte les zones d'activités industrielles ; celle de Durban est, en toute logique, la plus vaste du pays. Plus modestement, dans toutes les villes, de larges espaces sont occupés par des zones d'entrepôt et de stockage (silos notamment), associés étroitement à des emprises ferroviaires plus ou moins importantes et à proximité des zones industrielles.

Les centres-villes sont aussi proportionnés aux cités. Dans les petits centres, la rue commerçante de la ville, souvent unique, présente un paysage dans lequel se mélangent petits bâtiments à frontons, vérandas du début du siècle et magasins monotones des années 1950. Ceux-ci sont identiques dans tous les centres, succursales des grandes chaînes de vente au détail du pays, Edgars, Woolworths, OK Bazar, Jet... plus ou moins bien représentées selon la taille de la ville. Dans les métropoles, les centres-villes sont ramassés et hérissés de gratte-ciel dans lesquels sont concentrés bureaux et activités commerciales. Le patrimoine historique est peu important, sauf au Cap : les centres modernes ont été édifiés, selon un plan orthogonal, sans souci de préservation du passé (il n'y a donc pas de doublet centre historique, centre commerçant moderne). La nouveauté est que, dans les grandes villes, de nombreuses activités ont tendance à se déplacer vers les banlieues européennes et à s'implanter dans des centres d'affaires périphériques : l'insécurité qui règne dans les centres, surtout à Johannesburg, est la cause première de ces formes de dédoublement des centres-villes.

Les quartiers anciens entourant les centres originels sont souvent des zones en cours de réaménagement. Ce sont des secteurs potentiellement valeureux qui sont la cible de promoteurs et sont souvent destinés à devenir des zones de bureaux abritant notamment beaucoup d'activités libérales. Ces quartiers sont divers : quartiers anciens occupés encore en partie par une population de « petits blancs », anciens quartiers non blancs détruits et pas encore reconstruits, comme au Cap et à Durban, espaces occupés par des industries du début du siècle aujourd'hui inutilisés, comme à Newtown à l'ouest de Johannesburg, quartiers d'immeubles résidentiels construits dans les années 1950 et 1960 aujourd'hui paupérisés comme à Hillbrow à Johannesburg.

La diversité urbaine

Les chiffres de la ville : des statistiques dangereuses

Comme dans les autres domaines, les statistiques portant sur les villes sud-africaines sont à utiliser avec prudence. Si les populations européennes et indiennes sont statistiquement bien connues ainsi que, dans une moindre mesure les populations dites « colorées », on doit pour l'instant se contenter d'ordres de grandeur pour les populations africaines. En outre, une notion essentielle et spécifique, celle d'urbanisation fonctionnelle, complique encore les études chiffrées. En effet, la politique de l'apartheid a toujours consisté à rejeter les pauvres (donc les Africains) hors des villes. Au terme de cette logique, d'immenses populations travaillant en ville ont été reléguées loin des centres urbains, sur des territoires-dortoirs relevant administrativement des bantoustans. Cette population doit pourtant être comptabilisée comme urbaine, mais comment l'appréhender ?

Pour rendre compte de l'ampleur de ces difficultés statistiques, des exemples peuvent être édifiants. Le calcul du taux d'urbanisation de la province du Limpopo, si l'on reprend les chiffres du recensement de 1991, donnerait un taux de près de 60 %. De fait, d'après les chiffres de 1994 de la Development Bank of South Africa, ce taux serait de 12,1 % ! Entre les deux calculs, les populations des anciens bantoustans indépendants du Bophutaswana et du Venda, très largement rurales, ont été réintégrées. Autre exemple, reposant lui sur la difficulté de l'enquête statistique de terrain : Soweto, plus grand *township* noir d'Afrique du Sud, qui est aussi le plus étudié, aurait selon les enquêtes entre 1 et 4 millions d'habitants !

Une population urbaine importante, une hiérarchie simple

L'Afrique du Sud est, pour l'Afrique noire, un pays fortement urbanisé (carte 16). Ceci est clairement lié au fait que c'est le pays le plus industrialisé du continent. Cependant l'urbanisation est très inégale selon les groupes : si les Sud-Africains d'origines européenne et asiatique sont urbanisés à plus de 90 %, les Colorés le sont à environ 80 % et les Noirs à environ 60 %. L'urbanisation est aussi inégale selon les provinces. Deux provinces se distinguent par des taux d'urbanisation supérieurs à 90 % : le Gauteng et le Cap de l'Ouest. Une autre, la province du Limpopo, se distingue par une urbanisation très faible, inférieure à 20 %. Pour le reste, le Cap du Nord, l'État Libre et le KwaZulu Natal ont des taux d'urbanisation assez proches de la moyenne nationale, alors que le Mpumalanga, le Cap de l'Est et la province du Nord-Ouest sont des régions plus rurales.

Cette urbanisation différenciée par province reflète en fait une hiérarchie urbaine simple. Sept grandes aires métropolitaines se détachent. Ce sont des régions urbaines comprenant plusieurs villes aux fonctionnements liés, dotées d'autorités métropolitaines qui, comme nos communautés urbaines françaises, chapeautent les municipalités. Certes, les villes composant ces aires métropolitaines ne sont pas toujours jointives, des espaces ruraux interstitiels subsistent, mais déjà marqués par des phénomènes d'urbanisation. Cette échelle d'étude est essentielle en Afrique du Sud car l'existence d'aires métropolitaines est intégrée dans les politiques nationales d'aménagement du territoire.

Nettement au sommet de la hiérarchie, se distingue la région urbaine du Gauteng. Elle comprend au nord l'ensemble urbain de Pretoria/Tshwane (3 millions d'habitants), au sud les centres du triangle du Vaal (1 million d'habitants), conurbation industrielle centrée sur Vereeniging, et, entre les deux, le Witwatersrand, avec ses 80 kilomètres d'extension d'est en ouest et ses probables 7 millions d'habitants.

Il n'existe que deux autres ensembles urbains de plusieurs millions d'habitants en Afrique du Sud : le Cap et Durban. Durban, principal port du pays et ville qui croît le plus rapidemment, est le centre d'une aire métropolitaine qui va de Durban (environ 3 millions d'habitants) à Pietermaritzburg (environ 0,6 million d'habitants) et englobe de larges parties de l'ancien bantoustan du KwaZulu.

Deux ensembles urbains dépassant le million d'habitants forment le niveau suivant de la hiérarchie urbaine, Bloemfontein-Botshabelo et Port Elisabeth-Uitenhage. Viennent ensuite les agglomérations d'East London et des champs aurifères du Free State qui comptent chacune environ un demi-million d'habitants.

Le réseau urbain sud-africain ne se limite pas aux aires métropolitaines. Il est au contraire caractérisé par le nombre important de centres urbains petits et moyens. Souvent cependant, ce n'est pas tant la taille qui induit des types de villes que leur fonction (au moins originelle).

Des types de villes différents

Les grandes métropoles du pays constituent le type urbain le plus remarquable, par-delà les différences notables entre Durban, le grand port en pays zoulou, Le Cap, la ville la plus ancienne du pays où la population colorée est numériquement dominante, Johannesburg, la ville de l'or, fondée sur et par la mine, et Pretoria, la calme capitale de l'État afrikaner… Nous reviendrons dans une approche régionale sur les caractères de ces différentes métropoles.

Au bas de la hiérarchie urbaine, les gros bourgs ruraux constituent un type plus uniforme. Petits centres-marchés des produits agricoles de la région, ces villes sont surtout typiques des hautes terres de l'ancien Transvaal (le *Platteland*). Leurs noms étonnants, souvent bibliques et toujours européens évoquent d'autres cieux : Vryburg, Franckfort, Heilbron, Villiers, Bethlehem… Un centre commerçant, un quartier européen autour de ses églises, une petite zone industrielle ou simplement des silos, et, plus loin, le *township* et son bidonville adjacent. Dans la région du Cap, ces petites villes marchés sont celles du vignoble et sont anciennes ; leur bâti est typique, marqué par la couleur blanche et le style architectural *cape dutch* des siècles derniers.

La structure des nombreuses villes minières du pays est en général encore plus nette. Le modèle répliqué, mais avec plus de rigueur, est celui de la ville de Kimberley, ancêtre de tous ces centres : quartiers européens, emprises minières, *compounds* miniers pour les Noirs. Depuis se sont ajoutés *townships* d'abord, puis camps de *squatters…* Le Zimbabwe, la Namibie et le Botswana sont aussi des pays miniers et on y trouve des villes de type très similaire. Ces diverses petites villes se ressemblent fort, quel que soit le minerai exploité : Phalaborwa, 15 000 habitants, dans le Mpumalanga, vit du phosphate et du cuivre ; Springbok, du cuivre à l'extrême ouest du pays… et les exemples pourraient être muliplîés. Welkom, dans l'État Libre, vit sur l'or et l'uranium et est un cas particulier. Cette ville moyenne est en fait le centre d'une aire métropolitaine originale, les champs aurifères de l'État Libre. La cité a été entièrement planifiée par les aménageurs de l'Anglo-American Corporation qui ont réalisé un rêve d'urbaniste raciste, une ville sans feu rouge, idéale pour le cadre blanc, mais aussi aux *townships* mieux pensés et aménagés qu'ailleurs bien que tout aussi ségrégués. Welkom est le centre d'une région minière de 20 kilomètres sur 10 sur laquelle est extrait environ 20 % de la production mondiale d'or, et chaque exploitation est entourée de ses cités minières.

Un autre type urbain est spécifique d'Afrique du Sud. Il s'agit de ces villes étranges et sans raison apparente d'exister que sont certaines des anciennes capitales de bantoustans. Ces agglomérations n'ont pas de fondement économique ; elles sont des créations politiques héritées de l'apartheid. Perdue aux confins des monts Maluti, à la frontière du Lesotho, la ville de Phutahitidjhaba s'étend largement autour de son centre administratif et commerçant. Entourée de terres quasi désertiques, où seul un pauvre élevage est possible, l'ancienne capitale du QwaQwa (bantoustan attribué aux Sotho) est totalement isolée. Elle n'en compte pas moins près de 500 000 habitants qui vivent dans de vastes *townships*. Mais ici il n'y pas de quartier européen, et c'est ce qui distingue toutes ces villes des autres centres sud-africains : Mthatha, Bisho, Ulundi, Mafikeng. Umtata est une petite ville, le centre commerçant, mal entretenu, est modeste ; l'ancien siège des autorités britanniques trône au cœur d'une ville où s'élève un seul bâtiment élevé, la tour de l'administration. Mafikeng-Mmbabatho est un cas particulier puisque l'ancienne capitale du Bechuanaland britannique, Mafikeng, et la nouvelle capitale du Bophuthatswana, Mmbabatho, forment cette agglomération d'un peu plus de 150 000 habitants. Mmbabatho est une cité administrative très étalée ; ses bâtiments publics sont modernes et vastes : ils ont été construits pour le prestige de l'ancien Bophuthatswana. Depuis la disparition de ce dernier, la ville a été rebaptisée Mafikeng. La question de l'avenir de ces villes se pose maintenant que les bantoustans n'ont plus d'existence officielle. Certaines sont devenues capitales provinciales, mais l'avenir des autres est incertain. Même dans le cas de Mafikeng, la perte de certaines fonctions de capitale nationale handicape l'avenir de la ville et certains voudraient voir la capitale déplacée vers un lieu plus central de la province.

C'est aussi dans les bantoustans que se sont développés des ensembles urbains particuliers dont la définition même est difficile et qui constituent sans doute la plus grande originalité du fait urbain sud-africain. Il s'agit de concentrations urbaines en zone rurale que l'on désigne sous des vocables divers qui disent bien leur particularité : implantations rurales non agricoles, quartiers d'urbanisation déplacée, villes rurales… Ces agglomérations informelles se sont développées dans les années 1970, à la limite des frontières de certains bantoustans, près des grandes villes blanches. Il s'agit notamment de Botshabelo (aujourd'hui rattachée à la métropole Sol Plaatje), du Winterveld (aujourd'hui rattachée à la métropole Tshwane), du KwaNdebele, etc. Mais il existe bien d'autres espaces qui présentent ce paysage : vastes étendues de maisons ternes, sur des parcelles relativement grandes, entre lesquelles ne subsistent que quelques traces résiduelles d'activités agricoles et beaucoup de friches, sans équipement, desservies par une seule route goudronnée sur laquelle circulent de très nombreux taxis collectifs qui amènent les travailleurs vers la ville. Les habitants de ces « villes » sont en effet fonctionnellement citadins : ceux qui ne sont pas sans emploi travaillent en ville. Ce type urbain est l'héritage le plus récent des politiques urbaines des anciens régimes.

Le poids des politiques passées

L'histoire des villes sud-africaines se confond avec celle de la mise en place progressive, puis de la systématisation, de la ségrégation raciale. La permanence des structures qui en a découlé est telle que l'on ne peut envisager de comprendre la ville sud-africaine et ses problèmes sans tenir compte de son origine. En effet, ce n'est pas seulement la structure de la ville qui est héritée, mais aussi des comportements citadins et toute une société urbaine.

Un certain nombre d'éléments ont été constants dans les politiques urbaines depuis la fin du XIXe siècle, malgré les ruptures dont la principale fut la mise en œuvre de l'apartheid. En premier lieu, ces politiques ont toujours visé à limiter la présence des Africains en ville au strict nécessaire. En deuxième lieu, elles ont toujours visé à rendre cette présence temporaire en interdisant autant que possible le statut de citadin permanent aux Africains. En troisième lieu, elles ont cherché à limiter le coût de la présence africaine. Enfin, elles ont toujours eu pour objectif de limiter au minimum les contacts entre les différents groupes raciaux.

Si les politiques ont évolué, c'est en réponse à des situations données. Notamment, les lois permettant la ségrégation et le contrôle des Africains ont été édictées pour répondre à la croissance de la population noire en ville (croissance en général liée à des transformations du monde rural en même temps que des économies urbaines).

Enfin, la dialectique pouvoir central-pouvoir local a toujours été essentielle à la compréhension de l'histoire urbaine du pays ; elle l'est encore à la compréhension des changements contemporains.

Croissance urbaine et ségrégation : avant l'apartheid

On distingue classiquement quatre périodes dans l'histoire urbaine du pays :

La période coloniale, jusqu'à 1923, durant laquelle les villes restèrent de petites dimensions, villes où les citadins étaient en majorité blancs (en 1921, environ 13 % des Africains étaient urbanisés, ils étaient moins de 600 000 dans les villes contre plus de 800 000 Blancs) et où aucun texte de loi national ne réglementait le contrôle de la main-d'œuvre ni n'imposait la ségrégation raciale. Le modèle de la cité minière fermée, né à Kimberley, était à cette époque développé dans toutes les villes minières. Mais, dans aucune de ces villes, la totalité des Africains habitait dans ces cités et des quartiers mélangés s'étaient développés près des centres des grandes villes. De fait, les situations étaient variées puisque les autorités municipales avaient une très grande autonomie. Ainsi, la municipalité de Bloemfontein interdit la propriété urbaine aux non-Blancs dès 1893 alors qu'il n'en était encore question ni à Johannesburg ni, *a fortiori*, au Cap. Si le *Land Act* de 1913 limita, au niveau national, les droits des Africains aux réserves, donc, de fait, leur enleva tout droit en ville, les pouvoirs locaux et nationaux ne s'inquiétèrent réellement de leur statut en ville que plus tard.

Le vote du *Natives (Urban Areas) Act* en 1923 marqua le début de la période ségrégationniste qui dura jusqu'en 1948. Par ce texte, le gouvernement de l'Union tentait pour la première fois d'imposer aux autorités locales un mode de contrôle de la population africaine. Largement inspiré des travaux de la commission Stallard, ce texte définissait les grands traits de ce qui serait ensuite appelé le « stallardisme ». Il s'agit d'un texte essentiel car il a inspiré toute la législation ultérieure. Néanmoins, l'adoption de cette loi n'était que facultative pour les autorités locales. Le *Natives (Urban Areas) Act* donnait pouvoir aux municipalités pour créer des quartiers réservés aux Africains et mettre en place un système de contrôle des populations (*influx control*). Il établissait pour la première fois le lien légal entre droit de résidence et emploi : un Africain n'avait le droit de vivre en ville que s'il y occupait un emploi. De plus, il introduisait l'idée que les quartiers réservés aux Africains devaient s'autofinancer : les loyers, les taxes et les bénéfices de la vente d'alcool, dont les municipalités avaient le monopole, devaient permettre le financement des *townships* qui ne coûteraient donc rien aux contribuables blancs. Pour s'en assurer, le *Natives (Urban Areas) Act* imposa la création d'un budget distinct pour les quartiers non blancs. Un amendement du *Natives Act* en 1937 renforça encore le contrôle des populations : un Africain arrivant en ville ne disposait que de 14 jours pour trouver un travail. Ce texte intervint cependant en période de croissance économique et n'eut dans les premiers temps que peu d'effets car on manquait de main-d'œuvre en ville. En 1945, le texte fut à nouveau modifié dans le sens d'un durcissement, la durée de recherche d'emploi tolérée fut ramenée à 3 jours et les seuls Africains qui purent bénéficier d'un droit de résidence permanent en ville furent ceux qui y vivaient depuis plus de 15 ans ou qui travaillaient pour le même employeur depuis au moins 10 ans.

Cette politique fut un échec, car elle ne parvint pas à empêcher la croissance des populations africaines en ville ni à les contrôler efficacement. L'industrialisation du pays connut durant les années 1940 une forte accélération, d'où un besoin de main-d'œuvre énorme qui explique que de nombreuses municipalités n'adoptèrent pas le texte de 1923. De 1,5 million en 1936, la population urbaine noire passa à près de 2,5 millions au début des années 1950. Or, la construction de logements dans les *townships* fut très faible car les municipalités blanches ne voulaient pas en supporter le coût. La fin des années 1940 fut ainsi marquée par une sur-occupation des logements existants et un développement des camps de *squatters* à la périphérie des grandes villes.

Dans une large mesure, la politique d'apartheid mise en œuvre dans les villes par le Parti national après son arrivée au pouvoir en 1948 fut une réaction à l'échec du système précédent à contrôler les populations africaines.

La ville de l'apartheid

L'apartheid a systématisé la ségrégation raciale, en ville comme en zone rurale. La mise en œuvre de cette politique a entraîné un remodelage de l'espace et des déplacements massifs de population, cela au moins en deux étapes. La première période de la ville d'apartheid, de 1950 à la fin des années 1960, fut marquée par la mise en place d'un arsenal législatif qui permit de remodeler les villes. Le *Group Areas Act* de 1950 en était le pilier. Ce texte de loi imposait aux autorités locales l'attribution de quartiers aux différents groupes raciaux. Un Group Area Board fut mis en place pour en étudier les délimitations, des Community Development Boards pour faire appliquer la nouvelle loi. Pour la première fois, la gestion des populations non blanches échappait aux autorités locales. L'interdiction de résidence hors d'une zone réservée à son groupe était aussi une nouveauté. Elle allait permettre aux autorités de déplacer des quartiers entiers et d'éliminer tout quartier mixte. D'autres textes, nombreux et régulièrement amendés par la suite, complétaient l'arsenal. Deux furent essentiels : l'*Illegal Squatting Act* de 1951 permettait la destruction de tout quartier illégal, mais aussi de toute forme de résidence non autorisée dans un quartier légalement reconnu ; le *Natives Laws Amendment Act* de 1952 mettait en place un système strict de contrôle de la main-d'œuvre en créant en zone rurale les Labour Bureaux. C'est auprès de ces bureaux que les Africains résidant en zone rurale devaient obtenir le permis de se rendre en ville, et le *pass* ne devait être délivré que si des emplois étaient disponibles. Ce même texte de 1952 établissait une distinction entre deux types de main-d'œuvre africaine. Les Africains qui avaient un droit de résidence permanent en ville (pour y avoir vécu plus de 15 ans) pouvaient alimenter librement le marché du travail ; ils étaient une minorité. Les autres étaient traités en étrangers et devaient être contrôlés par l'administration.

Ce système fut appliqué du début des années 1950 jusqu'au milieu des années 1960. Les *Pass Laws*, qui permettaient le contrôle policier des populations noires, furent parmi les lois les plus honnies. L'humiliation régulière des contrôles de papiers par les policiers blancs, les milliers d'arrestations chaque année pour contravention aux lois sur les *pass* suscitèrent révoltes et manifestations. En 1960, le massacre de Sharpeville fut en partie à l'origine du déclenchement de la lutte armée contre le régime. L'application du *Group Areas Act* a, quant à elle, entraîné des destructions massives de quartiers dans lesquels les Africains, les Colorés ou les Indiens avaient des droits depuis les débuts de l'urbanisation : District Six au Cap, Sophiatown à Johannesburg, Marabastad à Pretoria, Cato Manor à Durban… Ces quartiers étaient certes surpeuplés, insalubres et connaissaient de très forts taux de criminalité, mais une véritable urbanité s'y était développée, fondée sur une vie culturelle forte, faite de musique, d'échanges dans les bars clandestins et sur l'existence d'un riche réseau associatif. Ils constituaient des espaces de liberté pour les non-Blancs dans les villes blanches. C'est pourquoi ces quartiers sont devenus mythiques après leur destruction, symboles d'une société urbaine perdue et le simple énoncé de leurs noms suffit à faire ressurgir des souvenirs. Les habitants de ces quartiers se sont vus relogés dans les vastes *townships* à la périphérie des villes. Pour certains, l'habitat proposé était supérieur à ce qu'ils quittaient, mais, pour tous, il s'agissait de s'éloigner de la ville et de s'adapter à l'univers morne du *township* ségrégué. Outre le développement des *townships*, ces années furent aussi celles de la construction massive d'*hostels* pour travailleurs migrants qui, jusque-là, pouvaient être locataires dans les quartiers anciens et accéder ainsi à une vie véritablement citadine.

Durant les années 1960, les mouvements de populations rurales provoqués par la mise en place de l'apartheid, ébranlèrent le système, apparemment solide, établi en ville. En effet, les zones rurales subirent les conséquences de politiques similaires de « purification » raciale : élimination des « taches noires », modifications des frontières des réserves et évictions d'Africains résidant sur des fermes blanches. Ces mouvements provoquèrent un afflux massif de population vers les villes, où, surtout durant les années 1970, se multiplièrent les camps de *squatters* d'une part, et la location de baraques d'arrière-cours dans des *townships* de plus en plus densément peuplés d'autre part. C'est cette mise en cause par les faits du système de l'apartheid urbain qui a poussé les autorités à changer de nouveau de politique.

L'urbanisation « déplacée »

À partir de la fin des années 1960, les autorités ne construisirent plus de logements pour les Africains dans les villes : ils devaient résider dans les bantoustans. Ainsi se mis en place ce que certains auteurs ont appelé l'urbanisation « déplacée ». En 1972, la responsabilité des quartiers urbains non blancs fut confiée à 22 Admnistration Boards, responsables du logement, du contrôle des populations et de l'application de l'ensemble des règlements : le régime était ainsi certain qu'aucune autorité locale ne pourrait entraver sa politique nationale. De nouveaux *townships* furent construits (toujours en nombre insuffisant) loin des centres urbains, à l'intérieur des frontières des bantoustans : Mabopane au Bophutaswana à 60 km de Pretoria, Mdantsane au Ciskei pour la main-d'œuvre de Port Elisabeth, Botshabelo au Bophutatswna pour les travailleurs de Bloemfontein. À Durban, les frontières du KwaZulu traversaient des parties de la ville qui se trouvaient ainsi hors de la municipalité. Les autorités blanches rejettèrent ainsi hors de leurs frontières les problèmes urbains. Faute de logements en nombre suffisant, les migrants s'installèrent sur des terres privées ou possédées par des missions en zones blanches, sur des terres tribales dans les bantoustans, le moins loin possible des villes. Bien d'autres migrants sont allés grossir les populations illégales des villes, *squatters*, locataires de *townships*... Ce mouvement s'amplifia dans les années 1980 pour différentes raisons. La fermeture des Labour Bureaux (car les villes d'avaient plus besoin de recruter massivement une main-d'œuvre rurale peu qualifiée) coupa l'accès au marché du travail urbain aux populations rurales. Dans le même temps, la situation dans les bantoustans s'était fortement dégradée, le nombre de paysans sans terre et donc de migrants potentiels était énorme. Enfin, les contrôles en ville se relâchaient ou devenaient impossibles en raison du déchaînement de la violence politique après le soulèvement de Soweto en 1976.

Les trois principaux problèmes post-apartheid des villes d'Afrique du Sud sont directement hérités de ces politiques successives : l'éclatement des villes et l'éloignement des travailleurs de leur lieu d'emploi, l'existence d'une vaste population urbaine logée dans des conditions précaires qui est la conséquence directe de 25 ans de non-construction, le développement de concentrations de populations urbaines en zone rurale dans des conditions de sous-encadrement et de sous-équipement.

Des villes en crise

Les crises

Il n'y pas une crise mais des crises des villes d'Afrique du Sud. Les crises du logement, de l'emploi, des services urbains et des infrastructures, expliquent en partie l'accroissement de la violence criminelle ainsi que l'exacerbation des conflits entre les groupes sociaux, ethniques ou raciaux. La poursuite de l'exode rural aggrave encore ces crises urbaines.

Logements, services, emplois, participation citadine, violence, criminalité

Une série de réformes, utiles à la compréhension de la situation actuelle, a été menée dans les années 1980. En 1982, des autorités locales noires élues ont été mises en place dans les *townships*, mais elles étaient dépourvues de pouvoirs véritables et, surtout, ont été boycottées par les populations car elles étaient à la solde du pouvoir en place. En 1983, les logements des *townships* ont été proposés à leurs occupants en accession à la propriété. En 1986, l'*influx control* a été aboli, les centres-villes ouverts au commerce africain, de nombreuses zones « grises » (c'est-à-dire racialement mélangées) légalisées. Aucun de ces changements n'a résolu les problèmes de fond des villes sud-africaines.

L'absence d'activité économique dans les quartiers noirs, le chômage – qui touche plus de 50 % des habitants de nombreux quartiers – le manque de services urbains – inégal selon les cas – et surtout le manque de logements – 7 millions de personnes vivraient dans des conditions précaires dans un habitat au mieux informel – ne sont qu'un aspect de la crise actuelle des villes. En effet, les quartiers africains ont été en lutte contre le pouvoir durant de nombreuses années. Cette lutte s'est traduite à partir de la fin des années 1970 par un boycott de l'ensemble des services publics. Le boycott des écoles et du paiement des loyers et taxes municipales a eu des conséquences désastreuses à long terme : une génération entière, mal ou pas scolarisée, est aujourd'hui désemparée et sacrifiée ; la confiance et la participation des habitants des *townships* à la vie de la cité seront longues à rétablir.

La violence urbaine actuelle, conséquence directe des crises, est un révélateur. Elle fait partie des préoccupations majeures des autorités et des citadins, au moins dans les villes importantes. Dans les grandes métropoles, la violence est désormais moins politique (sauf dans le KwaZulu-Natal) que criminelle. Elle y prend des formes diverses, de la guerre entre compagnies de taxis à la grande criminalité organisée (trafic de drogue notamment) en passant par une violence quotidienne (cambriolages, vols de voitures à main armée, attaques de commerces...). Trouver une réponse à ce problème est devenu un enjeu national car la réputation du pays en souffre, notamment au regard des investisseurs étrangers. La police est mal organisée pour agir, encore plus structurée pour réprimer les opposants politiques (ce qui était sa fonction première) que pour combattre le crime. De ce fait, dans les quartiers blancs la sécurité s'est privatisée : les maisons sont entourées de hauts murs surmontés de fils électriques, les compagnies privées de sécurité patrouillent les rues. Pourtant, c'est dans les *townships* que la criminalité est la plus forte, et les Noirs en sont les premières victimes avec bien moins de moyens de se protéger que les Blancs. La violence, en ville, imprègne l'ensemble des rapports sociaux. Les viols, notamment, sont un véritable problème de société ainsi que la violence domestique. Les sans-abris, la mendicité, le développement d'associations caritatives, le nombre croissants d'enfants des rues, le trafic de drogue, les gangs de jeunes, sont, sans être récents, des signes urbains de plus en plus visibles de la crise sociale. La presse se fait quotidiennement, et souvent complaisamment, l'écho de problèmes, les autorités veulent croire que les réformes en profondeur entreprises sont le meilleur moyen de rétablir confiance et paix. Il est certain que c'est dans l'amélioration des conditions de vie qu'est la solution, mais on peut s'inquiéter d'une réponse à long terme à un problème urgent…

Une forte croissance des populations urbaines

Malgré l'absence de données précises sur les rythmes de croissance des villes sud-africaines, on sait qu'elles grandissent rapidement. On observe notamment une extension spatiale forte sous la forme de nouveaux camps de *squatters* en périphérie des espaces urbains. Il a été démontré, par de nombreuses études de cas, que les habitants de ces camps n'étaient pas des migrants venus directement des zones rurales, mais d'anciens locataires de *backyards shacks*, d'*hostels* ou de pièces dans des maisons de *townships.*

Dans les grandes métropoles, durant les années 1980, avant même la levée des contrôles légaux sur les déplacements de population, les flux migratoires ont été très forts. Il semble qu'ils soient en baisse actuellement. Il en est de même dans les zones urbanisées aux frontières des bantoustans : la raison d'être de leur croissance était la proximité de frontières aujourd'hui supprimées. En revanche, le phénomène nouveau des années 1990 est la croissance des villes petites et moyennes. Là encore, on ne dispose pas de chiffres nationaux mais quelques études de cas donnent une idée de l'ampleur du phénomène. Thembalethu, zone africaine de la ville de George (Cap de l'Ouest), est passée de 14 000 habitants en 1991 à 40 000 en 1996. Dans l'État Libre, la bourgade de Tweespruit (8 000 habitants) a vu sa population doubler entre 1991 et 1994. Les raisons de cette nouvelle forme de la croissance urbaine sont multiples. L'accroissement naturel des populations urbaines contribue pour une bonne part à la croissance, mais le plus important reste la poursuite des migrations des zones rurales vers les villes, et elles concernent une population non qualifiée, sans revenus et craignant les grandes métropoles dangereuses et au marché de l'emploi saturé (dans bien des cas, les nouveaux habitants des petites villes sont passés par une grande ville et ne sont pas parvenus à s'y insérer). Ces migrants appartiennent à divers groupes. Les ruraux des anciens bantoustans quittent les campagnes car ils ne peuvent tout simplement plus y survivre. Les ouvriers agricoles des fermes blanches sont chassés en nombre important parce que l'agriculture européenne continue de se moderniser ou parce que les types d'activités changent. Par exemple, dans le Mpumalanga, l'exploitation forestière, qui utilise peu de main-d'œuvre, se développe au détriment des cultures céréalières. Beaucoup de fermiers blancs ont aussi réduit leur personnel depuis 1990 par crainte de ses revendications dans la nouvelle Afrique du Sud ; ou bien ils privilégient l'emploi de travailleurs saisonniers (souvent étrangers, par exemple des Lesothais dans l'État Libre). Enfin les activités minières débauchent : les mines de l'État Libre emploient moins de 100 000 mineurs en 1997, contre 160 000 en 1991.

Cette croissance des villes se traduit par un étalement spatial de plus en plus fort. Les fermes péri-urbaines en subissent les conséquences : vols de bétails, *squatting*... Si bien que les fermiers préfèrent souvent abandonner leur activité, ce qui ouvre des terres nouvelles au *squatting*. Certains fermiers en tirent profit en se livrant au *shack farming*, c'est-à-dire à la location de leurs terres à des citadins (qui construisent des baraques précaires). Selon les cas, le *shack farming* est le fait de fermiers blancs, de propriétaires africains ou de chefs traditionnels.

Au total, la croissance urbaine continue d'être forte mais elle n'est plus associée, comme dans les années de croissance économique, à un appel de main-d'œuvre. Désormais, trois facteurs principaux expliquent les migrations des zones rurales vers les zones urbaines : les changements dans le monde rural (son appauvrissement extrême et la multiplication des familles sans aucun accès à la terre) et dans le secteur minier (qui licencie) ainsi que l'accroissement de l'immigration de pays voisins (Mozambique, Zimbabwe et Lesotho surtout) ; il s'agit d'une immigration largement clandestine et bien des Sud-Africains y voient la cause des maux de la ville... On comprend que cette croissance dans un contexte économique peu favorable à l'emploi risque d'avoir des conséquences graves.

Les premières politiques urbaines post-apartheid

L'année 1994 a marqué le début de la nouvelle politique urbaine sud-africaine, résultat des réflexions menées à tous les niveaux durant les années précédentes. Sa mise en place ne fut possible qu'après les élections d'avril 1994.

Entre 1992 et 1994, le National Housing Forum, instance de discussion réunissant les divers acteurs urbains sud-africains, depuis les autorités nationales jusqu'aux associations de sans-abris en passant par les milieux d'affaires, a élaboré un projet de politique urbaine qui a abouti, lors d'une large réunion à Botshabelo en octobre 1994, au *Housing Accord*, signé par toutes les parties et fixant des objectifs clairs. Dans le même temps, dans le cadre du Reconstruction and Development Program (RDP, dont les fonds étaient gérés par un ministère spécifique) l'État s'engageait à fournir les fonds nécessaires au développement des infrastructures dans les quartiers pauvres. Trois axes d'actions ont été définis : transformer les autorités locales, construire des logements, améliorer les services.

Gouvernement local

Les anciennes municipalités ont été supprimées en décembre 1994. Puis, dans toutes les villes furent mis en place des « conseils transitoires » (*Transitional Councils*) avant l'organisation des premières élections locales en novembre 1995. Celles-ci ont été précédées par une redéfinition des circonscriptions et des municipalités qui visait avant tout à ce qu'il n'existe plus de municipalités racialement homogènes. Les conséquences politiques d'un tel redécoupage sont claires : rattacher un *township* à une municipalité blanche signifie généralement que les résultats de l'élection locale seront favorables à l'ANC, du seul fait du poids démographique. Mais cette considération politique se doublait d'une considération économique : le redécoupage des municipalités permet une redistribution des ressources, chaque ancienne municipalité blanche devant désormais financer une ancienne zone noire.

C'est donc pour des raisons à la fois politiques et économiques que les conflits se sont multipliés sur les délimitations des nouvelles municipalités, surtout dans les régions où les partis d'opposition sont puissants : le Cap de l'Ouest et le KwaZulu-Natal. Dans le premier cas, les municipalités de Tiger Bay et du Cap se sont opposées sur le rattachement à l'une ou l'autre de l'immense quartier noir et extrêmement pauvre de Kayelitsha. Aucune des deux municipalités voisines ne souhaitait se voir attribuer ce fardeau économique, ni se trouver dominée par l'ANC du fait de l'intégration de Kayelitsha. Les élections ont donc été retardées.

Au-delà de questions formelles et politiques, l'enjeu des délimitations municipales est essentiel car ce sont les nouvelles autorités locales qui doivent gérer les fonds du RDP destinés à améliorer les services. De même, c'est sur les autorités locales que l'on compte pour rétablir la confiance des citadins et faire en sorte qu'ils payent de nouveau les loyers, les services et les impôts locaux. Dans ce but, une vaste campagne d'information appelée « Masakhane » qui signifie « Construisons ensemble » a été lancée en 1995. Il s'agit par voie de presse surtout, mais aussi d'affiches, de meetings, de tournées dans les *townships*, d'expliquer aux habitants des villes que la reconstruction repose sur leur participation, notamment financière. Ces appels à un « retour à la normale » se doublent d'une garantie de moratoires sur les arriérés.

Projets de développement

Redéfinir et mettre en place de nouvelles autorités locales démocratiques ayant autorité sur des zones urbaines redélimitées et recouvrant des quartiers dont la gestion et le contrôle étaient naguère ségrégués n'est pas une fin en soi. Ces nouveaux pouvoirs ont une mission : changer la ville. L'objectif est de rétablir les citadins non blancs dans leurs droits : droit de propriété, droit à des conditions de vie décentes, c'est-à-dire aux logements et services urbains, droit de vote, droit de participation aux décisions d'aménagement. Pour le reste, la priorité est la construction de logements neufs – 350 000 par an idéalement – et de qualité pour l'ensemble des citadins, ce qui permettrait la disparition progressive des bidonvilles et l'accès de tous à la propriété urbaine. Tout ménage sud-africain à faibles revenus peut désormais accéder à un financement pour construire son logement, soit sous la forme d'une subvention du gouvernement quand les revenus du ménage sont inférieurs à 3500 rands par mois, soit sous celle d'un prêt bancaire dans le cadre d'un accord entre le gouvernement et les banques qui se sont engagées à prêter aux plus démunis. Ces financements doivent aider soit à acheter une maison, soit à acheter un terrain pour construire dans le cadre d'un projet public ou privé de logement social.

Ces objectifs sont très ambitieux, et les prêts et subventions ne sont pas suffisants à eux seuls pour construire conformémemnt aux normes qualitatives. En conséquence, le logement locatif informel (soit sous la forme de constructions précaires dans les arrière-cours, soit de location de pièces dans les maisons des *townships*) continue à se développer. De plus en plus de voix s'élèvent pour dire qu'il faudrait considérer les moyens pour contrôler ce type de logement urbain et le rendre viable plutôt que de l'ignorer. Mais accepter le développement d'un secteur locatif suppose de reconnaître que beaucoup d'habitants des villes continuent de se percevoir comme temporaires en ville ce qui pose un problème idéologique dans un contexte de politique « post-apartheid ».

Outre la question de savoir quoi construire, se pose celle de savoir pour qui. Si la réponse peut sembler globalement simple, elle est loin de l'être en pratique. Quel citadin doit être prioritaire, de l'habitant d'un *township* formel inscrit depuis longtemps sur une liste d'attente pour l'obtention d'un logement public ou de l'habitant d'une baraque de bidonville illégal (les différences de revenus entre les deux types de populations ne sont souvent pas discriminatoires) ? Les citadins et les associations sont plus qu'actifs dans la lutte pour l'accès au sol et au logement. Les négociations pour les attributions des lots bloquent souvent le processus de construction. Qu'un projet de lotissement ou de mise en place d'une trame assainie soit connu et une invasion s'organise, les communautés de *squatters* voulant ainsi placer les autorités devant le fait accompli et obtenir des terrains légaux, passant devant les destinataires prévus. Or, dans le contexte actuel, la décision d'expulsion des *squatters* est difficile à prendre. Dès lors, les projets s'enlisent dans de longues négociations, malgré la disponibilité des fonds. Étant donné l'importance numérique des citadins occupant illégalement des terrains, l'attitude des autorités locales face aux *squatters* constituera à l'avenir un enjeu politique majeur. La question de savoir s'il faut légaliser *in situ* ou déplacer les camps de *squatters* est classique dans les villes des pays du Sud, mais elle se pose ici avec une urgence et une ampleur inaccoutumées.

La conséquence majeure de ces conflits fonciers et des hésitations des autorités est le grand retard pris dans la construction de logements. Les subventions publiques au logement sont gérées au niveau de la province. Le traitement des dossiers est si long qu'en septembre 1996 le Gauteng n'avait dépensé que 40 % de son budget annuel destiné au logement. Dans certaines provinces, le Cap de l'Est et le KwaZulu-Natal par exemple, les choses vont encore bien plus lentement. On estime qu'au niveau national, 200000 maisons auront été construites entre 1995 et 1997. Si c'est le cas, le résultat sera relativement satisfaisant, mais l'on reste loin des 350000 logements par an initialement prévus.

Déségrégation ?

Dans le contexte d'urgence, on peut comprendre que la question de la recomposition de l'espace urbain soit reportée. La question de la mixité raciale résidentielle n'est en fait pas considérée comme prioritaire. Pour l'instant, il s'agit plus de rendre viable la ville héritée de l'apartheid et de donner des droits à l'ensemble de ses habitants que d'en transformer les structures. L'électrification de quartiers défavorisés, pour nécessaire qu'elle soit, ne modifiera pas les structures urbaines ; de même que l'amélioration des camps de *squatters* ne changera pas leur localisation périphérique. Surtout, les distances entre lieux de travail et lieux de résidence resteront identiques. L'accession des non-Blancs aux espaces dont ils étaient naguère exclus reste un phénomène quantitativement marginal, qui concerne avant tout les nouvelles élites politiques et économiques africaines.

Certains projets qui vont dans le sens d'une déségrégation sont mis en avant. C'est le cas à Johannesburg, par exemple, d'un projet d'extension du *township* d'Alexandra, l'un des seuls à jouxter une banlieue anciennement réservée aux Blancs : il s'agit dans ce cas de développer l'habitat social près d'un quartier blanc. Mais dans quelle mesure de tels projets ne sont-ils pas symboliques ? Et pour un projet de ce type, combien d'extensions de quartiers éloignés des centres et des activités ?

Les anciens quartiers dits « gris », c'est-à-dire racialement mélangés, apparus dans les années 1980, subsistent, mais ne semblent pas non plus être un modèle de déségrégation car la population blanche a tendance à y laisser la place à la population africaine, à moins de ne pas en avoir les moyens. On assiste alors à un phénomène de ghettoïsation, classique, par exemple, dans les villes d'Amérique du Nord. La question financière se pose aussi pour les classes moyennes et supérieures africaines : beaucoup ont investi dans une maison, souvent au prix fort, dans un *township*. Or, ces logements, avec la fin de l'apartheid, ont perdu beaucoup de leur valeur (il n'existe pas véritablement de marché immobilier dans les *townships*). Le déplacement vers un quartier aisé est donc difficilement envisageable, car il est difficile de vendre (et plus encore de louer) à un prix honorable.

De fait, les structures urbaines risquent de ne se modifier que d'elles-mêmes, selon une logique économique classique ; et la ségrégation sociale n'aura pas de mal à remplacer la ségrégation raciale. D'ores et déjà, une question se pose, souvent mal reçue par les Sud-Africains : l'apartheid a-t-il donné naissance à une forme urbaine spécifique ? Une fois le carcan législatif ségrégationniste, assurément spécifique, supprimé, les villes sud-africaines seront-elles réellement confrontées à des problèmes différents, par exemple, de ceux des grandes villes d'Amérique latine ?

Chapitre 5

Inégalités et transformations du monde rural sud-africain

La terre a toujours été, et est encore, un enjeu conflictuel dans la société sud-africaine. Tout d'abord, l'Afrique du Sud a été la première et la plus importante des colonies de peuplement d'Afrique noire. Ensuite, le monde rural afrikaner a été le principal soutien politique du régime de l'apartheid, ce qui explique que l'un des objectifs majeurs de celui-ci ait toujours été de satisfaire cette clientèle. Par ailleurs, les ruraux africains, pauvres, malmenés et souvent déracinés, revendiquent aujourd'hui leurs droits.

Actuellement, l'agriculture sud-africaine est aussi un des facteurs de la puissance économique du pays. C'est une agriculture moderne, diversifiée et exportatrice; c'est également l'une des activités qui occupe le plus d'actifs. Mais, à côté de quelques 55000 fermiers commerciaux (dont seulement 1500 Noirs) qui possèdent 102 millions d'hectares, environ 1,8 million de petits producteurs noirs se partagent 17 millions d'hectares sur lesquels ils pratiquent, au mieux, une agriculture de subsistance. Le monde rural sud-africain, par ailleurs, est loin d'être strictement agricole. Les migrations vers les villes, ou, à l'inverse, les déportations d'habitants des villes vers les zones rurales des bantoustans, l'extrême pauvreté de la population africaine rurale, les très fortes densités dans certaines régions expliquent que la majorité des habitants des zones rurales ne vit plus aujourd'hui des revenus de l'agriculture.

Comme dans les autres secteurs de la société sud-africaine, des réformes de fond sont en cours qui visent à répondre aux trois grands défis du monde rural: rétablir la justice foncière en rendant aux non-Blancs des droits dont ils ont été spoliés, maintenir et développer la compétitivité d'une agriculture performante, apporter des activités rurales aux immenses territoires des anciens bantoustans jusque-là délaissés.

Une agriculture commerciale européenne puissante en apparence

Diversité des plantes cultivées et fortes productions

Vaste territoire aux climats variés, l'Afrique du Sud peut produire les plantes les plus diverses, des fruits tropicaux aux fruits tempérés, des plantes de régions sèches à celles de régions humides. Située dans l'hémisphère sud, elle peut aussi profiter de l'inversion des saisons par rapport aux marchés des pays du nord. Ces atouts certains ne doivent cependant pas oblitérer les contraintes, en particulier la sécheresse qui affecte régulièrement l'essentiel du territoire.

Contrastes climatiques, mais aussi facteurs historiques, expliquent que les régions soient spécialisées et que la répartition des cultures et des paysages ruraux des zones commerciales (c'est-à-dire d'agriculture moderne destinée à dégager des profits) soit assez nette :

- La région du Cap de l'Ouest, région la plus anciennement occupée par les Européens et bénéficiant d'un climat méditerranéen, évoque les agricultures européennes avec ses exploitations de taille moyenne, son vignoble, ses champs de blé et son arboriculture. Les cultures de la luzerne et du houblon se sont développées plus récemment dans le petit Karoo, ainsi que les élevages spéciaux, comme celui de l'autruche.
- La région du Cap de l'Est, humide et anciennement occupée par des colons britanniques, est aussi caractérisée par des exploitations de taille modeste, avec une spécialisation dans l'élevage laitier et la culture des agrumes. L'élevage de la chèvre angora (qui fournit le mohair) depuis les années 1830 est aussi une spécialité particulièrement rémunératrice de cette région.
- Les exploitations commerciales du KwaZulu-Natal sont presque entièrement consacrées à la canne à sucre sur la côte et au bois (pins surtout, mais aussi eucalyptus et wattle, espèces importées d'Australie) sur les versants du Drakensberg. À cela s'ajoutent les plantations côtières de fruits tropicaux (bananes, avovats, ananas, mangue…).
- Sur le haut *veld*, dans l'État Libre, le sud du Mpumalanga et le sud de la province du Nord-Ouest, se trouve le « triangle du maïs » : de vastes exploitations de plusieurs milliers d'hectares associent culture du maïs (et du blé dans l'État Libre) et élevage. Dans le Mpumalanga, le bas *veld* est aussi réputé pour ses fruits tropicaux, notamment les bananes et avocats.
- À l'Ouest, dans le Cap du Nord, la partie occidentale de l'État Libre et de la province du Nord-Ouest, la seule activité possible est l'élevage ovin extensif.
- Enfin, les périmètres irrigués du Limpopo dans la province du même nom et de l'Orange dans le Cap du Nord sont en plein développement. Ils permettent la culture des agrumes et des fruits tropicaux, cultures à haute rentabilité et en pleine expansion.

Ces diverses cultures commerciales emploient 1,5 à 2 millions d'actifs selon les estimations de 1997 et représentent une part importante du PNB (6 à 4 % selon les années) et des exportations (9 % environ). Ces productions agricoles assurent aussi pratiquement l'autonomie alimentaire du pays.

De ce dernier point de vue, le maïs est la culture la plus importante car il constitue l'élément principal de l'alimentation des Sud-Africains. 35 % des terres cultivées sont plantées en maïs (environ 3,5 millions d'hectares), 25 % des fermiers commerciaux en cultivent, de type jaune pour la consommation humaine, ou blanc pour la consommation animale. À l'opposé, les agriculteurs africains des anciens bantoustans ne produisent que 3 % du maïs sud-africain et il est presque totalement auto-consommé. Les fermes commerciales, dont la production a fortement augmenté depuis les années 1950, assurent donc, à elles seules, au cours d'une année normale, la satisfaction de l'ensemble du marché national et l'exportation de plusieurs millions de tonnes de maïs. En valeur, le maïs est aussi, et de loin, la première culture nationale.

L'autre activité agricole majeure est l'élevage. Les produits de l'élevage représentent à eux seuls plus de 40 % des revenus agricoles annuels. L'élevage est non seulement la principale activité des régions sèches de l'ouest, mais il est partout associé aux autres activités. Plus de 8 millions de bovins et près de 30 millions d'ovins constituent le cheptel sud-africain. Cette activité occupe la plus grande superficie agricole : 68 % des terres du pays sont des pâturages, artificiels ou naturels. Aux activités classiques d'élevage extensif de moutons (karakul et mérinos), de vaches à viande (races locales afrikaner et nguni) et de vaches laitières, s'ajoutent les activités plus originales d'élevage d'autruches et de gibier. Surtout, c'est l'aviculture qui est l'activité agricole en accroissement le plus rapide depuis le début des années 1980. En 1976, les revenus annuels de l'aviculture étaient de moins de 200 000 rands, contre près de 400 000 rands pour la viande bovine. En 1997, l'aviculture est le premier revenu de l'agriculture sud-africaine après le maïs et le premier de l'élevage : 4,4 millions de rands, contre 2,8 pour la viande bovine. Le succès de cette activité est lié à sa modernisation : les élevages en batteries sont la norme et les usines avicoles ponctuent le paysage rural des hautes terres de l'est. La consommation de poulet a connu une augmentation très importante, notamment parce que le marché africain s'est très fortement développé.

Les autres productions agricoles sont nombreuses et de poids inégal. Les plus importantes économiquement sont le blé, le sucre et les fruits et agrumes. Tabac, coton, oléagineux et vin restent des produits secondaires à l'échelle nationale, même s'ils sont essentiels à l'économie de certaines régions.

La forte croissance des exportations d'agrumes et de fruits reflète le développement accéléré d'un nouveau secteur dynamique, celui de l'agriculture commerciale intensive irriguée. Transformés par une puissante industrie agroalimentaire ou bien exportables frais à contre saison vers les pays du Nord, ces produits souffrent moins que les autres des variations des cours mondiaux et subissent moins également les variations climatiques, car ils sont produits sous irrigation. On ajoutera à cet ensemble de produits la viticulture du Cap qui exporte aussi beaucoup depuis la fin du boycott économique.

Le blé est dans une situation particulière. Cultivé surtout dans l'État Libre, le Cap de l'Ouest et, sous irrigation dans la vallée de l'Orange, il est de plus en plus consommé, notamment par les populations urbaines africaines (essentiellement sous forme de pain). Cette évolution des régimes alimentaires fait que la production est insuffisante et le sera de plus en plus. L'Afrique du Sud importe donc du blé d'Amérique du Nord et d'Australie. La production augmente pourtant peu car cette culture nécessite beaucoup d'eau. Elle est bien adaptée dans le Cap de l'Ouest, mais les grains doivent ensuite être transportés à grand coût vers les régions de consommation, surtout vers le Gauteng. Dans ce domaine aussi, ce sont les secteurs irrigués qui semblent être l'avenir et qui se développeront notamment dans le cadre du Lesotho Highlands Water Project.

Le dynamisme des secteurs irrigués reflète aussi le fait que l'un des problèmes majeurs de l'agriculture sud-africaine est le manque d'eau. L'essentiel du pays est peu et irrégulièrement arrosé. La multiplication des ouvrages hydrauliques sur les terres commerciales ne limite que partiellement les effets des sécheresses. Celle de 1991-1992 a fait chuter les revenus de l'agriculture de façon brutale puisque le secteur représentait 6,5 % du PNB national en 1988 mais seulement 4 % en 1992. Cette même année, la production de maïs a été de 2 millions de tonnes, contre 7 millions une année normale et 12 millions en 1995, année particulièrement arrosée. La variabilité interannuelle des rendements explique les efforts de diversification des exploitants qui cherchent à limiter les risques. Dans les systèmes de culture des régions céréalières, l'élevage est ainsi toujours associé à la culture du maïs ou du blé (dans l'inter-saison le troupeau paît sur les chaumes), la rotation des cultures se développe aussi (blé et maïs notamment, mais aussi légumes).

La sécheresse est un fait naturel : les autres handicaps de l'agriculture commerciale sont structuraux et historiques. Notamment, le poids d'une structure héritée qui non seulement a toujours pénalisé les agriculteurs noirs mais qui a mis l'agriculture commerciale européenne en position d'assistée vis-à-vis d'un gouvernement traditionnellement très favorable aux fermiers, est aujourd'hui lourd à porter.

La structure héritée

Boards, *coopératives, subventions, lois sur l'eau, agriculture africaine défavorisée, main-d'œuvre bon marché : un système global de protection*

Depuis le début du siècle, et plus encore depuis l'arrivée au pouvoir du Parti national, toutes les politiques agricoles ont visé à favoriser l'agriculture européenne. Le *Land Act* de 1913 lui a fourni des terres et a ruiné de nombreuses agricultures africaines concurrentes tout en lui permettant de bénéficier d'une main-d'œuvre très bon marché. Les divers systèmes de prêts, de subventions et de compensations ont été réservés à l'agriculture européenne tandis que la commercialisation contrôlée à l'échelon national complétait la protection d'une population de fermiers qui constituait le principal soutien politique de l'État afrikaner. Pour maintenir la main-mise foncière de cette ethnie, le *Subdivision of Agricultural Land Act* de 1970 interdit le morcellement des exploitations de façon à empêcher l'achat de terres par de petits exploitants (qui auraient pu être non-Blancs).

Pour le fermier blanc, l'accès au crédit était aisé : la Land and Agriculture Bank était une banque publique chargée du secteur agricole qui prêtait aux fermiers blancs à des taux avantageux. De surcroît, les réglementations sur la main-d'œuvre étaient quasi inexistantes. Notamment, les ouvriers agricoles n'étaient protégés par aucun texte : sous-payés, ils pouvaient aussi être chassés sans condition. Les lois sur l'eau étaient également favorables aux fermiers, car ils étaient libres d'utiliser comme bon leur semblait l'eau sur leurs terres, sans considération des dommages pour les terres africaines voisines (60 % de l'eau terrestre sud-africaine est ainsi contrôlée par des intérêts privés). Les crédits à l'irrigation étaient également faciles à obtenir, en même temps que l'État dépensait des millions de rands pour l'établissement de périmètres irrigués au profit des seuls fermiers commerciaux. Enfin, les subventions publiques représentaient environ 20 % des revenus des fermiers. Ceci était complété par un système de compensation en cas de sécheresse ou de mauvaise récolte qui faisait de l'agriculture commerciale blanche une activité sans risque. L'Agricultural Research Council fournissait en outre l'encadrement technique et chapeautait une série d'instituts de conseils et de recherche agronomiques qui permettaient de pallier la faible formation et donc l'insuffisante compétence de bien des fermiers.

Plus que tout, c'était le système de commercialisation des produits agricoles qui mettait les fermiers à l'abri des incertitudes. À partir de 1937, des *Marketing Boards* furent mis en place pour chaque produit agricole ou type de produit. Les 14 *boards* (maïs, viande, fruits, agrumes, laine, coton, tabac, lait, oléagineux, fruits secs, fruits en conserve, sorgho, blé, luzerne), organismes parapublics, financés par des cotisations des fermiers et des fonds publics, étaient chargés de la commercialisation de l'ensemble des produits (dont la vente était ainsi assurée) et de la fixation des prix : chaque produit bénéficiait d'un prix unique et garanti à l'échelle nationale. Les *boards* assuraient aussi les importations et exportations des produits agricoles.

Les intérêts des fermiers étaient, et sont toujours, défendus par un réseau dense de coopératives et syndicats agricoles. Tous sont réunis dans la South African Agricultural Union, qui rassemble l'ensemble des 2 000 associations et coopératives (régionales ou par produits). Ce groupe de pression puissant, réservé aux Blancs jusqu'à il y a peu, négociait les prix avec les *boards*.

Ce système de contrôle des prix et de la production était très favorable aux grosses sociétés ou aux coopératives. Dans certains domaines, ces dernières sont devenues de véritables entreprises d'agro-business. Par exemple, dans le domaine céréaliers, les coopératives OTK (Ostern Transvaal Kooperative) et Setraal-Wes possèdent l'essentiel des silos, fournissent le crédit aux fermiers, possèdent en aval moulins et bétail nourri de farine de maïs. Selon le même principe, mais à l'échelle nationale, tous les producteurs de fruits sont membres de l'Unifruco, coopérative créée en 1987 et devenue société privée en 1989, qui assure la commercialisation, la transformation et le contrôle des produits tout en servant de conseiller technique et de banquier aux agriculteurs.

Un système pourtant fragilisant

Le coût agricole de ce système d'encadrement et de protection des fermiers blancs a été extrêmement élevé. D'abord, l'élimination de presque toute l'agriculture commerciale africaine en est une conséquence, dont rend compte la situation catastrophique des anciens bantoustans. Dans le domaine de l'élevage par exemple, les éleveurs africains se sont toujours vu interdire tout accès au marché. L'ensemble de la filière viande, notamment, est concentré entre les mains de trois grosses compagnies (Vleissentraal, Foodcrop et Imperial Cold Storage) qui détiennent abattoirs et *feedlots*. Le Meat Board est chargé de l'importation en fonction de la quantité produite nationalement. Ce système a permis de favoriser l'importation par rapport à l'achat aux éleveurs africains (ce qui est officiellement justifié par des normes de qualité). Et, bien entendu, les éleveurs africains n'ont jamais eu accès ni au crédit ni à la formation qui leur auraient permis d'améliorer la qualité de leur production.

Pour l'État, le coût de cette politique a été énorme : des millions de rands ont été déversés en crédits, subventions et équipements pour les fermiers blancs pour un bien faible profit finalement. Combien de fermiers ont achetés voitures de luxe et résidences secondaires avec de l'argent public alors que dans le même temps les exploitants africains ne recevaient aucune aide ?

Dans la même logique, des régions entières ont été mises en culture alors qu'elles n'y étaient pas adaptées. Par exemple, l'augmentation des superficies cultivées en maïs dans l'ouest de l'État libre, semi-aride et soumis à des cycles de sécheresse récurrents, n'a été possible que parce que les exploitants étaient assurés d'indemnités en cas de mauvaise récolte : résultat, un fort coût pour les pouvoirs publics, en échange d'une faible production (et de très faibles rendements) et une dégradation de l'environnement.

Enfin, le système a aussi été nuisible à l'agriculture européenne elle-même. Les fermiers sont trop souvent mal formés, peu compétents et n'avaient aucune raison d'innover ; cette agriculture est fragile et risque la faillite avec la fin de l'aide publique dont elle est devenue dépendante. Encore faut-il apporter des nuances, car la société agricole blanche est de moins en moins monolithique. Le faire-valoir direct par des propriétaires terriens ancrés depuis des générations sur leurs terres est encore très dominant, mais pas forcément dans les secteurs les plus compétitifs. Le faire-valoir indirect se développe avec la mise en gérance d'exploitations agricoles rachetées par de grosses sociétés d'agro-alimentaire. Le riche et puissant fermier, circulant en grosse cylindrée allemande, possédant son avion personnel et des résidences luxueuses dans les grandes villes du pays, envoyant ses enfants étudier aux États-Unis, n'est pas un mythe. Il est exploitant d'une grande ferme céréalière ou propriétaire d'une exploitation viticole prestigieuse. Mais les fermiers, majoritairement afrikaners, qui ont survécu sur des exploitations déficitaires, grâce à l'aide de l'État ou à crédit, sont aussi nombreux. Beaucoup d'entre eux finissent par vendre leur ferme à de grandes sociétés (quand c'est possible) ou à l'abandonner simplement.

Structure des exploitations agricoles, une évolution déjà amorcée

La tendance générale à la concentration des exploitations, apparue il y a déjà plusieurs années, tend à s'accentuer, à peine contrebalancée par l'émergence de producteurs commerciaux africains sur des exploitations moyennes. Pour ce qui est du secteur commercial européen, le nombre de fermes a en fait culminé en 1950 avec 116 000 exploitations. On n'en comptait plus que 90 000 en 1970, 70 000 en 1980 et 55 000 en 1996.

Mais la réduction du nombre d'exploitations agricoles n'est pas seulement due à la concentration des terres. Beaucoup d'exploitations ont disparu du fait de la croissance spatiale des villes ou des établissements urbains en zone rurale. D'une part, la surface agricole diminue ; d'autre part, les fermes proches des zones africaines ou des grands *townships* souffrent des vols massifs, surtout de bétail, ce qui a conduit dans certains cas à une cessation de l'activité agricole sur ces fermes, l'alternative étant la défense armée du bétail ; de nombreuses exploitations sont ainsi entourées de fils électriques et patrouillées par des gardes munis d'armes à feu. Il existe un véritable réseau de vols de bétail, la viande est ensuite vendue dans les *townships* à 50 % du prix d'une boucherie légale. Ces bêtes, ne passant pas par les abattoirs officiels, ne subissent aucun contrôle vétérinaire. Le vol ne touche pas que les fermiers blancs. Il semble bien que dans des villages périurbains de l'ancien Bophuthatswana, les activités d'élevage, importantes jusque dans les années 1970, aient totalement cessé du fait des vols (qui se sont combinés avec les effets dévastateurs des sécheresses des années 1980). Pour un fermier blanc, le vol peut prendre une telle ampleur qu'il vaut mieux passer de l'activité agricole au *shack farming* (qui consiste à louer ses terres à des fins résidentielles à des Africains) qui peut être très rentable.

Un autre facteur de réduction du nombre des exploitations est leur rachat par des sociétés d'*agrobusiness*. Celles-ci dominent désormais totalement les exploitations forestières et sucrières. Les exploitations forestières du Mpumalanga et du Natal sont de plus en plus rarement familiales. Des sociétés comme l'Anglo-American possèdent des milliers d'hectares de forêts, exploités par des ingénieurs qui passent quelques mois sur la ferme ou la gèrent d'ailleurs. La Mondi Paper Company, contrôlée à 80 % par l'anglo-American, assure une partie de l'écoulement du bois dans ses usines de pâte à papier et la HT&T Timber Holdings, contrôlée à 50 % par la même Anglo-American et à 40 % par le Rembrandt Group, fournit l'essentiel du bois utilisé comme structure de soutènement dans les mines sud-africaines. Dans le KwaZulu-Natal, une grande société sucrière comme la Tongaat-Hulett (contrôlée à 43 % par l'Anglo-American) a la mainmise sur la terre, les raffineries et les réseaux d'exportation *via* le port de Durban tout en s'étant diversifiée dans le coton et le textile ainsi que dans la minoterie et les huileries. Ces modes d'exploitation industrielle ont, dans ces domaines, remplacé l'exploitation familiale, faisant presque disparaître un mode de vie encore important ailleurs. Le même phénomène est entamé dans la région de production fruitière du Cap. Ailleurs, l'organisation en puissantes coopératives le bloque encore.

Il reste que, au total, la tendance dans l'agriculture commerciale est à la rationalisation. D'une certaine façon, ceci risque d'accroître le contraste entre cette agriculture et celle des populations noires, extrêmement pauvres et encore à l'écart du marché. Cette dualité est le problème premier du monde rural sud-africain.

Les ruraux africains

La grande pauvreté

Depuis le *Land Act* de 1913 (complété en 1936), on a assisté à la destruction systématique de l'agriculture noire sud-africaine. Jusque-là, en effet, de nombreux producteurs africains fournissaient les marchés européens, notamment urbains, ce qui constituait une concurrence directe pour les fermiers européens et réduisait l'offre de main-d'œuvre. C'est en grande partie pour rendre les populations africaines dépendantes du travail migrant que les Européens ont fait en sorte de réduire leur agriculture à une simple activité de subsistance, en les privant de leurs terres et de l'accès aux marchés.

Le résultat est d'abord, au-delà de la diversité des situations, l'extrême pauvreté des ruraux africains. On connaît mal leur nombre, les statistiques sont encore plus lacunaires que dans le domaine urbain, surtout pour les habitants des anciens bantoustans « indépendants ». On dispose des chiffres de la Development Bank of South Africa, institution dont la fonction était précisément de travailler au développement des bantoustans, et d'ONG ayant récemment réalisé des enquêtes pour le compte du gouvernement.

On compterait entre 3,5 et 4 millions de ménages ruraux noirs en Afrique du Sud; leur taux d'accroissement naturel serait de 1,02 par an (faible taux sans doute sous-estimé mais aussi expliqué par les très importantes migrations vers les villes et les terres blanches). La taille moyenne de ces familles est d'environ sept personnes. D'après une étude de l'Urban Foundation en 1991, 11 millions de ruraux vivaient à cette date en dessous du seuil de pauvreté absolue (c'est-à-dire avaient des revenus inférieurs à 1 400 euros par an). L'illettrisme (52 %), la malnutrition et la mortalité infantile sont beaucoup plus forts en zone rurale qu'en ville. 30 % de la population active de ces zones rurales migre vers les villes, les mines ou les fermes blanches, de façon permanente ou temporaire, ce qui explique le sex-ratio déséquilibré en faveur des femmes. Un quart au moins de l'ensemble de la population active des zones rurales serait sans emploi et sans terre. Et les deux tiers de la population ne tirent aucun revenu de l'agriculture.

Ces quelques indications chiffrées révèlent le principal problème des zones rurales : elles ne sont plus agricoles. La majorité des ruraux africains vit de retraites, d'indemnités et des revenus du travail migrant. Les agriculteurs africains qui parviennent à commercialiser une partie de leur production sont une infime minorité. La majorité d'entre eux produit strictement pour l'autoconsommation, et la proportion de ceux qui sont sans terre ou n'ont qu'une parcelle résidentielle est très grande (30 % environ). D'après des enquêtes de 1995, 70 % des ruraux africains voudraient plus de terre, mais ce chiffre traduit en grande partie une soif de terre résidentielle plutôt qu'agricole.

Des situations très diverses

Pour clarifier la présentation des ruraux non blancs on distinguera deux types de populations. D'un côté, les non-Blancs vivant et travaillant sur les terres commerciales, c'est-à-dire les ouvriers agricoles, les *labour tenants*, et leurs familles, et, de l'autre, les Africains agriculteurs ou sans terre des anciens bantoustans.

Ouvriers agricoles et labour tenants

Deux millions de personnes environ travaillent sur les fermes commerciales (800 000 de façon saisonnière, le reste en permanence), dont 1 million dans le seul Cap de l'Ouest. Les ouvriers agricoles représentent environ 16 % de la population active du pays. Cette population misérable n'était, jusqu'à aujourd'hui, protégée par aucune loi sur le travail ; les salaires sont extrêmement bas (6 francs par jour n'est pas un salaire surprenant, mensuellement un ouvrier agricole gagne environ 400 francs par mois), généralement complétés en nature : farine de maïs, alcool, bougies... Souvent, aussi, les ouvriers sont logés, généralement dans des conditions déplorables (huttes précaires au milieu de l'exploitation), plus rarement dans des villages bien équipés quand la culture est de forte rentabilité et requiert une main-d'œuvre qualifiée comme, par exemple, dans le vignoble de la région du Cap. Généralement aussi, les travailleurs permanents disposent d'un lopin de terre pour cultiver un jardin. Ces ouvriers sont essentiellement des hommes dont les familles, selon les cas, sont restées en terre africaine ou résident sur l'exploitation.

Dans la plupart des régions, la tendance est à la modernisation des techniques agricoles et le nombre d'ouvriers est en baisse depuis plusieurs années (entre 1985 et 1992, la baisse du nombre d'ouvriers agricoles sur les fermes européennes a été de 25 %). De plus, avec les réformes en cours, les ouvriers résidant sur les fermes revendiquent plus de droits (salariaux mais aussi fonciers). Nombre de fermiers s'efforcent donc de faire diminuer leurs effectifs. Seul le Cap de l'Ouest emploie de plus en plus d'ouvriers, mais ce sont surtout des saisonniers employés pour les cultures spéciales : vigne, fruits, agrumes. Ces ouvriers sont de plus en plus souvent des femmes, moins revendicatrices et moins payées que les hommes. Globalement, le recours au travail saisonnier ne cesse de croître. Les fermiers emploient des habitants des anciens bantoustans voisins quand c'est possible, par exemple du Bophuthatswana dans la province du Limpopo. L'emploi d'étrangers est également fréquent, notamment de Mozambicains sur les plantations de sucre du KwaZulu-Natal. Dans ce cas, la hiérarchie du travail est très nette : les comptables et administrateurs sont indiens, les contremaîtres et ouvriers qualifiés permanents sont zoulous (ils sont peu nombreux, une vingtaine dans une exploitation moyenne), les travailleurs temporaires sont des migrants mozambicains ou xhosa de l'ex-Transkei (bantoustan anciennement indépendant). Cette main-d'œuvre migrante est encore plus corvéable et moins organisée que celle du pays (les Xhosa du Transkei et du Ciskei sont cependant redevenus sud-africains en 1991, ce qui en fait une main-d'œuvre moins attrayante...).

Une autre catégorie de travailleurs agricoles est constituée des *labour tenants*. En échange de leur travail sur une ferme blanche, ces agriculteurs peuvent cultiver des parcelles sur la propriété et posséder du bétail. Ce système autrefois très répandu a été combattu par le régime de l'apartheid et est devenu marginal. Les *labour tenants* ne sont plus nombreux que dans le Mpumalanga (35 000 environ) et dans le KwaZulu-Natal (quelque 200 000). Pour l'ancien régime de Pretoria, les communautés de *labour tenants* étaient assimilées à des *black spots* sur des terres blanches, les évictions furent donc nombreuses. Mais, pour les fermiers, ce système peu onéreux était si favorable que beaucoup ont souhaité le maintenir. Ces communautés revendiquent aujourd'hui des droits fonciers et les obtiennent, leur présence sur ces terres étant souvent antérieure à celle des Européens qui les avaient souvent simplement transformés en serfs sur leurs terres ancestrales.

Ruraux des anciens bantoustans

Les anciens bantoustans occupaient 17,3 millions d'hectares, sur lesquels environ 2,5 millions étaient cultivables. La population de ces territoires est probablement d'environ 17 millions de personnes en 1997 et approximativement deux millions de familles y pratiqueraient l'agriculture. En théorie, l'essentiel des terres est encore contrôlé par des chefs coutumiers qui en assurent la répartition. La taille moyenne des exploitations serait d'environ 2 hectares (contre 1 300 hectares sur les terres blanches), la productivité par personne et par an (pour peu que ces chiffres aient un sens) serait de 2 rands par hectare, contre 11 rands sur les fermes commerciales.

La question de savoir si ces terres sont surpeuplées ou non n'est sans doute pas essentielle. Avec des densités comprises entre 150 et 250 habitants par hectare, il serait tout à fait possible d'envisager l'existence d'une agriculture prospère, mais il faut rappeler les freins à l'activité agricole, bien plus importants qu'une densité soit disant trop élevée : 30 % environ de la population de ces régions sont sans terre, en partie du fait de la croissance démographique, mais aussi en partie du fait de la gestion douteuse du patrimoine foncier par les chefs. De nombreux secteurs des anciens bantoustans ne sont plus agricoles depuis longtemps, mais abritent une population urbaine rejetée là et dont le seul usage de la terre est résidentiel. Enfin, les agriculteurs eux-mêmes, privés d'accès aux marchés, au crédit, à l'aide technique, à l'eau souvent, ne vivent que marginalement des revenus de leurs exploitations. Les principales sources de revenus sont les pensions et les envois d'argent des hommes migrant vers les villes, les mines et les fermes commerciales.

Au total, les agriculteurs des anciens bantoustans produisent à peine 2 % de l'ensemble des productions agricoles du pays. Leur système agricole repose partout sur une polyculture associant l'élevage et la culture du maïs. L'élevage est très important, mais le bétail a une vocation typique des pays bantous : il a une fonction avant tout sociale, permet la capitalisation et désigne le niveau social. Il est aussi échangé ou abattu lors des événements importants de la vie des familles (mariages, funérailles, cérémonies religieuses). On a dit qu'en outre ce bétail était exclu du réseau commercial contrôlé par les fermiers et entreprises européennes. La seule véritable régulation du troupeau est faite par les cycles de sécheresse. Le gros problème, surtout dans le Ciskei et le Transkei, reste une érosion catastrophique liée au surpâturage, à la culture traditionnelle dans le sens de la pente et à l'usage récemment abandonné de traineaux sans roues tirés par des bœufs sur des pentes souvent fortes. Aujourd'hui, les carrioles ont des roues et les cultures se font partout suivant les courbes de niveaux, mais les terres perdues ne se reconstitueront pas.

Le gouvernement de Pretoria et les autorités des divers bantoustans avaient lancé des projets dits « *betterments scheme* ». Il s'agissait en fait de regrouper les villageois sous contrôle des autorités ou de sociétés para-étatiques dans le but de leur prodiguer une aide technique et des services. Mal conçus, mal mis en œuvre, ces projets ont surtout donné lieu à de nouveaux déplacements de populations et à une aggravation des phénomènes d'érosion.

Le manque d'eau constitue l'un des autres problèmes graves de l'agriculture des anciens bantoustans. Les barrages et aménagements hydrauliques sont sur les terres blanches. Ils sont jusqu'à présent utilisés à leur maximum par les fermiers blancs sans considération des effets en aval sur les terres anciennement réservées aux Noirs. Ainsi dans le Mpumalanga, l'eau du Drakensberg est prélevée avant de parvenir sur les anciens bantoustans du bas *veld*. Si l'eau parvient dans ces régions, elle est généralement polluée par les pesticides et engrais utilisés en amont par les fermes commerciales.

Il est difficile d'énumérer l'ensemble des conséquences sur les agricultures africaines d'un système qui leur était entièrement défavorable. Quelques signes positifs sont cependant à signaler. Il existe aujourd'hui des propriétaires terriens noirs, devenus fermiers commerciaux. Par exemple, dans l'ancien QwaQwa, des fermiers africains ont désormais accès aux services de la coopérative céréalière de l'État Libre et écoulent ainsi leur production. Ces fermiers africains sont depuis 1991 représentés par un syndicat indépendant, la NAFU (National African Farmers Union) (syndicat noir dans les faits même si les statuts nouveaux des syndicats ne peuvent plus les réserver à un groupe racial), capable de négocier avec le gouvernement mais aussi avec les coopératives et les syndicats de fermiers blancs. Dans d'autres régions, des poches d'agriculture africaine dynamique ont subsisté et commercialisent leurs produits, sur des terres de mission ou sur des fermes non exploitées par leurs propriétaires blancs. Enfin, dans les anciens bantoustans ou sur des terres non utilisées, de grandes sociétés agricoles ont lancé, dès les années 1970, des expériences intéressantes qui se sont multipliées ensuite. Il s'agit, pour étendre les superficies cultivées commercialement, d'associer des petits producteurs africains. Ce système se pratique dans la culture de la canne à sucre, du bois et des fruits. Dans le KwaZulu-Natal, le géant du sucre, Tongaat-Hulett a étendu ses activités sur des terres tribales en passant contrat avec de petits exploitants qui, sur des exploitations de moins de 100 hectares, produisent de la canne sous le contrôle et grâce aux prêts de la société. Cette population reste très pauvre et marginale, les hommes notamment continuent de migrer, mais la possibilité d'étendre l'expérience et de mieux la contrôler est fortement envisagée. Plus prometteur est le système mis en place dans l'ancienne province du Cap par l'Unifruco qui offre crédit et aide technique à de petits exploitants qui lui vendent ensuite leur production.

Malgré ces quelques signes encourageants, le défi de l'intégration économique des anciens bantoustans reste majeur. Les politiques actuellement mises en œuvre visent à le relever.

Des réformes en cours

Le gouvernement issu des élections de 1994 se devait de mettre en œuvre une politique novatrice vis-à-vis des zones rurales. Les réformes sont de deux types. Les premières concernent la transformation de l'organisation économique des activités agricoles, il s'agit de mettre fin au soutien artificiel de l'agriculture européenne qui devra désormais fonctionner de façon plus conforme aux règles du marché. La deuxième série de mesures concerne le problème de la terre : il s'agit de redonner des droits aux Africains et de réparer les injustices passées. En toile de fond de toutes ces actions se pose un problème politique qui dépasse la question agricole, celui, non encore résolu, des autorités locales nouvelles qui devront gérer les changements.

La libéralisation du secteur commercial

Le premier élément de la réforme économique de l'agriculture commerciale est la réduction des pouvoirs des Marketing Boards. Dans les principaux domaines, et surtout dans ceux accessibles aux agriculteurs africains, le nouveau pouvoir a voulu casser le système des *boards* qui servait avant tout les fermiers blancs. Le Bureau du maïs, le plus riche du pays, a été le premier affecté : depuis mai 1995, le prix du maïs est libre et sa commercialisation ne passe plus obligatoirement par le *board*. Celui-ci voit sa fonction limitée à l'exportation des surplus. Les 13 autres *boards* devraient connaître un sort similaire dans un avenir plus ou moins proche. Dans l'ensemble, l'idée du ministère de l'agriculture est que le rétablissement d'une juste concurrence permettra mieux l'intégration des petits producteurs africains à l'économie de marché.

Pour ce faire, il faut aussi leur faciliter l'accès au crédit, ce qui constitue le deuxième aspect des réformes. La Land and Agricultural Bank est en cours de réorganisation ; organisme au service de l'agriculture européenne, on lui demande aujourd'hui de servir avant tout les agriculteurs non blancs. Dans le même temps, les divers organismes de crédit mis en place dans les bantoustans ont été démantelés : corrompues, ces institutions ont donné lieu à des détournements de fonds massifs et à une gestion catastrophique. Enfin, une politique plus globale de développement est mise en œuvre pour permettre aux agriculteurs africains l'accès aux marchés. Il s'agit d'abord de développer des marchés locaux, inexistants jusqu'à aujourd'hui, pour écouler les produits des petits agriculteurs ; mais aussi de développer les voies de communication et les moyens de collecte des produits des régions anciennement enclavées et à l'écart des routes commerciales. L'ensemble de ces actions relève d'une politique appelée BATAT (Broadening Access to Agriculture Thrust) qui utilise des fonds du RDP. Ce programme comprend aussi des campagnes d'information sur les pratiques agricoles et les technologies nouvelles. Il va sans dire que le programme va de pair avec l'arrêt des subventions systématiques à l'agriculture commerciale et des prêts trop avantageux aux fermiers européens, en un mot au soutien public d'une agriculture assistée et souvent économiquement non viable. Il va sans dire aussi que remettre tout un pan du monde rural sur la voie de la modernisation et de la productivité prendra du temps ; les ambitions de rééquilibrage entre secteur commercial européen et secteur de subsistance africain sont à long terme. Des problèmes structurels continueront de se poser. La répartition spatiale de l'agriculture africaine est anti-économique : les petits producteurs sont loin des marchés, alors que les grandes villes, toutes situées sur des terres blanches, sont entourées de fermes commerciales. La situation est inverse de celle, habituelle, modélisée par Christaller. L'autre problème majeur est celui de l'accès inégal à la terre. C'est ce projet de réforme qui, plus que tous les autres, agite la société sud-africaine. Tant que les revendications foncières africaines ne seront pas réglées, la plus grande incertitude planera sur l'agriculture du pays.

La question de la terre

Le problème de la terre était un enjeu politique d'une telle importance que le gouvernement élu en 1994 a créé un ministère spécifique en charge de la question, le Ministry of Land Reform, distinct du ministère de l'Agriculture. Ce nouveau ministère, durant la période de Gouvernement d'Union nationale, était contrôlé par un ministre du Parti national, pour ne pas effrayer les fermiers commerciaux. Depuis le départ du Parti national du gouvernement en juin 1996, les deux ministères ont fusionné et sont dirigés par un seul ministre ANC, M. Derek Hanekom, dont le nom restera associé aux réformes foncières en cours. La politique foncière comprend trois volets : la restitution, la redistribution et la réforme du droit foncier (voir le post-scriptum pour une actualisation sur cette question).

Restitution

La restitution des terres concerne les individus ou communautés qui ont été spoliés de leurs terres conformément à des lois racistes après 1913. Ceci concerne donc toutes les expropriations consécutives au *Land Reform Act* de 1913 (et de 1936) qui, pour la première fois, limitait nationalement le droit de propriété foncière des non-Blancs. C'est le *Restitution of Land Act* de 1994 qui précise les modalités de cette restitution. Une commission examine les dossiers et les prépare, s'ils sont jugés valides, pour un tribunal foncier. Les plaignants ont trois ans à partir du vote de la loi pour déposer une réclamation. Après 1998, on ne pourra donc plus réclamer de terres sous cette forme. Les décisions de la Cour sont applicables en 10 ans maximum. Ce même texte s'applique aux terres urbaines, et une très large part des réclamations concerne ces zones. En mars 1996, près de 7 000 demandes de restitution avaient déjà été déposées à la commission. Ces réclamations sont variées. D'abord le statut des terres réclamées diffère selon qu'il s'agit de terres publiques (terrains militaires et parcs nationaux par exemple) ou de terres privées. Par ailleurs, les réclamants sont divers. En zone rurale, ce sont surtout des communautés qui réclament la restitution de leurs terres. Elles ont en effet été déplacées collectivement, selon les lois de l'apartheid, de terres dont elles avaient une propriété collective. Souvent, ce sont donc des autorités traditionnelles qui réclament la terre au nom de leur communauté. Or, la question de la propriété collective traditionnelle n'a pas été réglée au niveau national. Le tribunal peut juger au cas par cas, ce qui permet heureusement une certaine souplesse mais suscite aussi des débats virulents. Par exemple, une communauté du nord du Mpumalanga revendique des droits sur toute la partie nord du parc Kruger dont elle a été expropriée. Ces droits sont indiscutables et en toute justice les terres devraient donc être rendues. Mais l'intérêt national ne doit-il pas primer pour préserver le parc naturel ?

La politique de restitution rencontre de nombreuses difficultés. Peu de réclamations ont abouti pour l'instant. La commission a du mal à traiter assez vite les dossiers, notamment parce qu'elle n'en a pas les moyens matériels en personnel et en budget. Les situations sont souvent complexes, plusieurs communautés réclamant les mêmes terres. Enfin, les groupes expulsés de leurs terres avant 1913 (ils sont nombreux dans l'ancienne province du Cap où les communautés khoikhoi ont été expulsées dès la fin du XVIIe siècle), se sentent évincés. Le ministère est libre de prendre en compte leur demande, mais la quantité de terres en cause est si importante qu'il est peu probable qu'un tel processus soit lancé.

L'une des priorités de la commission et du ministère est la satisfaction des revendications des *labour tenants.* Jusque-là dépourvus de toute protection, ils se sont vus reconnaître des droits sur la terre qu'ils cultivent. Les ouvriers agricoles travaillant depuis de nombreuses années sur une exploitation formulent des réclamations de même type. Un des problèmes actuellement est l'accélération du mouvement : plus des droits sont reconnus aux travailleurs des fermes, plus les fermiers multiplient les évictions préalables ; et plus les évictions sont nombreuses, plus les communautés, se sentant menacées, revendiquent un droit foncier permanent.

Néanmoins, si le gouvernement maintient les délais imposés au programme de restitution, il devrait être mené à bien relativement rapidement et ses conséquences à l'échelle nationale devraient rester limitées. Les choses sont plus incertaines en ce qui concerne les programmes de redistribution et de réforme du droit foncier.

Redistribution et réforme du droit foncier

Les programmes de redistribution et de réforme foncière sont directement liés. Il s'agit de faire en sorte que les habitants des zones rurales bénéficient d'une plus grande sécurité de la tenure, garantie par la loi, et, dans le même temps, que les plus démunis (les paysans sans terres, les femmes, les ouvriers agricoles...) puissent disposer de terres à cultiver et, à terme, être intégrés dans l'économie de marché.

C'est cet aspect des réformes qui provoque la plus vive inquiétude chez les fermiers commerciaux qui, mal informés, pensent l'ensemble de leurs terres menacées. En fait, les terres concernées sont essentiellement des terres publiques (l'État sud-africain possède 12 millions d'hectares). De plus, l'ensemble de la redistribution est censée se faire selon les lois du marché, à savoir sans expropriation et en subventionnant l'achat de terres par les plus pauvres. Il est prévu que les interventions de l'État se fassent au cas par cas, sous la forme de subventions, de crédits, d'équipements et de formation et d'encadrement.

La loi de l'apartheid qui interdisait le morcellement d'une exploitation sans autorisation du ministère de l'Agriculture va être abolie de façon à permettre la vente par les fermiers de parcelles de leurs exploitations. Mais le syndicat des agriculteurs blancs brandit la menace d'une destruction de l'agriculture commerciale par parcellisation.

Chaque province doit lancer un projet pilote de redistribution. La suite du programme dépendra de ses succès ou échecs. Les foyers les plus pauvres devraient pouvoir bénéficier d'une subvention publique de 15 000 rands pour acheter de la terre en pleine propriété. Des communautés pourront mettre en commun ces subventions pour mettre en valeur des superficies rentables. Pour le reste l'accès au crédit est censé assurer la réussite des projets.

Cela étant, le programme semble bien ambitieux et les moyens de l'État bien faibles. Dans l'absolu, près de 80 % des chefs de ménage ruraux devraient pouvoir obtenir la subvention de 15 000 rands, et bien peu semblent, en l'état actuel des choses, en mesure d'assumer les remboursements d'un crédit. Par ailleurs, la terre commerciale est chère ; par exemple, dans le KwaZulu-Natal, un hectare de plantation de canne à sucre coûte en moyenne 14 000 rands. Une exploitation modeste nécessite ainsi un investissement d'au moins un million de rands. Et dans de très nombreuses régions, les seuils de rentabilité d'une exploitation sont plus élevés encore: dans les régions sèches du Karoo, on considère qu'en dessous de 8 000 hectares une exploitation n'est pas rentable. Or, la demande de terre des Africains ne correspond pas à ce type de schéma puisqu'elle concerne d'abord de la terre pour résider, avec une petite superficie autour (2 ha en général). Dans ce contexte, on voit mal ce que pourra donner la réforme, et surtout comment faire coïncider l'offre et la demande selon les lois du marché. L'un des risques est d'aller vers une sorte d'institutionalisation d'une agriculture à deux vitesses.

Enfin, ce programme ne peut fonctionner qu'en même temps que se modernisera la forme de la tenure. Pour l'instant, la majorité des terres des anciens bantoustans est encore contrôlée par des chefs traditionnels et cette forme de propriété a été maintenue par le gouvernement post-apartheid. C'est évidemment aussi un problème politique de définition des autorités locales rurales.

Les autorités locales rurales

Hormis dans le Cap de l'Ouest et le Gauteng, la question du rôle des autorités traditionnelles se pose dans toutes les provinces. L'essentiel des terres des anciens bantoustans était en effet contrôlé par des chefs dont c'était le principal pouvoir. C'est surtout dans le KwaZulu-Natal, le Cap de l'Est et la province du Limpopo qu'ils sont nombreux et puissants. Nationalement, les chefs dits « traditionnels » sont représentés par la Contralesa (Congress of Traditional Leaders of South Africa). Cependant, le système est d'ores et déjà fort éloigné de ce qu'il fut et les pouvoirs traditionnels sont fortement contestés, la corruption des chefs étant importante et ancienne. Par exemple, les chefs ont vendu en leur nom bien des terres collectives pour accroître leurs revenus. Aujourd'hui, ce sont pourtant aussi souvent des chefs qui revendiquent des terres commerciales au nom de leur communauté. Face à leur puissance, le gouvernement leur a reconnu une représentation de droit dans les nouvelles autorités locales élues en 1995 (au KwaZulu-Natal les chefs sont aussi représentés au niveau du District).

Mais la question des autorités locales rurales dépasse le seul problème des chefs traditionnels. Élus politiques, *civics*, églises, ONG, se disputent en fait le pouvoir, avec des résultats divers selon les régions (puissance des chefs au KwaZulu-Natal ou dans la province du Nord-Ouest, force des *civics* dans l'ex-Ciskei, par exemple).

Les associations de femmes sont les plus virulentes contre le maintien du système foncier traditionnel (qui, de fait, avait été maintenu artificiellement par le régime de l'apartheid) : en effet, sous autorité tribale, la propriété foncière est impossible pour une femme. Or, celles-ci représentent plus du quart des chefs de ménage ruraux.

D'autres acteurs hostiles au pouvoir des chefs sont les citadins résidant sur des terres d'anciens bantoustans. Venant souvent de la ville, ou bien appartenant à des groupes ethniques autres que celui du chef, ces citadins rejettent son autorité.

Enfin, les diverses formes associatives qui se sont développées en l'absence d'un véritable pouvoir de gouvernement local, revendiquent une légitimité et une représentativité qu'elles ne reconnaissent souvent ni aux chefs ni aux nouveaux élus locaux.

À cette complexité locale, s'ajoute le jeu des pouvoirs provinciaux, par lesquels transitent les fonds du RDP, et nationaux (par exemple, les services des eaux restent nationaux). Les pouvoirs provinciaux sont d'autant plus inefficaces à régler les conflits locaux qu'ils sont eux-mêmes désorganisés par l'intégration des services publics des bantoustans et de l'Afrique du Sud.

Ces conflits autour des pouvoirs locaux sont symptomatiques des problèmes des anciens bantoustans. L'histoire de ces régions depuis l'arrivée des Européens semble avoir connu d'étranges va-et-vient : les colonisateurs ont d'abord cherché à briser le pouvoir des chefs au profit des administrateurs ; l'apartheid a ensuite œuvré à recréer des structures traditionnelles à la solde du pouvoir central ou de celui des bantoustans. La politique qui y est menée actuellement vise à la modernisation, mais les cadres dans lesquels elle est entreprise sont hérités de l'ancien régime. Dans ce domaine aussi, l'Afrique du Sud est contrainte de mener de front la réforme des structures et la politique de développement économique. C'est à cette condition qu'une intégration économique et spatiale du monde rural est envisageable à long terme et que l'on pourra parler un jour du monde rural sud-africain et non plus des mondes ruraux blancs et noirs.

Troisième Partie

Afrique du Sud, l'espace inégal

Les découpages régionaux sud-africains sont multiples et se chevauchent. Le partage historique entre les quatre grands États de l'Union d'Afrique du Sud (province du Cap, État Libre d'Orange, Natal et Transvaal) a longtemps été le plus valide. Pourtant, à l'intérieur de chacune de ces régions, les contrastes ont toujours été forts, entre régions rurales et régions urbanisées, entre terres blanches et terres africaines, entre régions densément peuplées et régions vides d'hommes. Les années 1960 et 1970, celles de la mise en place des bantoustans, ont accentué la coupure entre espaces blancs et non blancs, coupure qui est allée jusqu'à l'indépendance officielle de quatre bantoustans. Depuis 1994, le découpage administratif est encore différent et le pays est maintenant formé de neuf provinces (carte 7). Ce nouveau découpage régional est une réalité juridique, politique et économique. En outre, plus fin que le découpage ancien, il correspond mieux aux réalités régionales, même si presque toutes les provinces se caractérisent par leur hétérogénéité spatiale.

Au sein des neuf provinces, on peut distinguer des types régionaux en fonction du dynamisme économique (carte 17). Si le Gauteng est le centre économique incontesté du pays, deux autres provinces ressortent comme des espaces forts du territoire par leurs caractères et leurs potentiels économiques et humains : le Cap de l'Ouest, centré sur la métropole du Cap, et le KwaZulu-Natal, articulé sur le corridor Durban-Pietermaritzburg. Les autres provinces sont pauvres et économiquement en difficulté, qu'il s'agisse des provinces densément peuplées du nord du pays (provinces du Limpopo et du Nord-Ouest et Mpumalanga) et du Cap de l'Est, ou des provinces, rurales et minières, peu peuplées, du Cap du Nord et de l'État Libre.

Le fait dominant reste le très inégal développement du pays, entre des régions industrielles et tertiaires, aux paysages de pays développés et des régions qui conservent toutes les caractéristiques du sous-développement. Ce contraste vaut aussi pour les paysages agraires qui font alterner paysages de pays neuf, paysages de type européen et paysages ruraux « africains ». Sous-jacent à toutes les inégalités, demeure le contraste entre anciennes zones blanches et anciens bantoustans, héritage le plus lourd de l'apartheid et d'autant plus difficile à gérer qu'économiquement les deux types de régions sont indissociablement liées.

Chapitre 6

Le Gauteng, cœur économique de l'Afrique australe

LA PROVINCE DU GAUTENG est presque réductible à une vaste conurbation où l'essentiel des activités économiques de l'Afrique australe sont concentrées, ainsi que l'essentiel des fonctions de commandement sud-africaines. Le succès ou l'échec des transformations spatiales, économiques et politiques dans le Gauteng sera sans doute le facteur déterminant du succès ou de l'échec de l'Afrique du Sud et, plus largement de l'Afrique australe dans son ensemble. Aucune région n'est en effet sans lien avec le Gauteng, aucun des changements qui l'affectent sans conséquences nationale et internationale.

Le poids du Gauteng

Le Gauteng comprend la plus grande aire métropolitaine du pays, le PWV, qui s'étend de Pretoria/Tshwane au Witwatersrand et à Vereeniging sur une centaine de kilomètres de long et quatre-vingt-dix dans sa plus grande largeur. Ainsi, le Gauteng est la seule région quasi absolument urbaine du pays.

Le Gauteng est la plus petite, mais aussi la plus peuplée – avec le KwaZulu-Natal – des neuf provinces sud-africaines. Sa population en 1993 était officiellement de 6,84 millions d'habitants, 7,2 millions en 1996 d'après le recensement, mais elle est probablement plus importante, réunie sur 1,5 % du territoire (18760 km^2).

Le nom de Gauteng (le « g » se prononce « r »), qui signifie approximativement « cité de l'or » en sotho, a été choisi en 1995 parce que la province est centrée sur Johannesburg, appelée *egoli*, « ville de l'or », en zoulou. La province représente, en 1997, 37 % du PIB sud-africain et environ 30 % des emplois formels du pays. Les habitants du Gauteng sont aussi, en moyenne, les plus riches du pays : leur revenu moyen par personne et par an est d'environ 2000 euros (mais 4000 pour les Blancs et 600 pour les Noirs), ils payent près de 50 % du total des impôts perçus par l'État. On en aura une image plus nette encore quand on aura dit que c'est la province la mieux équipée, dont les habitants ont la plus longue espérance de vie et où le taux d'analphabétisme est le plus faible. Sur tous ces plans, seul le Cap de l'Ouest est comparable au Gauteng.

Le Gauteng est aussi le point nodal des communications nationales. Le premier aéroport du pays est situé à l'est de Johannesburg, 53 compagnies aériennes y sont représentées et environ 11 millions de passagers l'utilisent chaque année. Johannesburg est ainsi devenue la plaque tournante aérienne de l'ensemble de l'Afrique australe. Pour ce qui est du transport terrestre, la prééminence du Gauteng est tout aussi nette : par Johannesburg transitent plus de 300 000 conteneurs par an, la voie ferrée relie la province à tous les grands centres de la région et le réseau autoroutier est le plus développé du pays. Les réseaux d'approvisionnement en énergie convergent aussi vers le Gauteng qui à lui seul consomme plus d'électricité que le Zimbabwe et la Zambie réunis : c'est pour l'approvisionner que le barrage de Cabora Bassa au Mozambique a été construit. La consommation d'eau de la province est aussi gigantesque et son approvisionnement problématique : le vaste projet d'aménagement hydraulique du Lesotho devrait résoudre ce problème, mais on parle aussi de détourner une partie des eaux du Zambèze.

Le poids du Gauteng est aussi politique, administratif, financier et culturel. Si le Parlement sud-africain est au Cap et la Cour Suprême à Bloemfontein, le pouvoir exécutif se trouve à Pretoria où siègent le gouvernement, les ministères et les grands services publics ainsi que les bureaux des institutions internationales et les représentations diplomatiques. Les quartiers généraux des principaux partis politiques sont aussi dans le Gauteng. Les grandes sociétés privées sud-africaines ou étrangères ont, quant à elles, leurs sièges à Johannesburg : banques, géants économiques tels l'Anglo-American ou la Rembrandt SA, groupes de presse, sociétés d'assurance… La bourse d'Afrique du Sud, 12e du monde, est à Johannesburg et 75 % des sociétés côtées en bourse ont leur siège dans le Gauteng.

Le PWV a toujours dominé le pays, au moins depuis 1910, mais la structure économique de la région a fortement changé depuis les années 1940, et c'est ce qui explique nombre de ses problèmes actuels. Jusqu'à la fin des années 1940, c'est l'or et l'industrie qui ont fait la puissance économique du PWV. En 1945, les mines du Witwatersrand produisaient 96 % de l'or sud-africain (qui représentait lui-même 40 % de l'or extrait dans le monde). Cette production a fortement chuté ; les mines du Witwatersrand central et de l'East Rand, épuisées, sont presque toutes fermées, elles ont été supplantées par l'extraction dans le West Rand et dans l'État Libre.

Entre 1950 et 1970, le Witwatersrand a perdu 200 000 emplois miniers mais en a gagné près de 500 000 dans les secteurs secondaires et tertiaires : durant et après la Seconde Guerre mondiale, le boom industriel du pays a surtout profité au PWV et l'industrie est venue remplacer la mine comme principale source de revenus et d'emplois. C'est encore la situation qui prévaut aujourd'hui, avec des différences locales liées à une spécialisation forte selon les secteurs de la province : le secteur tertiaire domine à Johannesburg, la fonction politique est prévalente à Pretoria/Tshwane, le West Rand est resté minier, l'East Rand/Ekurhuleni et le triangle du Vaal sont industriels.

Ces trois dernières régions constituent ce que l'on pourrait appeler les périphéries industrielles et minières du Gauteng.

Les villes de l'East et du West Rand ont pratiquement toutes été créées pour servir des mines d'or découvertes dans les années 1880. Dans l'East Rand/Ekurhuleni, seule Benoni est antérieure à la découverte de l'or, quant à Springs, plus à l'est, elle a été fondée sur un site charbonnier qui fournissait le Witwatersrand avant le développement des gisements plus orientaux de Witbank.

Jusqu'aux années 1960, l'East Rand était le principal centre d'exploitation aurifère du pays. À Germiston avait été construite la plus grosse raffinerie d'or d'Afrique du Sud qui traitait l'essentiel de l'or extrait dans le pays. Germiston est aussi devenu, à partir des années 1940, le plus important carrefour ferroviaire du pays. Dans les années 1960, les mines d'or ont fermé car l'exploitation des vieux gisements n'était plus rentable. L'East Rand a réussi sa reconversion et est devenu la première région industrielle du pays, notamment avec les zones industrielles de Kempton Park, Germiston, Benoni et Alberton. La production métallurgique (fer, acier et cuivre) de Benoni est complétée par de vastes ensembles industriels d'aval (notamment l'industrie automobile autrefois concentrée à Port Elisabeth et Uitenhage). Springs s'est spécialisée dans des activités plus légères (cycles, verre, industries alimentaires). L'East Rand profite d'une situation extrêmement favorable, au carrefour des axes nationaux majeurs, à l'intersection du vieil axe aurifère du Witwatersrand (est-ouest) et de l'axe métallurgique nord-sud qui relie Pretoria/Tshwane au Triangle du Vaal. Aujourd'hui, avec le développement du corridor industriel Johannesburg-Witbank-Maputo, la situation de l'East Rand est toujours centrale.

Le West Rand a connu une évolution moins favorable. Beaucoup de mines ont là aussi fermé dans les années 1960 et l'extraction aurifère ne reste une activité importante que loin à l'ouest, aux alentours de Carletonville qui est devenu un des centres miniers les plus importants du pays. Les autres villes du West Rand (Krugersdorp, la plus importante, Randfontein et Roodepoort) ont eu du mal à trouver un second souffle industriel et sont de plus en plus absorbée dans l'orbite de Johannesburg.

Le Triangle du Vaal, au sud de la province, a connu une histoire toute différente. Vereeniging (mot qui signifie « société » en afrikaans) a été fondée en 1882 après le début de l'exploitation des mines de charbon. C'est la seule ville historique de la sous-région et la seule qui soit minière. Vanderbijlpark et Sasolburg ont été créées respectivement en 1941 et 1954, près du site charbonnier et sur le cours de la rivière Vaal. Vanderbijlpark a été fondée par la South African Iron and Steel Industrial Corporation pour installer ses usines métallurgiques à proximité du Rand : l'eau et l'énergie, indispensables, étaient réunies là (grâce aux centrales thermiques de Vereeniging). Pour les mêmes raisons la Sasol (South African Coal, Oil and Gas Corporation) a créé Sasolburg (d'où le nom de la ville) pour en faire son principal site de production chimique. Sasolburg produit l'essentiel des matières plastiques du pays, ainsi qu'engrais, fibres synthétiques, détergents et pétrole raffiné. Sachant que les matières plastiques sont la production nationale la plus rémunératrice, on comprendra l'importance économique du triangle du Vaal.

Ces trois sous-régions industrielles ont en commun leur structure spatiale qui en fait des conurbations polynodales éclatées. Chaque ville est au moins triple, associant une ville blanche, un ou des *townships* (et bidonvilles) et une ou des zones industrielles. Le doublet ville blanche/*township* est systématique, le second étant toujours beaucoup plus peuplé que la première : Vereeniging-Evaton, Kempton Park-Tembisa, Springs-Daveyton, Krugersdorp-Kagiso... Dans presque tous les cas, les *townships* datent des années 1940-1950, ils ont été construits pour loger les Africains d'anciennes *locations* municipales, cités minières ou fermes privées. Cette structure urbaine complexe est aujourd'hui difficile à gérer. La situation est d'autant plus explosive que la crise qui affecte l'industrie sud-africaine depuis les années 1980 a limité l'expansion économique du Witwatersrand, en même temps que la modernisation faisait disparaître des emplois. Tous les *townships* et *hostels* connaissent de ce fait des taux de chômage très élevés, d'autant plus que la main-d'œuvre débauchée de l'industrie lourde est peu qualifiée et difficile à reconvertir.

Le Gauteng cumule ainsi des records de richesse et de puissance, mais aussi une série de problèmes urgents. On relèvera les principaux : la crise majeure du logement, le chômage lié aux transformations de l'économie provinciale, la violence politique et criminelle, la difficulté à mettre en place un système de gouvernement local efficace et respecté. Enfin, comme dans toutes les grandes métropoles d'Afrique du Sud, le problème est de réduire les inégalités raciales, qu'elles soient économiques ou spatiales, et de faire fonctionner comme une entité un ensemble urbain jusque-là caractérisé par l'éclatement et la ségrégation.

Des problèmes à l'échelle d'une grande région urbaine

Loger les pauvres

Officiellement, le Gauteng manque de 500 000 logements sociaux ; c'est le chiffre le plus élevé des neuf provinces du pays et encore est-il sous-évalué. Un budget de plus de 300 millions de rands par an est consacré au rattrapage dans ce domaine. En 1995, environ 8 000 logements ont été construits et 25 000 nouveaux terrains équipés sur le principe de la trame assainie, mais le Premier ministre de la province, Tokyo Sexwale, s'était engagé à construire 150 000 logements par an...

La crise du logement touche évidemment au premier chef les non-Blancs et parmi eux les Noirs plus que les autres. Sa manifestation dans le paysage prend trois formes : la sur-occupation des logements formels existants, la construction de baraques d'arrière-cour (*backyard shacks*) et le développement des camps illégaux (*squatters camps*). La sur-occupation des logements formels signifie qu'en moyenne 15 personnes vivent dans un logement de 4 pièces, mais aussi que les lits des *hostels* pour travailleurs célibataires sont occupés à tour de rôle par plusieurs personnes. Les chiffres abondent pour indiquer la difficulté de la situation. Près de 50 % des Noirs de la province habiteraient dans des *shacks* dont 75 % dans des *backyard shacks* et 25 % dans des camps de *squatters*. Environ 70 % des maisons de *townships* comportent des *backyard shacks* ce qui dénote tout à la fois le manque de logements, le besoin de revenus complémentaires des habitants des maisons et la saturation de l'espace.

À partir de la fin des années 1960, comme dans toutes les villes importantes, la construction de logements pour non-Blancs avait été arrêtée pour privilégier les constructions dans les bantoustans. C'est à cette époque que se sont développés massivement les *backyards shacks*.

La province compte actuellement plus de 300 camps de *squatters*, localisés près des *townships* ou bien isolés (surtout au sud du Witwatersrand et dans l'ex-Bophuthatswana au nord de Pretoria). Un faisceau de facteurs explique leur développement dans les années 1980 :

Le phénomène est lié au rejet de l'habitat des *townships*. En effet, les habitants des camps de *squatters* ne viennent que très rarement des zones rurales ; il s'agit au contraire de citadins, nés en ville ou installés dans la province depuis longtemps et ayant vécu dans les *backyards-shacks* des *townships*. Or, ceux-ci sont sur-occupés, les loyers y sont de plus en plus élevés (50 à 150 rands par mois), et ils n'offrent aucune intimité à leurs occupants. Un camp illégal, proche d'une route ou d'un axe de transport et sur lequel on peut espérer obtenir un droit foncier, peut alors sembler une solution préférable.

Les années 1980 ont vu se déchaîner la violence politique dans les *townships* : on pouvait espérer y échapper dans un camp de *squatters*.

Les autorités ont eu tendance, à partir du milieu des années 1980, à tolérer les camps pour éviter les reproches de l'opinion internationale et parce qu'elles ont eu de moins en moins les moyens de leur politique urbaine coercitive. Finalement, le *Prevention of Illegal Squatting Act* de 1988 a autorisé les autorités locales à attribuer des terres à des communautés déplacées d'autres camps sans avoir à y construire de logements : les bidonvilles de Orange Farm, Rietfontein et Ivory Park, vers lesquels ont été déplacés de nombreux *squatters* du Witwatersrand, ont été créés grâce à cette nouvelle législation.

Avec les changements politiques des années 1990, les invasions organisées de terrains se sont développées dans l'espoir que le nouveau contexte politique faciliterait une légalisation *a posteriori*.

En dernier lieu, il faut rappeler le cercle vicieux de la disparition des dernières terres agricoles de la province : plus la ville s'étend, plus les fermiers blancs renoncent à leurs activités, plus leurs terres sont alors disponibles pour le *squatting* au moment même où ils licencient leurs ouvriers agricoles qui viennent grossir les rangs des urbains (voir chapitres 4 et 5).

Ces divers facteurs de développement de types « informels » d'occupation du sol démontrent assez que les *squatters* sont des citadins impliqués dans l'économie urbaine et que seule la création de logements et le développement d'un secteur locatif plus attrayant permettront de faire reculer les bidonvilles.

Réinventer le gouvernement local

Le territoire de l'actuelle province du Gauteng comptait sous l'ancien régime plus de 100 autorités locales. Elles étaient très diverses : municipalités blanches, Black Locals Authorities des *townships*, administrations de certains *townships* dépendant du gouvernement, ou de la province du Transvaal, autorités métropolitaines (Regional Service Councils créés dans les années 1980), municipalités rurales blanches.

Les négociations pour la réforme du gouvernement local ont commencé à la fin des années 1980. Elles ont impliqué les divers acteurs urbains et se sont poursuivies jusqu'aux élections municipales de novembre 1995. Les négociations devaient, selon les règles fixées à l'échelon national, aboutir à une réforme respectant le principe de « *one city* », c'est-à-dire celui de la fusion des autorités blanches et non blanches. Dans le cas des métropoles, cela devait se faire en créant un niveau métropolitain de gouvernement chapeautant diverses autorités locales. Dans le Gauteng, les résultats des négociations ont différé d'une sous-région à l'autre. Pretoria/Tshwane a opté pour une autorité métropolitaine peu puissante et trois sous-structures (municipalités élues) fortes auxquelles les *townships* africains ont été rattachés. Johannesburg a opté au contraire pour des sous-structures faibles et une autorité métropolitaine forte qui a, notamment, le pouvoir de prélever des impôts. Les municipalités des régions périphériques, East-Rand, West Rand et Vaal, ont eu du mal à définir leur mode de fonctionnement en commun et y ont échoué dans le West Rand.

Les limites des diverses sous-structures devaient être fixées par les autorités provinciales sur proposition de commissions mises en place au début des années 1990 et comprenant des représentants des divers partis politiques.

Dans les cas de Pretoria, du West Rand et du Vaal, les découpages se sont faits sans grands conflits, les municipalités de ces secteurs sont désormais sous l'autorité de trois structures métropolitaines.

Dans le cas de Johannesburg, la commission *ad hoc* a soumis un projet de découpage en sept sous-structures. Le Premier ministre de la province a rejeté le projet et ce sont finalement quatre sous-structures qui ont été mises en place de façon à rattacher systématiquement quartiers blancs et noirs. On a abouti à des ensembles plus qu'hétérogènes : le *township* d'Alexandra est rattaché à Sandton, immense quartier blanc le plus opulent du pays ; Soweto est éclaté en plusieurs ensembles, deux rattachés à des banlieues blanches, l'autre au centre-ville.

Les conflits provoqués par le découpage municipal de Johannesburg sont au moins de quatre ordres :

– les habitants blancs des banlieues nord ont accepté à contre-cœur leur rattachement aux *townships* et bidonvilles, notamment ils rechignent à ce que l'argent de leurs impôts locaux serve ailleurs que dans leurs quartiers, d'autant que ces impôts ont été augmentés alors que les taux de paiement dans les *townships* sont encore faibles ;

- la question du rattachement du centre-ville à une partie de Soweto a soulevé un débat de nature économique (fallait-il handicaper le centre en le rattachant à Soweto alors même que l'on cherche à le revitaliser économiquement ?) ;
- la division de Soweto elle-même était problématique : ne fallait-il pas mieux profiter de la cohérence spatiale et historique de l'ensemble pour en faire, à terme, une véritable entité urbaine ? ;
- en dernier lieu, comme dans les autres grandes agglomérations du pays, des conflits de compétences et de pouvoirs sont apparus entre les *Metropolitan Councils* (non élus) et les *Metropolitan Sub-Structures* (nouvelles autorités locales élues, abolies d'ailleurs en 2000) : les premiers renâclent à céder leurs prérogatives aux secondes, arguant surtout de problèmes techniques. La répartition des pouvoirs entre sous-structures et autorités métropolitaines n'est pas clairement définie. Les conseils métropolitains ont officiellement compétence sur tout ce qui concerne plusieurs sous-structures, mais ceci reste trop vague pour empêcher des recouvrements de compétences.

Cette même difficulté a provoqué un temps l'échec de l'établissement d'une structure métropolitaine dans l'East Rand/Ekurhuleni. L'East Rand était composé de 18 autorités locales, 10 blanches (Alberton, Boksburg, Benoni, Brakpan, Germiston, Kempton Park, Edenvale, Bedfordview, Nigel, Springs) et 8 noires (Kwathema, Tokoza, Vosloorus, Wattville, Daveyton, Tsakane, Katlehong, Duduza). Ces municipalités étaient réunies dans le East Rand Regional Service Council, conseil mis en place dans les années 1980, dominé par les municipalités blanches et de peu d'efficacité. Il eut été logique que cette entité, adaptée, devienne un ensemble métropolitain. Mais les conflits entre autorités blanches et non blanches, mais aussi et surtout entre autorités blanches (notamment entre municipalités plus riches et plus pauvres et entre municipalités anglophones et afrikanophones) ont fait capoter les négociations. De plus, les *townships* du sud de l'East Rand (Tokosa et Katlehong surtout) ont été, entre 1991 et 1993, le théâtre d'une véritable guerre civile interne qui a rendu problématique leur participation à l'élaboration d'un projet commun de gouvernement local. Il existe plusieurs interprétations de ce conflit sanglant qui a opposé des milices armées et lancé les uns contre les autres habitants des *hostels*, des *townships* et des camps de *squatters* (notamment Phola Park au sud de Tokoza). L'explication la plus simple est celle d'une lutte politique entre l'Inkhata, implanté dans les *hostels* à dominante zoulou, et l'ANC, surtout implanté dans les *townships*. Les choses ont été en réalité plus complexes et les luttes de pouvoir ont traversé les diverses communautés.

Malgré les difficultés, un nouveau découpage territorial a pu être finalement mis en place dans le Gauteng qui associe autorités blanches et noires. Il reste à voir si les citadins accorderont leur confiance aux nouvelles autorités (et notamment se laisseront convaincre de cesser les boycotts) et si les concurrences entre autorités métropolitaines ne nuiront pas au développement harmonieux d'une province qui reste, malgré sa petite superficie, très diverse.

La diversité sur un espace réduit

Sur une très petite superficie, le Gauteng présente des contrastes considérables. Johannesburg, la métropole d'affaires, vit à un rythme trépidant; Pretoria/Tshwane, au contraire, est une ville calme, c'est une capitale nationale dont la population est dominée par les fonctionnaires. Entre les deux, Midrand, qui connaît la plus forte croissance économique du pays, est une ville sans centre ni âme qui se développe comme pour combler le dernier vide entre Pretoria/Tshwane et Johannesburg. Autour de cette dernière, un agglomérat complexe de centres urbains, de zones industrielles, de terrains miniers, de *townships*, de camps de *squatters* et de reliquats agricoles compose les régions de l'East et West Rand et du triangle du Vaal. Ayant déjà évoqué ces trois dernières sous-régions et leurs problèmes, nous ne reviendrons ici que sur les deux principales aires métropolitaines, Johannesburg et Pretoria/Tshwane.

Johannesburg, cœur économique du Gauteng

Paysages

Johannesburg, centre-ville: rues rectilignes se coupant à angle droit et bordées de gratte-ciel qui leur donnent l'aspect de longs couloirs (comme dans une métropole nord-américaine). Mais le centre n'est plus conforme au souvenir de ceux qui l'ont connu avant les années 1980, car il s'est africanisé: en semaine, il grouille constamment de monde mais les passants sont très rarement blancs, sinon aux heures d'entrée et de sortie des bureaux. Le commerce informel est omniprésent sur les trottoirs. Par ailleurs, le centre évolue et déborde le quartier des gratte-ciel et des affaires. Vers l'ouest, le quartier culturel de Newtown, rénové, détonne: bâtiments industriels réaménagés, anciennes halles transformées en musée, entrepôts devenus écoles d'art, ont peu à voir avec les paysages du CBD. Vers l'est, la hauteur du bâti diminue aussi et les commerces sont populaires, tenus en général par des commerçants indiens. Au nord-est du centre, s'élèvent les tours de briques de Hillbrow, quartier résidentiel réputé comme le plus dense du continent. Ces immeubles de plus de dix étages, construits entre 1950 et les années 1970 pour être habités par des Blancs, sont devenus des ensembles résidentiels racialement mélangés à partir de 1982. Hillbrow était durant les années 1980 le cœur intellectuel et nocturne de la cité. Aujourd'hui il est habité à environ 70 % par des Africains; beaucoup de propriétaires n'entretiennent plus les immeubles, les banques ne font plus de crédit sur l'immobilier du quartier (c'est vrai aussi dans les quartiers de Yeoville, Berea et Joubert Park ce qui accélère la chute des prix immobiliers) qui est devenu un haut lieu de la criminalité et de la prostitution. Ce processus de dégradation a fortement affecté ce qui aurait dû être une zone-clé de l'intégration raciale urbaine. Mais Hillbrow reste un espace de liberté, proche du centre et donc d'opportunités d'emploi. Le quartier abrite une importante population de migrants étrangers qui partagent des appartements, mais aussi de femmes seules avec leurs enfants qui sont là, à l'abri de la grande ville anonyme, et peuvent se passer d'hommes, ce qui est souvent difficile ailleurs.

Au sud, le centre est bordé par un paysage industriel et minier : les terrils des premières mines d'or sont contournés par les autoroutes intra-urbaines. Cette large bande de terrains miniers désaffectés, partiellement utilisée par des industries, sépare le centre-ville des quartiers sud. Ceux-ci sont de deux types : d'une part des banlieues à l'américaine, habitées par la classe moyenne blanche, sont composées de petites villas au centre de petits jardins ; d'autre part, au sud-ouest, les quartiers de Soweto, première ville noire du pays, offrent à l'infini la platitude monotone de leurs paysages, composés de maisons alignées selon un plan quadrangulaire et souvent de tristes bidonvilles le long des espaces non bâtis, généralement les rivières.

Bordant le centre-ville, mais au nord cette fois, un demi-cercle de banlieues du début du siècle et de la fin du précédent, qui mélange d'anciens quartiers ouvriers (petites maisons sur de petites parcelles) et de somptueux quartiers de résidence des premiers *randlords* (propiétaires des mines du rand), fait tampon avec les banlieues résidentielles qui s'étendent à perte de vue au nord de Johannesburg. Noyées dans la verdure, ces banlieues sont composées de villas ou de cités résidentielles closes et sont desservies par des centres commerciaux parfois très vastes comme ceux de Sandton ou de Rosebank. Anomalie dans ces quartiers nord si opulents, le *township* d'Alexandra, quadrilatère de 5 km², est l'un des quartiers noirs les plus denses du pays et le plus ancien de la ville. Les rues étroites à angle droit sont bordées de maisons identiques mais si surchargées de constructions annexes, si entremêlées de baraques précaires sises sur le moindre espace non bâti, et souvent si dégradées que l'on a peine à imaginer le paysage originel. Dominant le quartier de leur hauteur, les *hostels* de plusieurs étages s'élèvent entourés de maisons détruites, traces des conflits violents qui ont opposé dans les années 1980 leurs habitants et ceux du *township*.

Une histoire violente

Naissance d'une ville

En un peu plus de cent ans, l'une des premières agglomérations d'Afrique noire s'est constituée autour de Johannesburg. Mais l'histoire de ce tissu urbain est faite de destructions autant que de constructions. Il n'existe pas ici de réel rapport entre centralité et ancienneté, du moins dans les paysages, ni de croissance concentrique à partir d'un noyau originel. L'histoire de la ville est celle d'affrontements successifs : de mineurs anglophones contre le gouvernement boer du Transvaal et de travailleurs noirs contre un régime blanc répressif ; celle, aussi, de la séparation spatiale de plus en plus forte des groupes raciaux qui a commencé dès la fin du XIXe siècle. En fait, les grands traits de la structure actuelle de la ville sont tous en place dès 1905, comme le montre un bref rappel historique.

Au début des années 1880, le site de Johannesburg était occupé par des fermes blanches, d'ailleurs peu prospères, possédées par des fermiers boers de la République d'Afrique du Sud dont la capitale était Pretoria, fondée en 1855. Le gisement aurifère du Witwatersrand fut découvert en 1886 sur la ferme de Langlaate. Près de ce site, un camp de mineurs se développa rapidement prenant en un an l'allure d'une ville de tentes et de wagons habitée par de petits prospecteurs qui creusaient la terre avec un matériel sommaire. Deux ans après, les quantités d'or découvertes se révélèrent si importantes qu'elles amenèrent des sociétés, créées souvent grâce aux diamants de Kimberley, à s'intéresser au Witwatersrand, et les premiers bâtiments de pierre apparurent dans le centre-ville. La forme triangulaire du centre de Johannesburg doit son origine à la forme du seul terrain possédé par la République du Transvaal près des gisements miniers : un triangle de terres infertiles qui fut désigné pour devenir le centre de la nouvelle cité minière. Les autorités du Transvaal lotirent cet espace pour le plus grand profit possible : rues étroites et petits lots, ce qui se révéla par la suite mal adapté au développement d'un centre moderne. La base du triangle est Commissionner Street, ses deux autres côtés portent des noms qui indiquent assez leur nature : Diagonal Street et End Street. Au-delà de ces limites, on entrait sur des terres privées, d'anciennes fermes qui se transformaient rapidement en zones résidentielles au nord et en terrains miniers au sud. Et les choses allèrent vite : douze ans après la découverte de l'or, Johannesburg était une ville plus peuplée que le Cap, jusque-là première ville de la région.

Fait essentiel, le développement de la ville de Johannesburg se fit en opposition au pouvoir de la République du Transvaal. La ville fut dès le départ étrangère à sa région, voire hostile, car sa population cosmopolite était essentiellement anglophone ou africaine. Johannesburg fut donc délaissée par les autorités qui ne voulaient y voir qu'une cité minière temporaire. Son urbanisation se fit en fonction des lois du marché et de l'intérêt des groupes dominants.

Les premiers riches propriétaires miniers s'installèrent dans le quartier de Doornfontein, à l'est du centre, au pied d'une des lignes de reliefs (des crêtes de quartzite) orientées est-ouest qui traversent le site de Johannesburg. Un peu plus à l'est et au sud, les quartiers de Jeppe, Bertrams et Troyeville furent occupés par les artisans et mineurs blancs anglophones (qui pouvaient se rendre ainsi à pied aux puits de mine). La partie est de la ville fut dès l'origine son « bon côté ». À l'ouest du centre, étaient logées les populations non blanches (auxquelles les réglements municipaux interdisaient de s'installer ailleurs), dans trois secteurs délimités dès 1887 et nommés en fonction de leur population : la Coolie location, pour les Indiens, la Malay location pour les Colorés et la Kaffir location pour les Noirs.

Certes, tous les Noirs ne résidaient pas dans la Kaffir location. Beaucoup, selon un principe élaboré à Kimberley, étaient logés sur leur lieu de travail dans les cités minières. D'autres étaient logés chez leurs employeurs blancs où ils étaient domestiques. Il n'empêche que dès les premiers temps de la ville, la ségrégation était en place. Elle s'est vite affinée, séparant de surcroît riches et pauvres. La bourgeoisie blanche installée à Doornfontein réalisa vite les défauts d'une exposition au sud : des hivers glacés, venteux, sans soleil. Doornfontein se vida donc au profit de lieux mieux exposés, au nord cette fois, à Parktown. Dès lors, les quartiers nord de la ville devinrent synonymes de richesse, et les prix des terrains à Doornfontein s'effondrèrent si rapidement que ce secteur devint le premier quartier de taudis de la ville, et dès lors habité largement par des non-Blancs.

De la ségrégation à l'apartheid

Les années 1890-1992 constituent une charnière dans l'histoire de Johannesburg. Avant 1892, la population de Johannesburg était typique d'une cité minière ayant poussé trop vite. On y trouvait une écrasante proportion d'hommes, des mineurs anglophones venus du Royaume-Uni, d'Australie ou d'autres régions de l'Empire, une minorité d'Afrikaners venus des zones rurales pour travailler dans les briquetteries ou les sociétés de transport, des mineurs africains venus du Mozambique, du Transvaal ou du Cap et des Africains du Natal employés comme domestiques ou blanchisseurs. L'alcool et la prostitution étaient les principales distractions. Elles étaient d'ailleurs encouragées par les autorités du Transvaal comme par les patrons miniers : tous avaient des intérêts dans les distilleries d'alcool bon marché et la prostitution, comme le jeu, attiraient les clients vers les bars et cantines. De plus, l'argent ainsi dépensé représentait autant d'économies en moins pour les mineurs : c'était une façon de stabiliser la main-d'œuvre. Johannesburg était donc aussi la ville de nombreux aventuriers, patrons de bars ou de bistros, joueurs, blancs et colorés d'ailleurs, comme les prostituées elles-mêmes.

La composition sociale de la ville changea avec la capitalisation de l'activité minière. Ces changements furent provoqués par la crise de 1890 : les petits prospecteurs n'eurent plus les moyens d'exploiter un gisement de plus en plus profond et surtout un minerai qui nécessitait un traitement chimique difficile et coûteux (voir chapitre 2). Ils vendirent donc leurs concessions à des sociétés qui savaient être capables de poursuivre l'exploitation. Mais pour ce faire les patrons miniers avaient besoin d'une main-d'œuvre blanche qualifiée et fiable ainsi que d'une main-d'œuvre africaine capable d'effectuer les dangereuses tâches de mineurs de fond maniant des explosifs. Il fallait civiliser la ville. La guerre des Boers retarda le processus, mais les autorités britanniques qui prirent le contrôle de la ville après la guerre avaient les mêmes objectifs que les patrons miniers, ce qui passait par une réorganisation de l'espace urbain dont on savait qu'il n'était plus temporaire. Il fallait créer une cité digne du plus important gisement aurifère du monde.

L'administration britannique, après avoir étendu très largement les limites de la municipalité de Johannesburg, commença à organiser l'espace urbain. En 1904, une épidémie de peste bubonique frappa les habitants de Johannesburg, notamment ceux des Coolie et Kaffir locations qui vivaient dans des conditions d'hygiène déplorables. Le prétexte était tout trouvé pour détruire ces quartiers et en déplacer les habitants loin du centre, à Klipspruit, sur le site de l'actuel Soweto. Le quartier détruit fut rebaptisé Newtown : on y construisit les halles de Johannesburg. La structure actuelle de la ville était dès lors en place.

Néanmoins, les autorités n'investissant pas à cette époque dans le logement des travailleurs noirs, ceux-ci résidaient sur des terres privées, dans les quartiers d'Alexandra (à partir de 1914), de Sophiatown (à partir de 1905), de Martindale et Newclare (1912) et dans les quartiers péricentraux de Ferreira, Marshalls Town, Doornfontein et Prospect. Dans ces trois derniers secteurs, les non-Blancs étaient locataires, mais ailleurs beaucoup étaient propriétaires (et louaient à d'autres non-Blancs).

La suite de l'histoire du logement des non-Blancs à Johannesburg est celle, d'une part, de la destruction progressive des quartiers anciens et proches du centre, d'autre part du développement des *townships* de Soweto, ceci en application des textes de lois successifs réglementant l'accès des non-Blancs au sol urbain. Les destructions commencèrent dans les années 1930, au moment même où, pour la première fois, les habitants non-Blancs de Johannesburg étaient majoritaires : sur les 400 000 habitants de la ville en 1931, 200 000 étaient Africains ; en 1936 ils étaient 250 000. Dans les années 1930 furent détruits les taudis péricentraux ainsi que le quartier de Prospect occupé illégalement par des Noirs sur des terres appartenant à une société minière. Leurs habitants furent déplacés vers les quartiers nouveaux de Soweto, Orlando et Pimville ou allèrent encore accroître la population des quartiers ouest (Sophiatown, Martindale et Newclare) ou nord (Alexandra). Durant la Seconde Guerre mondiale, la population africaine de la ville doubla (500 000 Africains en 1948). C'est alors que commença réellement la construction massive de Soweto qui est donc antérieure à l'arrivée au pouvoir du Parti national qui ne fit que pousser plus avant la logique urbaine d'exclusion : les *townships* de Moroko, Dube et Jabavu furent créés à Soweto entre 1946 et 1948.

Les années 1950 et 1960 furent celles de la systématisation de l'exclusion. En vertu du *Group Areas Act*, les populations non blanches furent massivement déplacées et Soweto largement étendu (Meadowlands et Diepkloof furent construits à partir de 1954). Les quartiers africains, indiens et colorés de l'ouest de la ville furent déclarés zone blanche. La destruction de Sophiatown, Newclare et Martindale commença en 1955 ; elle prit cinq ans. Sur le site de Sophiatown fut construit le quartier blanc de Triomph (*sic*). Les Indiens et les Colorés furent aussi déplacés vers Soweto où on leur attribua des logements à Lenasia (1963), Riverlea et Eldorado Park, à l'écart des *townships* africains. La destruction du quartier indien de Pageview se poursuivit jusque dans les années 1980, alors même que l'apartheid s'effritait déjà. À la place, on commença à construire des logements sociaux pour petits Blancs. La 14ᵉ rue de Pageview, une des rues commerçantes les plus animées de la ville à l'époque, est encore en ruine actuellement ; les mosquées, bondées le vendredi, demeurent comme la trace du passé dans un paysage ravagé.

Seul le quartier d'Alexandra ne fut pas détruit, car jugé finalement trop vaste et trop utile pour loger la population employée dans les quartiers nord aisés. Cependant, l'opération avait été commencée (entre 1963 et 1966, près de 50 000 habitants d'Alexandra ont été déplacés vers Tembisa et les *townships* de l'East Rand) puis, considérée comme trop coûteuse, elle fut reportée. Par contre, le droit de propriété fut retiré aux habitants du quartier en 1968.

Pour parachever la séparation raciale urbaine, Soweto fut détaché de la municipalité de Johannesburg en 1973 et placé sous le contrôle du West Rand Administration Board. Il n'y eut dès lors plus de transferts financiers depuis Johannesburg vers Soweto et les prix des services augmentèrent brutalement. La construction de logements dans cet immense ensemble a par ailleurs été quasiment arrêtée à partir de la fin des années 1960 et la sur-occupation a gagné pratiquement tous les secteurs. Ces différentes causes de mécontentement se traduisirent, entre autres, par la flambée de violence de la jeunesse en 1976. Soweto représenta l'aboutissement de l'apartheid à Johannesburg, mais il constitua aussi le centre de la révolte qui devait le détruire.

Soweto, la première ville noire du pays

Soweto est un symbole mondial, la ville noire la plus grande et la plus célèbre d'Afrique du Sud.

Comme tous les quartiers noirs du pays, Soweto est un mélange de *townships*, d'*hostels* et de camps de *squatters*. Seule l'échelle est différente, puisque Soweto ne compte pas moins de 29 *townships*, 11 *hostels* et au moins 16 camps de *squatters*. Au total, sur plus de 8 000 hectares, quelque 120 000 maisons formelles, 50 000 lits d'*hostels*, et approximativement 15 000 *shacks* dans les camps abritent une population extrêmement mouvante de 1,5 à 4 millions d'individus selon les études.

Soweto, contrairement à ce que l'on pense souvent, est un des ensembles résidentiels africains les mieux équipés du pays. Pratiquement tous les logements formels sont électrifiés et près de 90 % possèdent un accès à l'eau courante. Beaucoup de rues sont goudronnées, mais en général pas éclairées. Soweto dispose de nombreuses écoles et cliniques, ainsi que du plus grand hôpital du pays, Baragwanatha. Plusieurs centres commerciaux sont disséminés dans les *townships*, eux-mêmes correctement reliés à la ville par voies ferrées et routes (plus de 7 000 taxis collectifs sont légalement enregistrés). Cependant, l'équipement de Soweto reste très insuffisant et le vanter doit surtout faire comprendre le terrible degré de sous-équipement des autres *townships* de la province.

C'est aussi à Soweto qu'une bourgeoisie noire s'est étoffée, au point qu'un quartier entier, Diepkloof 3, souvent appelé Beverley Hills, présente un paysage aisé avec des maisons comparables à celles des banlieues blanches, mais sur des parcelles bien plus petites. Ailleurs aussi, la différenciation sociale interne au *township* est sensible ; de belles maisons reconstruites et agrandies voisinent avec les maisons boîtes d'alumettes originelles.

Ces diverses spécificités de Soweto sont liées aux politiques menées après les « émeutes » de 1976 : autorisation d'activités commerciales dans les *townships*, mise en vente des logements à partir de 1983, travaux d'équipements, le tout pour désamorcer une situation explosive.

Soweto est en effet incontestablement une ville violente. La violence y prend trois formes principales : politique, criminelle et domestique. La violence politique a affecté Soweto en 1976 d'abord et s'est amplifiée au milieu des années 1980 (en 1985, l'état d'urgence a été déclaré et l'armée a pris en charge la répression). Cette violence était dirigée contre les pouvoirs publics ; à partir de 1983, elle s'est accompagnée de campagnes de boycotts, surtout des écoles et des payements des loyers et services (ce qui a entraîné une dégradation en spirale de ces derniers). Ceci signifiait aussi le boycott (et l'attaque violente) des autorités locales fantoches mises en place par le régime, appuyées par les forces de police et dénoncées comme collaboratrices. Ces divers mouvements étaient dirigés par la jeunesse des *townships*. Cette génération sacrifiée, non scolarisée, a mené l'une des formes de lutte les plus efficaces contre le régime de Pretoria. À partir de 1989, la violence a changé de forme et pris l'aspect d'une lutte politique interne à Soweto (puis aux autres quartiers noirs de la province) entre habitants des *hostels* et habitants des *townships* et des camps de *squatters*. Ceux-ci sont généralement décrits comme favorables à l'ANC, les autres comme zoulous et donc soutenant l'IFP de Mangosuthu Buthelezi. La situation est bien plus complexe en réalité, car s'il est vrai que la majorité des habitants des *hostels* sont des migrants zoulous, les Zoulous sont aussi nombreux ailleurs et loin de tous soutenir l'IFP... Quoi qu'il en soit, avec les élections et la fin de l'apartheid, la violence politique a pris fin à Soweto, mais les stigmates sont nombreux et la remise en état des infrastructures n'est pas achevée.

La violence criminelle est en revanche passée au premier plan et n'est pas sans lien avec la violence politique. La circulation d'armes à feu, une jeunesse déscolarisée et désœuvrée, des milices politiques brusquement privées de raison d'être et une police inefficace sont autant de facteurs aggravants de la violence, hérités de la période précédente. La criminalité affecte certes tous les habitants de Johannesburg, mais ce sont les quartiers africains qui sont le plus touchés par une criminalité quotidienne et le contrôle social établi par les gangs. À Soweto, le taux de criminalité serait deux fois plus élevé qu'à New York.

Enfin, la violence est domestique. Viols, enfants et femmes battus, violence familiale, sont d'une fréquence aberrante et, si c'est de cette forme de violence que l'on sait le moins de chose, ce n'est certainement pas, et de loin, la moins grave ni la plus facile à combattre. Familles éclatées par le travail migrant, relations sociales violentes à l'échelle de la ville entière, pauvreté et promiscuité, alcool et drogue sont autant de facteurs de cette violence.

Dans le même temps, Soweto est bien plus qu'une simple cité-dortoir ghetto et génère une société urbaine à part entière, parallèle à celle de Johannesburg. La vie nocturne et culturelle y prend une importance grandissante. L'art des *townships* s'est largement développé à Soweto : peintres et musiciens y sont nombreux. L'élite politique réside encore en partie à Soweto. Les *shebeen*, débits de boissons autrefois clandestins, ont aujourd'hui pignon sur rue, les stades voient passer des vedettes internationales, les activités commerciales se développent, la vie associative (religieuse, culturelle, économique) est intense. Les activités informelles sont devenues dominantes dans une ville où sans doute plus de 50 % des actifs sont sans emploi. Tout un réseau économique parallèle s'est développé qui repose sur les *stockvels*, tontines sud-africaines qui regroupent en général dix à vingt membres. Elles drainent des sommes d'argent considérables et font fonction d'institutions de crédit. Soweto, comme autrefois Sophiatown, est devenu un mythe urbain, auquel on est fier d'appartenir. Ceci explique en partie le maintien sur place de la majorité de la bourgeoisie noire (même si c'est aussi parce qu'il est difficile de vendre son logement à Soweto). Pour conclure, disons que ce n'est plus à Soweto que la crise urbaine est la plus forte, notamment parce que Johannesburg s'est arrêtée sur le chemin de l'apartheid, alors qu'une ville comme Pretoria est allée bien plus loin dans cette direction en cherchant à se couper totalement de sa main-d'œuvre africaine qui a été exilée par-delà les frontières d'un bantoustan (le Bophuthatswana). Il avait été un temps question, au début des années 1980, de raser Soweto et de déplacer plus loin encore sa population sur le modèle de Pretoria… Ce dessein jamais accompli, semble bien démontrer que s'était créée, à Soweto, une urbanité imprévue, insupportable au pouvoir blanc, mais irréductible.

Le centre-ville le plus important d'Afrique noire en crise

Le centre-ville de Johannesburg a été le cœur de toutes les activités jusqu'à la fin des années 1970. C'est un Central Business District à l'américaine qui représente la plus forte concentration de bureaux du continent (plus de 3 millions de m^2) et 11 % du PNB de l'Afrique du Sud. Mais depuis 20 ans la situation n'a cessé de se dégrader. De quoi souffre le centre-ville ?

En premier lieu, il est perçu comme un espace dangereux. On n'y circule plus le soir qu'avec crainte ; les employés de bureaux sortent le moins possible des immeubles pendant la journée, les commerces et restaurants de luxe ferment leurs portes ; les hôtels touristiques diminuent leur capacité d'accueil. Ces divers phénomènes ont été concomittants de l'africanisation du centre. Le mouvement est double : c'est une africanisation des activités, puisque depuis 1986 les Africains ont été autorisés à ouvrir commerces et entreprises dans le centre ; c'est aussi une africanisation résidentielle depuis le début des années 1980 : dans les immeubles des quartiers de Joubert Park et Hillbrow, jointifs du CBD, les Africains sont devenus majoritaires. Les changements du centre ont donc été très positifs pour toute une partie de la population qui a pu travailler à son compte au centre ou bien résider près de son lieu de travail. Pour les petites entreprises africaines, un bureau dans le centre est une opportunité nouvelle et de telles activités se développent rapidement. Une grande partie du problème du centre est donc sa perception par les Sud-Africains blancs. Néanmoins, il serait faux de nier les proportions graves de la criminalité.

L'africanisation du centre a plus été postérieure au départ progressif des Blancs et de leurs compagnies plutôt qu'antérieure. En effet, à partir du début des années 1980, de vastes centres commerciaux et d'affaires ont été créés dans les quartiers nord, à Rosebank d'abord, puis à Sandton, Fourways, Illovo... Les sociétés avaient donc l'opportunité de quitter le centre au moment où son avenir leur semblait inquiétant. On peut, en conséquence, s'interroger sur les rôles relatifs des politiques urbaines et de l'africanisation. Les plus grosses sociétés, et au premier rang d'entre elles, l'Anglo-American, sont cependant restées au centre-ville parce qu'elles y possèdent un énorme patrimoine immobilier. Elles appuient fermement la nouvelle autorité métropolitaine qui conduit une politique active de reconquête du centre qui comprend le développement d'un complexe sportif à l'ouest (Doornfontein) et d'un complexe culturel à l'est (Newtown). Au centre même, s'est s'installée en 1997 l'administration de la province du Gauteng qui a choisi Johannesburg pour capitale. Environ 4000 fonctionnaires travaillent, entre autres, dans les locaux de l'ancien City Hall: on en espère des conséquences importantes sur la fréquentation du centre. Par ailleurs, des projets d'aménagement ou de réaménagement de secteurs résidentiels sont en cours, ainsi que le développement de nouveaux centres commerciaux. Enfin, les autorités urbaines envisagent une réglementation du commerce informel (15000 vendeurs environ dans le centre) et surtout une augmentation de la présence policière pour lutter contre le crime.

Finalement, le centre de Johannesburg ne pâtit pas tant de son africanisation que du fait que celle-ci s'est déroulée sous une autorité urbaine négligeante, et convaincue de sa fin proche, qui a accompagné et favorisé un déplacement des activités vers le nord et n'a pas vu venir ni su enrayer la dégradation des quartiers résidentiels péricentraux. Il est donc permis d'espérer que les nouveaux pouvoirs réussiront à remonter la pente, mais il ne s'agira pas tant d'attirer de nouveau la population qui a fuit le centre que de le rendre plus accessible et utile à sa nouvelle clientèle africaine (voir post-scriptum).

Pretoria et son aire fonctionnelle

Une des réalisations urbaines les plus accomplies de l'apartheid, Pretoria et ses bantoustans

À une échelle moindre, l'histoire de la structure urbaine de Pretoria est similaire à celle de Johannesburg jusqu'aux années 1970. Fondée en 1855, 30 ans avant Johannesburg, la ville ne doit rien à l'or. Ancienne capitale de la République du Transvaal, Pretoria connut un fort développement quand elle devint, en 1910, la capitale de l'Union sud-africaine. En 1921, la population de la ville était de 110000 habitants environ, dont la moitié de Noirs. Malgré les efforts du gouvernement et de la municipalité à partir du début des années 1920 pour contrôler l'implantation urbaine des Africains, celle-ci resta relativement désordonnée jusqu'aux années 1950. Il existait deux quartiers majoritairement africains, mais où résidaient aussi un certain nombre d'Indiens, de Colorés et même de

Blancs: Marabastad (et les petits quartiers voisins de Bantule et Schoolplaats), le plus ancien et le plus près du centre, et Lady Selborne, au nord-ouest de la ville qui abritait 34000 personnes en 1950, dont 50 Blancs, 204 Indiens et environ 1000 Colorés. À Lady Selborne, comme à Sophiatown à Johannesburg, les terrains et les maisons étaient pour la plupart possédés par des non-Blancs. Marabastad était une *native location* officielle de la municipalité. Quelques autres petites enclaves au nord-est de la ville étaient occupées par des Noirs, mais nombre d'entre eux vivaient aussi dans des camps illégaux sur des terres de fermes privées. En 1952, on comptait environ 133000 *squatters* dans l'aire métropolitaine de Pretoria, soit 36 % de la population totale.

Durant les années 1950 et 1960, le gouvernement du Parti national restructura la ville de façon à systématiser la sépararation des groupes raciaux et à contrôler les populations. Marabastad et les quartiers voisins, le quartier en pleine propriété de Lady Selborne et les camps de *squatters* furent détruits dans les années 1950 et 1960. Les Africains furent relogés dans deux vastes *townships* publics: Atteridgeville (créé en 1939, fortement étendu par la suite) à l'ouest et Mamelodi à l'est. Les Indiens furent relogés dans le *township* réservé de Laudium et les Colorés dans celui d'Eersterus. Enfin, les zones d'activité industrielle furent localisées de façon à être près de la main-d'œuvre africaine et à servir de zone tampon avec la ville blanche.

Cette structure ne présente pas d'originalité particulière par rapport aux autres grandes villes ségréguées de la région. En revanche, à partir du début des années 1960, Pretoria devint un modèle d'urbanisme d'apartheid, jouant pleinement la carte de la «bantoustanisation»: les *townships* nouveaux furent tous construits à l'intérieur des frontières du Bophuthatswana (ou sur des terrains destinés à y être intégrés) qui était le bantoustan le plus proche de la ville. Ainsi furent créés le *township* de Ga-Rankuwa en 1962, celui de Mabopane à la fin des années 1960, puis celui de Temba, alors que l'on ne construisait plus dans les *townships* de Mamelodi et Atteridgeville. Durant les années 1970, l'implantation industrielle fut de nouveau mise au service de la ségrégation, cette fois avec le développement de la zone industrielle de Rosslyn: ce secteur frontalier du Bophuthatswana devait profiter de la main-d'œuvre du bantoustan. En 1974, fut proclamé un nouveau *township* au nord de l'agglomération dans lequel le gouvernement s'efforça de regrouper les populations sotho, shangaan, nguni et venda pour lesquelles il n'y avait plus de place dans les *townships* de Pretoria et qui étaient rejetées par les autorités du Bophuthatswana car non tswana. Ce secteur fut en conséquence appelé Sho-sha-ngu-ve. Il resta rattaché à la ville de Pretoria car le Bophuthatswana, accédant à «l'indépendance» en 1977, ne voulut pas intégrer Shoshanguve (dont les habitants souhaitaient d'ailleurs rester sud-africains).

Durant les années 1970, et plus encore durant les années 1980, se développa entre ces différents *townships* légaux, un tissu bâti illégalement qui fit de la région environnante du Winterveld une véritable région urbaine d'un type particulier. Cette extension spatiale non contrôlée phagocyta de nombreux anciens villages ruraux.

Le Winterveld est d'abord une zone dortoir, ce qui induit des mouvements pendulaires massifs en trains et taxis collectifs : un travailleur moyen de l'ancien Bophuthatswana quitte son domicile vers quatre heures du matin pour y rentrer vers sept heures du soir. Ces migrations pendulaires entre Temba, Shoshanguve, Ga-Rankuwa, Mabopane, le Winterveld et Pretoria, Rosslyn et, dans une bien moindre mesure, la ville blanche de Brits à l'ouest et les mines de platine de Rustenburg, concernent environ 100 000 personnes. En effet, cet immense ensemble urbain n'offre pratiquement pas d'emplois formels sur place (mis à part quelques 3 000 emplois industriels à Ga-Rankuwa) alors que la population totale y dépasse le million (avec un taux d'accroissement de 4 % par an depuis le début des années 1980). L'agriculture et l'élevage, déjà résiduels, ont pratiquement totalement disparu avec les sécheresses des années 1980. Les ressources en eau sont de toute façon insuffisantes pour permettre une activité agricole viable.

La situation au KwaNdebele est similaire. Durant les années 1970 et 1980, ce bantoustan, situé plus au nord-est de Pretoria, a vu sa population exploser sans qu'aucune infrastructure n'y soit développée : la population totale de cette région est comprise entre 500 000 et 700 000 personnes (elle a plus que doublé depuis 1980). Les habitants, *squatters* ou résidents des *townships,* travaillent essentiellement à Pretoria (souvent même à Johannesburg) située à des dizaines de kilomètres de là : 40 000 travailleurs migrent quotidiennement.

Si les paysages des *townships* de ces secteurs sont classiques, ceux des zones d'occupation illégale sont désolants. Ce sont d'immenses étendues bâties, où, jusqu'à l'horizon maisons et baraques sont juxtaposées sur des parcelles de taille moyenne, closes d'un barbelé ou d'une maigre haie, loin de tout et dépourvues d'équipements et d'activités. De la route principale goudronnée, partent des pistes qui desservent d'autres maisons. Ce n'est pas la ville, ce n'est pas la campagne. Ce fut la dernière forme urbaine de l'apartheid et la plus lourde de conséquences.

La ville des jacarandas, capitale de l'apartheid en province

Les secteurs que l'on vient de décrire contrastent violemment avec Pretoria elle-même, ville paisible sise au milieu de ses collines dont les plus hautes sont coiffées par d'imposants bâtiments officiels : Union Building (siège de la Présidence), université d'Afrique du Sud, Voortrekker Monument. Le centre de la ville est calme et relativement très sûr par rapport à celui de Johannesburg, de sorte qu'il est, au moins pendant la journée, fréquenté par toutes les classes sociales et groupes raciaux. Les contrastes et oppositions avec la métropole économique voisine sont très forts. À Pretoria, on parle afrikaans et peu anglais, les habitants de la capitale se rendent d'ailleurs le moins possible à Johannesburg par crainte d'une criminalité dont ils exagèrent l'ampleur, mais aussi parce qu'ils s'y sentent étrangers. Pour une capitale, Pretoria est bien provinciale et parfois pleine d'un charme suranné. En novembre, les rues sont mauves de la couleur des fleurs des jacarandas dont la ville s'est fait une spécialité, les théâtres passent des pièces classiques, l'opéra est réputé... Pretoria est aussi un grand centre universitaire avec l'université de Pretoria, dont les étudiants animent le quartier de Sunnyside, et l'université d'Afrique du Sud (UNISA), la plus grande université par correspondance du monde (plus de 130 000 étudiants y sont inscrits).

Les banlieues résidentielles blanches de la ville sont encore peu murées et donc plus gracieuses que celles de Johannesburg, ne serait-ce que parce que l'on aperçoit de la rue les demeures, leurs jardins et piscines. Vers le sud, la banlieue récente, aujourd'hui municipalité à part entière, de Centurion (l'ancien nom était Verwoerdburg[1], ce qui était décidément trop connoté !) est une vaste et monotone banlieue résidentielle pour classes moyennes. Les *townships* de Mamelodi (350 000 habitants environ) et d'Atteridgeville (200 000 habitants environ) sont les seuls quartiers africains laissés en place à Pretoria et ils ne fournissent même plus l'essentiel de sa main-d'œuvre. Les problèmes qui s'y posent, sur-occupation des logements et développement des *backyards shacks* notamment, semblent solubles contrairement à ceux des périphéries nord héritées des ex-bantoustans.

Au sud de la ville, entre Pretoria et Johannesburg, Midrand (depuis 2000, rattachée à l'autorité métropolitaine de Johannesburg) connaît le plus fort taux de croissance économique de toute l'Afrique du Sud. Cette ville sans centre est en fait une agglomération de résidences récentes, de sièges d'entreprises (à l'intérieur de parcs d'affaires de style très nord-américain) et d'industries légères. Sa situation à mi-chemin entre Tshwane et Johannesburg, sur l'axe autoroutier qui relie les deux centres, est extrêmement favorable. Midrand profite aussi du départ des sièges de grandes entreprises du centre de Johannesburg et du faible coût du terrain industriel dans un secteur qui dispose encore de vastes superficies aménageables. Autant Pretoria est une ville de fonctionnaires (31 % des emplois sont publics et 45 % des salariés blancs travaillent pour le gouvernement), autant Midrand doit son succès au secteur privé.

1. Verwoerd (Hendrik Frensch) : Premier ministre sud-africain, architecte de l'apartheid.

Chapitre 7

Le Cap de l'Ouest et le KwaZulu-Natal : dynamisme économique et forte identité régionale

Pourquoi regrouper deux régions aussi différentes que le KwaZulu-Natal et le Cap de l'Ouest ?

L'une est située à l'est du pays, l'autre au sud. Certains caractères du Cap de l'Ouest rappellent le Gauteng : quoique beaucoup plus étendue (130 000 km^2), la province est également urbanisée à 90 % et aussi dominée par une métropole, la ville du Cap ; c'est une région riche qui connaît un des taux de chômage les plus faibles du pays (estimé à 18 % de la population active) ainsi que les taux les plus faibles d'analphabétisme (28 %), l'espérance de vie moyenne la plus longue, etc. À l'inverse, le KwaZulu-Natal est une province pauvre : 50 % des habitants y vivraient en dessous du seuil de pauvreté, contre à peine 20 % dans le Cap de l'Ouest ; le taux de chômage y dépasse les 30 % et le taux d'analphabétisme les 40 %. Mais ces moyennes dissimulent l'hétérogénéité d'une région qui oppose la zone métropolitaine de Durban/eThekwini-Pietermaritzburg/Mzumduzi au dynamisme certain à l'ancien bantoustan du KwaZulu, réservoir de main-d'œuvre aux très fortes densités rurales.

Pourtant, le KwaZulu-Natal et le Cap de l'Ouest, dans la structure régionale de l'Afrique du Sud, ont des situations similaires. S'y trouvent les deux plus grandes villes du pays après l'agglomération du PWV : Durban et le Cap. Elles constituent les deux pôles économiques principaux d'Afrique du Sud après le Gauteng. Ce sont aussi les deux principales régions de tourisme balnéaire du pays. Politiquement, il s'agit des deux seules provinces à n'être pas, en 1997, dominées par l'ANC, mais par le Parti national dans le Cap de l'Ouest et par l'Inkhata Freedom Party dans le KwaZulu-Natal, conséquence du trait commun majeur de ces deux provinces : l'existence d'identités culturelles à la fois extrêmement fortes et multiples. Pour ces différentes raisons, au moins dans la perception de leur pays par les Sud-Africains, les deux provinces sont souvent rapprochées, comme nous avons choisi de le faire ici.

Le KwaZulu-Natal

Le KwaZulu-Natal est issu, dans le nouveau découpage régional, de la réunion de l'ancien bantoustan du KwaZulu et de l'ancienne province du Natal. Avec près de 8 millions d'habitants, c'est la province la plus peuplée, et cela le plus densément. Avec le Gauteng et le Cap de l'Ouest, c'est aussi une province très urbanisée. Enfin, elle possède un peuplement original pour l'Afrique du Sud.

Un peuplement complexe

Historiquement, le KwaZulu-Natal correspond grossièrement à l'ancien territoire du royaume zoulou tel qu'il fut développé au XIXe siècle. Brisé et privé de pouvoir par la colonisation, ce royaume fut finalement réduit par l'apartheid à un bantoustan morcelé, le KwaZulu, contrôlé par le parti politique fondé et dirigé par Mangosuthu Buthelezi, l'Inkhata Freedom Party, en association (souvent conflictuelle) avec la famille royale zouloue. C'est ce même parti qui a pris le contrôle politique de la province après les élections de 1994, en association (non moins conflictuelle) avec l'ANC.

La forte identité de l'actuel KwaZulu-Natal est d'abord l'identité zouloue qui s'est encore affirmée durant la guerre civile qui a ravagé de nombreuses zones de la province depuis la fin des années 1980, opposant les partisans des divers groupements politiques (UDF, ANC et COSATU d'un côté, IFP, appuyé par les services secrets sud-africains et la police, de l'autre) mais aussi de nombreux autres intérêts locaux, chefs traditionnels, chefs de guerres (*warlords*) des camps de *squatters*, *civics*, associations diverses… Les affrontements qui ont fait environ 5 000 morts entre 1986 et 1995 ont profondément marqué la région, traumatisant les populations et provoquant des déplacements massifs hors des zones de conflits. Depuis les élections de 1994, les affrontements politiques se sont dans l'ensemble apaisés, à tel point que, à la surprise générale, les élections locales de juin 1996 ont pu se dérouler sans violences majeures. Elles ont donné des résultats attendus : victoire de l'IFP dans les zones rurales, victoire de l'ANC dans les zones urbaines. L'IFP est en effet un parti conservateur qui s'appuie notamment sur les structures rurales traditionnelles dominées par les chefs.

La deuxième caractéristique du KwaZulu-Natal, liée aussi à l'histoire du peuplement de la région, tient à ce que la province a été avant tout une colonie britannique, malgré une première conquête de la région par les Boers qui fondèrent dans les années 1830 l'éphémère République de Natalia. Ce sont des commerçants britanniques qui ont fondé Durban dans les années 1820 ; ce sont les forces britanniques qui ont, en 1842, pris le contrôle de la province et refoulé les Boers sur les hautes terres intérieures ; ce sont ensuite des colons bitanniques que l'on fit venir pour occuper le pays ; enfin, ce sont les armées coloniales britanniques qui, dans les années 1870, achevèrent de briser la puissance militaire zouloue. Aujourd'hui encore, la population d'origine européenne de la province est majoritairement anglophone. En ce sens, le Natal a toujours été marginal par rapport à l'Afrique du Sud blanche et l'influence britannique, dans tous les domaines, y a toujours été plus forte qu'ailleurs.

En troisième lieu, la très grande majorité (90 %) de la communauté d'origine indienne d'Afrique du Sud est concentrée dans la province du KwaZulu-Natal, avant tout à Durban et dans les villes côtières et sucrières voisines. La communauté indienne devenue rapidement en majorité urbaine, ouvrière et commerçante, est forte de 800 000 individus environ au KwaZulu-Natal (donc plus que les Blancs qui sont environ 600 000 dans la province). Elle ajoute une forte spécificité à l'identité de la province. L'importation de main-d'œuvre d'Inde sous contrat a duré de 1860 à 1911. À l'origine, il s'agissait de fournir de la main-d'œuvre aux planteurs de canne à sucre : la population africaine de la colonie était jugée trop indocile et mal formée. Néanmoins, assez vite les travailleurs indiens ont aussi été employés dans d'autres secteurs : industries à Durban, mines de charbon au nord du Natal, compagnies ferroviaires, commerce ou domesticité. Venus avec un contrat de 5 ans, au terme duquel ils avaient le choix entre rester librement ou retourner dans leur pays d'origine, les travailleurs indiens sont très majoritairement restés en Afrique du Sud, au moins jusqu'en 1895. À cette date, sous la pression de mouvements populistes blancs qui craignaient une concurrence trop forte des Indiens, une taxe annuelle fut imposée à tout travailleur libéré qui restait dans le pays. À partir de là, la majorité des travailleurs retournèrent en Inde à la fin de leur contrat. Les autres, au moins au début, achetèrent des terres et se lancèrent dans une activité agricole prospère, cultivant la canne à sucre, mais aussi le maïs et les légumes à destination des marchés urbains. Cette agriculture indépendante, comme l'agriculture africaine, fut progressivement détruite par les politiques foncières coloniales puis par les lois de l'apartheid, ce qui eut pour conséquence l'urbanisation de cette population. Les politiques de ségrégation raciale ont été appliquées à la communauté indienne souvent avant même les populations africaines tant elle était perçue au Natal comme une menace économique directe pour les Européens. Ce fut une raison majeure pour arrêter le système d'importation de main-d'œuvre en 1911 (s'y ajoutait la forte contestation de ce système par les mouvements nationalistes en Inde). On comprend que la communauté indienne a souvent été en première ligne de la lutte contre la ségrégation, depuis les combats politiques de Ghandi, avocat au Natal de 1893 à 1914 et qui y élabora sa théorie de la résistance passive, jusqu'aux luttes conjointes avec l'ANC des années 1950. Le rôle, ensuite, au sein de l'ANC, des hommes politiques d'origine indienne a donné à cette communauté une place importante dans le paysage politique de la nouvelle Afrique du Sud d'autant qu'ils ont un degré d'instruction en moyenne assez élevé. En outre, la communauté indienne bénéficie aujourd'hui de la politique d'*affirmative action*, profitant là aussi du fait que les Indiens possèdent, plus que les Noirs et les Colorés, les compétences requises au remplacement des Blancs aux postes qualifiés. Ceci n'a pas empêché la majorité des Indiens de voter pour le Parti national lors des élections de 1994, ni réduit les tensions fortes entre communautés noires et indiennes. L'une des raisons de ces tensions est certainement la place importante que tiennent les Indiens dans le commerce de détail. Il faut noter que, dans l'ensemble, les commerçants indiens ne sont pas les descendants des travailleurs, de religion hindoue, venus sous contrat, mais originaires du nord-ouest de l'Inde, venus comme passagers volontaires, *via* le port de Bombay, pour commercer en Afrique du Sud. Ils sont le plus souvent musulmans, issus de la portion la plus aisée de la communauté indienne (la communauté hindouiste est dans l'ensemble d'un niveau social moins élevé). Comme ailleurs en Afrique australe et orientale, les rapports entre communauté commerçante indienne et Africains sont mauvais. Dans bien des *townships* les boutiques indiennes ont été détruites dans les années 1980. Cependant la société indienne d'Afrique du Sud est suffisamment variée et nombreuse pour être sans doute à l'abri de mouvements d'expulsions xénophobes.

Zoulous, Indiens et Blancs anglophones constituent le fond de population de la province. La communauté colorée, venue de la région du Cap, a toujours été de peu d'importance, de même que d'autres groupes venus de l'océan Indien, notamment de l'Île Maurice, comme techniciens dans les plantations de canne.

Découpages régionaux : blanc et noir, haut et bas ou corridors de développement ?

La structure spatiale et économique de la région a été relativement stable depuis le début du XXe siècle. Trois découpages régionaux différents peuvent être proposés :

- Le partage entre terres africaines et terres blanches est comme ailleurs essentiel. Les terres africaines, anciennes réserves devenues bantoustan du KwaZulu, ont depuis le début du siècle été ramenées au rôle de réservoir de main-d'œuvre sans réel poids économique. L'agriculture est de subsistance, un élevage plus social qu'économique y est associé. Ulundi, capitale historique des royaumes zoulous et ancienne capitale du KwaZulu, est la seule ville importante de l'ancien bantoustan à n'être pas un simple réservoir de main-d'œuvre pour une ville blanche voisine. Encore son développement est-il artificiel. Fondé sur l'existence d'une administration propre au KwaZulu, il n'a plus lieu d'être : la ville n'a finalement pas été choisie comme capitale de la province et son rôle restera donc marginal ou symbolique. Les autres villes sont soit des centres administratifs, soit des doublons de villes blanches : Madadeni pour Newcastle, Empangeni pour Richards Bay, eZakheni pour Ladystmith, etc.
- Un découpage en bandes longitudinales est aussi possible en fonction de l'altitude et de la distance à la mer. Le KwaZulu-Natal forme en effet une longue pente, depuis les hauteurs du Drakensberg (sous la neige en hiver) jusqu'au littoral tropical de l'océan Indien. Le long de ce glacis, les activités se répartissent grossièrement de la façon suivante : plantations forestières sur les premières pentes, élevage sur les prairies naturelles des collines, plantations de canne à sucre et de fruits tropicaux près des côtes, tourisme balnéaire sur le littoral.

– Le troisième découpage régional est sans doute aujourd'hui le plus pertinent, il est nord-sud et repose sur l'existence de corridors de développement. La région a toujours été dominée par l'aire métropolitaine de Durban/eThekwini-Pietermaritzburg/Mzimduzi et par le corridor la reliant au Witwatersrand. Le port de Durban sert d'exutoire et de voie d'entrée des produits pour l'Afrique du Sud, surtout pour la province du Gauteng, mais au-delà pour le Zimbabwe et le Botswana. Presque saturé, le port de Durban devrait être soulagé par le regain d'activité des ports mozambicains. Le corridor Pietermaritzburg-Durban, considéré comme l'axe principal du développement de la région, concentre l'essentiel des activités industrielles et tertiaires. Seul le nord de la province, séparé de la région de Durban par les anciennes terres du KwaZulu connaît un développement important, autour de Richards Bay (uMhlatuze en 2013), cœur du second corridor (carte 10).

Deux régions portuaires, industrielles et minières

La région nord : un sous-ensemble cohérent

Richards Bay/uMhlatuze est avec Durban le seul site naturel en eau profonde de la côte. Un port minéralier y a été créé en 1976 ; il est devenu le plus gros port d'Afrique australe par les quantités transportées (69 millions de tonnes métriques en 1994, contre 42 pour Durban ; mais par Durban transitent environ 500 000 conteneurs par an, et pratiquement aucun, pour l'instant, à Richards Bay). Un nouveau pôle minier et industriel s'est développé autour du port, associant l'activité portuaire, l'exploitation dans les dunes côtières d'un gisement de titanium (exploité par la Richards Bay Minerals), la fabrication d'aluminium depuis 1995 (dans une fonderie d'une capacité de 430 000 millions de tonnes) et l'industrie chimique produisant des engrais. Le port minéralier de Richards Bay, capable d'accueillir les *supertankers*, sert surtout à l'exportation de charbon (plus de 50 millions de tonnes par an) et de divers autres minerais (chrome, phosphates et métaux ferreux). Richards Bay, doublé de la ville de l'ancien KwaZulu, Empangeni (d'où vient la main-d'œuvre), a bénéficié d'investissements massifs en infrastructures et de l'implantation depuis les années 1980 de huit usines d'industries lourdes. Cet immense complexe industrialo-portuaire a été très critiqué et mis en cause comme détruisant l'environnement d'une région préservée. C'est surtout l'exploitation minière des dunes qui a été contestée, d'autant que le projet était de l'étendre vers le nord, sur la lagune de Santa Lucia qui est un des parcs naturels aquatiques les plus prestigieux du monde. Le gouvernement a décidé d'interdire le projet en 1996.

Le port de Richards Bay est lié aux principales régions productrices de minerais, c'est-à-dire les vastes gisements d'Ermelo et Witbank auxquels il est relié par une voie ferrée de 500 km, ainsi que les gisements plus proches du KwaZulu-Natal, c'est-à-dire la région de Newcastle, Utrecht et Vryheid qui est une vaste région charbonnière. L'industrie sidérurgique de Newcastle a aussi utilisé elle-même le charbon, puis l'énergie électrique produite au sud de la ville par la plus grosse centrale thermique de la région.

La région nord du KwaZulu-Natal a aussi aujourd'hui sa cohérence au plan du développement touristique. La baie de Santa Lucia, immense lagune constituée en parc naturel et vouée à un éco-tourisme en développement est le cœur touristique de la région. Tout près, vers l'intérieur, se trouvent des réserves animalières qui comptent parmi les plus réputées du pays : l'Umfolozi Game Reserve et la Mkuze Game Reserve. Cet ensemble touristique, dont on sait désormais qu'il sera protégé de l'expansion des activités minières et industrielles, est sans doute appelé à devenir un atout important pour l'économie de la région, d'autant qu'il s'agit du littoral sud-africain le plus proche du Gauteng. Son handicap reste la présence de malaria sous forme endémique, pendant de la préservation de la côte.

Durban/eThekwini, cœur économique du KwaZulu-Natal

Durban, une ville ségréguée

Créée dans les années 1820 pour servir de base au commerce de l'ivoire, la ville de Durban, seconde du pays aujourd'hui, a toujours dû sa croissance à son port. Le rôle de celui-ci est devenu essentiel après le développement de la région du Witwatersrand dans les années 1890. C'est aussi à cette époque, avec l'arrivée des populations indiennes, que la composition sociale de l'actuelle Durban s'est mise en place. Dès le début du siècle, la bourgeoisie anglophone de Durban avait mis en place un système ségrégatif destiné à servir de modèle dans l'ensemble de l'Afrique australe britannique, de façon à ce que les Africains coûtent le moins possible aux Européens et soient gérés par des services ségrégués. Le Durban System reposait sur le *Native Beer Act* de 1908 et le Native Administration Department créé dans la municipalité en 1910. Ce département était chargé de la gestion des populations africaines en ville. Il était financé grâce au réglement de 1908 qui donnait à la municipalité le monopole de la fabrication et de la vente de bière traditionnelle tout en interdisant aux Africains la consommation d'un autre alcool.

À partir de là, la mise en place de la ségrégation raciale à Durban suivit à peu près la même chronologie qu'ailleurs dans le pays. Dès la fin du XIXᵉ siècle, les activités économiques des Indiens furent cantonnées à un centre-ville indien (Grey Street) qui servait aussi de lieu de résidence aux commerçants. Les Indiens qui n'habitaient pas autour de Grey Street furent refoulés en périphérie, sur des terrains peu valeureux et sous-équipés où ils vivaient dans un habitat précaire. Les Africains étaient, quant à eux, considérés comme résidents temporaires et, jusqu'aux années 1930, on ne leur construisit que des baraquements pour travailleurs célibataires. En 1945, il n'existait à Durban que deux *townships* municipaux, Chesterville et Lamont, qui ne regroupaient même pas 10 % de la population africaine. Il existait par contre des secteurs proches du centre où la propriété était possible pour les non-Blancs : Cato Manor et Clermont. Dans le contexte de croissance économique des années 1940, la population africaine augmenta très rapidement et les formes d'habitat informel se multiplièrent sur les espaces libres et près des quartiers non blancs. En outre, déjà à cette époque, les zones situées hors des limites municipales sur les terres des réserves africaines servaient de zones résidentielles pour des travailleurs urbains.

La mise en place du *Group Areas Act* à Durban fut plus lente qu'ailleurs mais elle fut aussi plus lourde encore de conséquences : proclamé en 1958 seulement, le *Group Areas Act* imposa le déplacement de 50 % des Indiens et de 70 % des Africains de la ville. Il dessinait la répartition raciale encore en place aujourd'hui : autour du port, le centre d'affaires et les zones industrielles, et, vers l'intérieur, un long couloir de banlieues résidentielles européennes bordées de part et d'autre de quartiers réservés aux Indiens et aux Noirs. Comme ailleurs, la réorganisation de la ville provoqua des destructions massives (Cato Manor notamment) et la construction de *townships* périphériques, Kwamashu (1958) et Umlazi (1962) pour les Africains, Chatsworth (1963) pour les Indiens (en accession à la propriété dans ce dernier cas). Dans le même temps, la résidence des Indiens à Grey Street devint illégale, seule l'activité commerciale y étant tolérée.

Par la suite, la politique des bantoustans fut appliquée à Durban et très peu de logements pour Africains furent construits dans l'aire municipale. Par-delà les frontières toutes proches du KwaZulu, se développèrent des quartiers périurbains sur des terres relevant de l'autorité de chefs coutumiers. L'évolution fut différente pour les populations indiennes pour lesquelles on continua de construire, surtout au milieu des années 1970, le vaste *township* de Phoenix au nord de la ville.

À partir des années 1980 de nombreux secteurs de la ville se mélangèrent racialement, surtout dans les immeubles proches du centre. Un nouveau *township*, mais en accession à la propriété cette fois, fut créé, Inanda Newtown, sur 40 000 parcelles pour des citadins noirs. Dans le même temps, les camps de *squatters* se multiplièrent dans les interstices du tissu urbain, sur les pentes des collines jouxtant les quartiers blancs mais aussi sur les terrains jamais réoccupés de Cato Manor et par-delà les frontières du KwaZulu : on estime que la moitié de la population de l'aire métropolitaine réside dans un habitat informel. Ces divers changements donnèrent à Durban son caractère actuel : un mélange de quartiers très contrastés, entremêlés, du très pauvre au très riche, sur un site de collines aux pentes douces, dans une abondante végétation tropicale.

Population et activités de Durban/eThekwini

La région fonctionnelle de Durban (autrefois partagée entre 44 autorités locales en partie unifiées aujourd'hui) est aujourd'hui très majoritairement africaine.

Le chômage est sans doute le premier problème de l'agglomération : environ 30 % des actifs sont sans emploi. Pourtant Durban, à partir de ses activités portuaires, a développé une industrie puissante qui bénéficie des facilités d'exportation et d'importation mais aussi de l'excellent réseau de communication avec la région du Gauteng.

Ville au départ purement commerciale et portuaire, Durban a d'abord développé une industrie de construction mécanique liée aux besoins du port et de l'industrie sucrière. À partir de 1910, l'activité industrielle s'est étendue aux domaines nécessitant des produits chimiques importés, savonnerie, par exemple, ou peinture. Par la suite, la part des industries textile et agro-alimentaire n'a cessé d'augmenter. C'est à partir de cette période que les autorités locales de Durban ont mis en place une politique d'aide à l'industrie en implantant les zones industrielles incitatives de Maydon Wharf, puis de Mabeni, Jacobs, Pinetown et Clairwood. Les industries chimiques, puis celles du caoutchouc (Unilever, Dunlop) et du métal en ont profité. En 1971, l'installation des chaînes de fabrication et de montage de Toyota SA à Durban (dans la zone industrielle de Prospecton au sud du port) a encore accru ce potentiel.

Mais, comme dans l'ensemble du pays, les activités industrielles de Durban stagnent depuis le début des années 1980. Ce secteur ne fournit plus aujourd'hui à l'aire métropolitaine que 160 000 emplois (29 %) environ contre près de 170 000 dans les services (31 %). De même, l'industrie ne représente plus que 32 % du produit économique de la métropole contre 41 % en 1980. Certains secteurs industriels sont néanmoins en expansion : le textile, la chimie, le papier et l'agro-alimentaire. Traditionnellement situées près du port (surtout au sud, dans le South Industrial Bassin), les industries ont tendance aujourd'hui à se créer ailleurs, plus loin de cette zone surchargée, soit à Pinetown, Springfields et Prospecton, soit à Pietermaritzburg ou bien entre les deux centres, dans le corridor en plein développement. Le textile et l'habillement en particulier (qui fournissent environ 35 % des emplois industriels du KwaZulu-Natal) ont eu tendance depuis quelques années à se relocaliser dans des centres périphériques : Port Shepstone sur la côte sud ou Ladysmith, Estcourt et Newcastle dans l'intérieur. Au total environ 60 % des emplois industriels de la province sont encore concentrés à Durban, mais leur nombre brut est en baisse et les secteurs les mieux représentés (textile, habillement, automobile, chimie et pétrochimie) sont aussi ceux qui souffrent le plus de l'ouverture du pays au commerce international.

Quoi qu'il en soit le port de Durban reste l'atout de la ville et, au-delà, de la région entière. Avec 27 millions de tonnes traitées par an et 6 000 emplois, le port de Durban est le premier d'Afrique australe. L'exportation de produits primaires se double d'un terminal de conteneurs qui fait de Durban le premier port multifonctionnel de la région. Avec ses deux grues flottantes, ses 15 km de quai, ses silos géants, son terminal sucrier d'une capacité de 520 000 tonnes et son terminal à conteneurs manipulant près de 50 000 conteneurs par jour, le port de Durban est de très loin le plus moderne de la région. Richards Bay n'est pas un port concurrent mais complémentaire : port minéralier, il n'assure que des exportations ; Durban se spécialise dans le trafic de conteneurs et assure l'essentiel des importations du pays (notamment plus de 15 millions de tonnes d'hydrocarbures par an).

À 60 km d'eThekwini, vers l'intérieur, la ville de Pietermaritzburg/Mzumduzi, créée par les *trekkers* afrikaners dans les années 1830 et qui a longtemps fait figure de centre tertiaire (c'était la capitale de la province du Natal ainsi qu'un centre universitaire important), profite aujourd'hui des faiblesses industrielles et de l'engorgement de Durban. Pietermaritzburg compte aujourd'hui plus de 9 % des emplois industriels de la province, surtout dans la chaussure et l'alimentaire. Comme Durban, elle a souffert des affrontements politiques des années 1980-1990 dans ses immenses périphéries africaines, mais cette ville de 600 000 habitants est attrayante pour les investisseurs et joue aussi la carte d'un tourisme culturel en développement.

Une économie diversifiée

Le dynamisme économique de la région du KwaZulu-Natal ne se cantonne pas aux deux sous-régions que l'on vient de décrire. Exutoire maritime principal du pays avec les ports de Richards Bay et de Durban, centre industriel, le KwaZulu-Natal est aussi une région d'agriculture tropicale, fondée sur le sucre, les fruits tropicaux et l'exploitation forestière tout en étant une des régions touristiques les plus prometteuses du pays.

Sucre, bois et fruits tropicaux, une agriculture tropicale

Sur les terres blanches du KwaZulu-Natal, plus imbriquées dans les réserves africaines que dans les autres provinces, les activités agricoles commerciales se sont développées.

Les terres situées entre les dunes côtières et les premières collines importantes de l'intérieur sont entièrement occupées par des plantations de canne à sucre. La canne à sucre est cultivée au Natal depuis les années 1850. Par manque de main-d'œuvre et de marchés, elle a connu des débuts difficiles. Le problème de la main-d'œuvre a été réglé, comme on l'a vu, par l'importation de travailleurs indiens. Le problème des marchés s'est atténué au fur et à mesure que l'Afrique du Sud a formé un territoire plus uni et, après la formation de l'Union d'Afrique du Sud en 1910, il n'en fut plus un. Au contraire, il a fallu accroître la production qui, pour répondre à la demande, est passée de 82 000 tonnes en 1910 à 150 000 tonnes en 1919. À partir de 1920, la concentration de la production sucrière a été quasi continue. L'Afrique du Sud (c'est-à-dire, en l'occurrence le KwaZulu-Natal et secondairement un petit secteur du Mpumalanga) produit actuellement annuellement deux millions de tonnes de sucre, dont la moitié environ est exportée *via* le terminal sucrier du port de Durban. Environ 175 000 emplois sont directement liés à la production sucrière, sans compter le travail migrant saisonnier qui draine des populations très au-delà du seul KwaZulu-Natal, dans le Transkei et au Mozambique. La structure de la production est concentrée entre les mains de grandes sociétés, propriétaires à la fois des terres et des sucreries ; la Tongaat-Hullett, contrôlée par l'Anglo-American et la CG Smith contrôlée par la SA Mutual produisent 80 % du sucre sud-africain. Aujourd'hui, la politique de ces grandes sociétés est, pour étendre leur superficie, l'appui à la production de petits exploitants africains par un système de crédit, d'encadrement et de prix garantis. Le succès de ces projets est très mitigé : l'activité agricole commerciale ne parvient pas à devenir une source de revenus compétitive avec le travail migrant.

Coton, tabac et surtout fruits tropicaux (bananes, mangues, avocats, ananas, goyaves, papayes et litchis) sont les autres atouts agricoles de la région. Dans ce domaine aussi, de vastes plantations détenues par des sociétés agro-industrielles fournissent de très loin l'essentiel de la production. Enfin, plus à l'intérieur des terres, c'est l'exploitation forestière qui constitue l'activité essentielle – nous l'avons abordée dans l'étude de l'agriculture sud-africaine (chapitre 5). Rappelons que la production de bois vient de trois essences importées (le pin, le wattle et l'eucalyptus) et qu'elle est contrôlée par de puissantes sociétés privées capitalistes.

Le tourisme : une activité en développement

C'est actuellement le tourisme qui connaît le développement le plus spectaculaire, à l'échelle de la région entière.

Centrée sur le célèbre front de mer de Durban, aménagé en promenade le long de la plage dans les années 1970 (le Golden Mile) et bordé d'hôtels de luxe, l'activité touristique est essentielle à la vie économique de Durban.

Mais c'est l'ensemble de la province qui espère voir cette activité se développer. Le KwaZulu-Natal bénéficie d'une variété naturelle extrême, depuis les hauteurs du Drakensberg (aux sites montagnards exceptionnels, à plus de 3 000 m d'altitude) jusqu'aux plages de l'océan Indien, en passant par l'existence de plusieurs réserves animalières renommées. À cela s'ajoute une histoire riche : la visite des champs de bataille de la guerre anglo-zouloue, des sites historiques zoulous (et accessoirement, pour les Français surtout, de la tombe du fils de Napoléon III tué par un *impi* zoulou lors d'une mission de reconnaissance), sont autant d'atouts pour un tourisme culturel qui reste à développer. Pour l'instant, c'est le littoral qui, malgré les requins dont l'approche est empêchée par des filets, attire les visiteurs qui viennent pratiquer plongée, pêche, surf, baignade et navigation. L'ensemble de la côte sud, entre Durban et port Edward est entièrement aménagé en une succession de stations balnéaires fréquentées en été (décembre-janvier surtout) par les Sud-Africains. Tous les types de tourisme sont représentés. Preuve en est la variété des formes possibles d'hébergement : complexes hôteliers de luxe, résidences secondaires, appartements en location ou en *time-sharing, guest-houses* ou campings municipaux. Le reste de l'année, ces stations sont calmes, peuplées largement de retraités blancs et dépourvues d'activités. La région nord connaît une animation plus longtemps dans l'année, surtout la grosse station de Umhlanga Rocks devenue, de surcroît, une aire résidentielle majeure de la métropole de Durban (c'est aussi là qu'a été construit le nouvel aéroport international de Durban, King Shaka Airport). C'est au-delà, vers le nord, que les projets d'aménagement actuels sont envisagés. La côte y est restée relativement « sauvage ». En arrière-pays, les plantations de canne y occupent les populations et de nombreuses petites villes sucrières à tonalité très indienne (Tongaat, Stanger...) pourraient servir de base à un développement touristique. L'enjeu est précisément d'éviter un mitage similaire à celui de la côte sud.

La diversité des activités économiques et la multiplicité des pôles de développement, bénéficiant tous de la proximité du Gauteng, font du KwaZulu-Natal une région qui risque de surprendre : montrée du doigt comme une région de violence et de troubles politiques, elle est pourtant d'ores et déjà la province d'Afrique du Sud qui connaît le développement économique le plus rapide. À l'autre extrémité du pays, la province du Cap de l'Ouest, désignée souvent comme la région la plus plaisante et la plus européenne d'Afrique du Sud, pourrait bien se trouver vite confrontée à des difficultés plus grandes.

Le Cap de l'Ouest

Découpé dans l'ancienne et immense province du Cap, le Cap de l'Ouest est l'une des provinces les plus riches et les plus développées de l'Afrique du Sud. Un littoral touristique et poissonneux, une métropole ancienne dans un site somptueux, une agriculture exportatrice fondée sur le vignoble, les vergers, l'élevage et le blé... les atouts de la province sont nombreux. Non seulement le revenu par habitant dans la province est élevé mais le Cap de l'Ouest est la province dans laquelle le pourcentage d'individus vivant en-dessous du seuil de pauvreté est le plus faible.

Pourtant, loin du centre économique du Gauteng, marginalisée aujourd'hui par sa culture, sa vie politique et surtout sa place dans les réseaux économiques, la province du Cap de l'Ouest apparaît être plus sur la défensive qu'en expansion. Tout se passe comme si la région tentait de préserver une situation privilégiée dans un contexte nouveau qui ne lui est plus favorable.

Une région sur la défensive ?

Un passé glorieux ?

La province du Cap de l'Ouest fut la région la plus anciennement colonisée par les Européens, et de loin, puisque l'implantation européenne au Cap remonte au milieu du XVIIe siècle. C'est au Cap et dans les régions proches que la langue afrikaans est née et que s'est forgée l'identité afrikaner. Pour les Sud-Africains d'origine afrikaner, le Cap est la Ville-Mère (*Mother City*) et le Karoo le cœur du pays afrikaner.

Original, comme celui du KwaZulu-Natal, le peuplement de la province résulte du mélange de plusieurs peuples, notamment des pasteurs khoikhoi, des esclaves importés d'Indonésie, de Madagascar, d'Afrique et des îles de l'océan Indien et des Européens. La société esclavagiste qui s'était mise en place avait développé dans la région un mode de vie et des activités sophistiqués. Au XIXe siècle, à partir de cette région encore, a été lancée la conquête de l'intérieur par les *trekboers*. C'est au Cap aussi qu'est né le Parti national qui prit le pouvoir en 1948, et c'est parmi les intellectuels de la région, notamment de la prestigieuse université de Stellenbosch, que la théorie de l'apartheid a été élaborée.

Cette image est en partie mythique et erronée. La province du Cap s'est fort bien accommodée de la tutelle britannique. Durant la guerre des Boers, la bourgeoisie du Cap était loin d'être unie derrière les républiques du nord. La province du Cap était aussi la seule à avoir préservé des droits politiques pour les non-Blancs, droits qui furent abolis par les régimes nationalistes en place à Pretoria. Enfin, la ségrégation raciale de l'apartheid a largement été imposée par le gouvernement central à la ville du Cap (ce qui ne fut pas le cas à Durban).

Peut-on qualifier de glorieux le passé de la région? Bien des choses ont en tout cas commencé là, pour le meilleur et pour le pire. Mais, depuis les années 1980, la région est en proie à des problèmes nouveaux qui sont autant politiques, sociologiques qu'économiques et qui sont liés aux profonds changements contemporains de la société sud-africaine.

Des problèmes nouveaux

Les identités: Colorés et Afrikaners

Le fond de population de la région est double: afrikaner et coloré. Africains noirs, Indiens et Blancs anglophones sont des groupes pour l'instant secondaires.

La population totale de la province est de 4,1 millions d'habitants d'après le recensement de 1996. Sur ce total on dénombre plus de 2 millions de Colorés, 0,9 million de Blancs (dont plus de 60 % d'Afrikaners), environ 0,7 million de Noirs et 30000 Indiens. Les Colorés de la province sont un groupe hétérogène, la majorité descend des Khoikhoi, parfois métissés avec les populations européennes (très anciennement), une minorité descend des esclaves importés d'Indonésie (c'est la communauté musulmane des Malais du Cap qui compte un peu plus de 150000 individus), une minorité descend d'un métissage avec les populations bantoues. Il reste que la classification raciale de l'apartheid a contribué à créer une identité spécifique chez la population dite «colorée», d'autant plus qu'elle partage des traits culturels communs, la langue afrikaans, une musique, une cuisine et des traditions (qui s'expriment notamment lors du célèbre festival du Cap, le Coon Carnival, qui a lieu chaque année au début du mois de janvier). L'identité colorée est d'autant plus forte que ce groupe s'est toujours trouvé en situation intermédiaire entre Noirs et Blancs, politiquement et socialement. La formule «avant nous étions trop bruns, maintenant nous ne le sommes plus assez», souvent entendue sous une forme ou une autre, résume assez bien les sentiments d'une communauté qui se sent menacée. D'où une série de mouvements et partis politiques qui revendiquent l'identité *coloured*, et souvent, au-delà, la reconnaissance des peuples khoikhoi.

Cette composition ethnique particulière fait du Cap de l'Ouest la seule province où les Noirs ne sont pas majoritaires, ce qui lui donne une identité culturelle et politique très forte. La langue dominante est l'afrikaans, absolument en zone rurale, relativement en ville. Ce contexte sociopolitique est un des facteurs de la marginalisation actuelle de la province, mais la tendance est, pourrait-on dire, à la normalisation, du seul fait de l'évolution démographique.

Les mouvements migratoires, l'africanisation de la province

Jusqu'en 1986, la région du Cap était « protégée » de l'africanisation par une loi spécifique qui délimitait une aire de Coloured Labour Preference. Dans cette aire, définie en 1955 et étendue par la suite à l'essentiel de l'ancienne province du Cap, des Colorés seuls devaient être employés, à moins que l'employeur ne puisse démontrer la nécessité de recruter des Noirs. Cette réglementation ne fut abolie qu'en 1986 avec les autres lois sur l'*influx control*. Elle eut pour conséquence l'exclusion du marché du travail légal et de l'accès aux logements formels pour les populations noires qui étaient déjà dans la province avant 1955, et dont le nombre n'a jamais cessé de croître. En 1983, le régime de Pretoria comprit les effets pervers du système et recommença à attribuer des terres, mais en quantité très insuffisante, pour le développement de quartiers africains. À partir de cette date, et surtout après 1986 et l'abolition de l'*influx control*, les mouvements migratoires connurent une véritable explosion. Et c'est essentiellement vers la métropole du Cap que se dirigent ces mouvements toujours très forts actuellement. Cette évolution démographique accroît encore les tensions entre les différents groupes.

Les migrants africains de la province viennent essentiellement du Cap de l'Est, à savoir des anciens bantoustans du Ciskei et du Transkei. Le mouvement est d'autant plus fort que les villes de Port Elisabeth/Nelson Mandela Bay et, au-delà, d'East London/Buffalo City connaissent un fort déclin de leurs activités. Si la province du Cap de l'Ouest n'inclut aucune portion d'ancien bantoustan, elle n'en connaît donc pas moins des problèmes de mouvements de populations chassées de leur région par le chômage et la misère.

Les déclins

Or, ces vastes mouvements migratoires s'inscrivent dans une période de déclin relatif des activités économiques dans la région.

Le premier handicap de la province du Cap est son éloignement de plus de 1 500 km du cœur économique du Gauteng. Sa situation est donc marginale, d'autant plus que les régions qui séparent le Cap de Johannesburg sont peu peuplées et peu dynamiques. Ceci explique que le port du Cap ait un trafic très modéré et ne soit en rien comparable à celui de Durban ; il traite surtout les exportations de fruits et légumes de la région (1,3 million de tonnes par an) et les produits à valeur ajouté importés par conteneurs.

La fonction de capitale parlementaire de la ville du Cap a longtemps été essentielle pour la région. Elle est aujourd'hui menacée : les coûts induits par les déplacements des parlementaires, des ministres, mais aussi de la haute fonction publique durant les sessions parlementaires sont élevés et critiqués. La perte des fonctions de commandement est aussi économique : les sièges des grandes sociétés ne se trouvent pas au Cap mais dans le Gauteng, et les nouvelles implantations ne se font plus dans le Cap de l'Ouest.

L'économie de la province repose sur quelques pôles principaux :

- Le secteur agricole et les industries induites occupent la première place. Plus de 16 % de la production alimentaire du pays vient du Cap de l'Ouest : vins et fruits sont les productions les plus rémunératrices ; le blé est envoyé vers le Gauteng ; dans le Karoo, l'élevage des autruches représente aussi une activité en développement. Une grande part de l'industrie de la province est agro-alimentaire, surtout la fabrication de jus de fruits et de fruits en boîte. Ces diverses activités ont bénéficié de l'ouverture des marchés internationaux et la part des exportations augmente régulièrement.
- L'industrie du textile et de l'habillement constitue, avec l'agro-alimentaire, la principale activité secondaire de la province. Elle est concentrée au Cap qui est aussi la capitale sud-africaine de la mode. 48 % de la production nationale de vêtements viennent du Cap où cette activité génère environ 50 000 emplois. À l'inverse du secteur agricole, l'habillement souffre de l'ouverture des marchés ; c'était, en effet, l'une des industries les plus protégées du pays par les tarifs douaniers. Plus de 5 000 emplois ont été perdus dans ce secteur entre 1994 et 1997.
- Les autres activités industrielles sont d'importance secondaire : métallurgie, industrie du bois et du plastique, construction navale.
- La pêche reste importante, bénéficiant des eaux poissonneuses des côtes atlantiques. Les industries de transformation du poisson se maintiennent bien, sans réelle concurrence en Afrique australe pour l'instant.
- Enfin, le tourisme est en plein développement. La province reçoit annuellement 1,5 million de visiteurs dont un bon tiers de l'étranger, les gains de ce secteur dépassent les 2 milliards de rands.

À terme, pêche, agriculture et tourisme seront certainement les activités principales dans le Cap de l'Ouest. Aucune de ces fonctions économiques ne lui permettra de se mesurer aux centres du Gauteng et le Cap de l'Ouest risque de voir s'accentuer son caractère périphérique. De plus, les problèmes d'emploi sont de plus en plus criants, le chômage dépassant 30 % dans la métropole du Cap. Économiquement, politiquement et culturellement la province semble d'abord attachée à préserver son prestige sur le déclin, mais sans parvenir à enrayer le processus de sa marginalisation alors que les activités du Gauteng et du KwaZulu-Natal sont de plus en plus nettement intégrées.

Il n'empêche, le Cap de l'Ouest est dans une situation très favorable par rapport aux territoires voisins du Cap de l'Est ou du Nord. Par ailleurs, les situations sont contrastées selon les sous-régions de la province, en fonction notamment d'une répartition nette des activités pour des raisons naturelles mais aussi historiques. Centré sur le Cap qui regroupe plus de 90 % de sa population, le Cap de l'Ouest présente au moins quatre visages différents.

Les quatre visages du Cap de l'Ouest

Les côtes : tourisme et pêche

La situation littorale de la province du Cap de l'Ouest lui offre au moins deux atouts : être la première région de pêche d'Afrique du Sud et une région touristique de réputation internationale.

La seule autre activité importante sur les côtes est liée au port minéralier de Saldhana Bay dont la fonction est l'exportation du minerai de fer extrait près de 900 km plus au nord, à Sishen, dans la province du Cap du Nord.

Plus de 70 % des pêches sud-africaines sont réalisées à partir des ports du Cap de l'Ouest, Durban et Port Nollot étant les deux seuls ports de pêche importants situés hors de la province. Bénéficiant de la remontée des eaux froides du courant de Benguela, les ports de la côte Atlantique sont plus importants que ceux de la côte de l'océan Indien, notamment : Lambert's Bay, Santa Helena Bay, le Cap et Hout Bay. Anchois, pilchards, maquereaux et colins constituent l'essentiel des prises. Hout Bay est spécialisé dans la pêche au snoek, l'un des poissons les plus typiques de la cuisine sud-africaine. Sur la côte sud, les ports de Graanbai et de Mossel Bay profitent de l'existence d'une plateforme continentale très étendue pour la pêche des crustacés, homards et langoustes en tête.

La pêche est une activité moderne ; les ports sont visités par les thoniers japonais et russes ; des usines de transformation sont implantées dans tous les ports. Il existait une pêche locale conduite par des pêcheurs colorés indépendants à partir de petits villages. Elle a été brisée par le *Group Areas Act* qui a refoulé les populations non blanches loin des côtes rendant la pêche impossible, puis par un système de quotas qui, sous prétexte d'éviter les surpêches, a été très favorable aux patrons européens.

La pêche, importante économiquement et culturellement (la cuisine afrikaner, fortement teintée par l'influence malaise, est largement à base de poissons et de coquillages de la région, comme l'abalone que l'on ne pêche que là), n'occupe que très ponctuellement l'espace littoral de la province ; celui-ci est essentiellement, et chaque jour davantage, plus consacré au tourisme balnéaire.

Le tourisme est centré sur la ville du Cap qui offre un des plus beaux sites urbains du monde, au pied de la célèbre montagne de la Table. La ville du Cap, capitale historique de l'Afrique du Sud, et sa péninsule dont l'extrémité sud est un parc naturel, sont en elles-mêmes une attraction touristique majeure. Les plages de Camps Bay et Clifton au sud de la ville sur la côte atlantique sont les plus élégantes du pays ; celles de Muizenberg, baignées par les eaux moins froides de l'océan Indien sont parmi les plus fréquentées en été austral. Au Cap même, la rénovation du vieux port en centre commercial et zone de loisir, le Waterfront, a été un succès commercial important et le complexe reçoit plus d'un million de visiteurs par an. Le centre-ville et les quartiers voisins, riches en bâtiments historiques et en musées représentent un autre atout de la cité.

À l'est du Cap et de la Péninsule, l'autre grande région de tourisme balnéaire est la route des jardins, entre la ville de George et Port Elisabeth. Cette portion de littoral, bordée de lagunes paisibles et à l'écart des routes internationales, est surtout fréquentée par les vacanciers sud-africains. Débordant sur la province du cap de l'Est, la route des jardins est plus développée dans sa partie occidentale.

Entre le Cap et la route des jardins, deux pôles touristiques offrent d'autres attraits : le cap des Aiguilles, point le plus au sud du continent africain, et la station d'Hermanus où l'on vient voir les baleines, en saison.

Partout dans la région, le tourisme est en développement : investissements hôteliers, investissements privés internationaux se multiplient faisant flamber le marché immobilier. Le tourisme est aussi devenu l'activité la plus créatrice d'emplois dans la province.

Le Cap, les problèmes d'une métropole sud-africaine

Eclatement, éloignement entre emplois et lieux de résidences, inégalités sociales et raciales, pauvreté et sous-équipement de la ville noire... la métropole du Cap n'échappe à aucune des difficultés des villes sud-africaines d'autant qu'avec environ 3 millions d'habitants, elle constitue le troisième ensemble urbain du pays. On a vu que les crises de l'emploi et du logement sont ici d'autant plus aigües qu'elles vont de pair avec un solde migratoire très positif et un déclin industriel.

La structure de la ville et les problèmes d'exclusion que pose l'éclatement spatial sont, comme ailleurs, le reflet de la politique urbaine de l'apartheid. Avant les années 1950 et le *Group Areas Act*, il n'y avait pratiquement pas au Cap de restriction résidentielle légale contre les Colorés. Par contre, les Africains étaient déjà concentrés dans le *township* de Langa et dans des camps de *squatters* proches des lieux d'emplois. Puis, le gouvernement nationaliste imposa à la ville une séparation stricte des groupes (allant jusqu'à distinguer les Malais du Cap auxquels le vieux quartier de Bokaap fut réservé). Les non-Blancs furent déplacés vers les Cape Flats, alors que les Blancs occupaient les quartiers proches de la montagne de la Table ou les banlieues nord.

Les Cape Flats sont, comme leur nom l'indique, une vaste zone plane, sableuse et balayée par les vents. Aujourd'hui, ils forment les quartiers populaires non blancs du Cap, reliés par chemin de fer aux zones d'emploi : le centre-ville, le port et les zones industrielles de Milnerton, Woodstock et Pinelands. La construction de Mitchells Plain, à partir de 1974, au sud des Cape Flats, fut une tentative originale pour loger les Colorés dans un cadre moins monotone que le *township* classique. La cité s'inspire du modèle de la cité-jardin et son originalité résulte du mélange de différents types de logements. Construite sur 3 100 hectares à 27 km du centre-ville, Mitchells Plain n'a pourtant pas attiré les activités économiques prévues et l'ensemble s'apparente encore à une vaste cité-dortoir.

Les Africains devaient, quant à eux, être renvoyés dans les réserves du Transkei et du Ciskei puisque la règle de la préférence à l'emploi des Colorés était mise en place. Après la construction du *township* de Guguletu à la fin des années 1950 et jusqu'au début des années 1980, aucun logement pour Africains ne fut construit au Cap et les camps de *squatters* qui se multiplièrent furent régulièrement détruits jusqu'à ce que le camp de Crossroads au début des années 1980 offre une résistance si forte qu'il fut laissé en place.

Ce n'est qu'en 1983, sur le site de Kayelistsha au sud-est de la ville que des terrains furent attribués aux Africains. Pour la première fois la politique changeait et le besoin de logements pour la population africaine fut reconnu. Kayelitsha fut, dans la métropole, le dernier avatar de la politique d'apartheid. Seule une partie du quartier fut effectivement équipée et construite ; par manque de moyens le reste est une mer de baraques précaires : plus de 40 000 selon les autorités municipales pour une population dépassant les 300 000 habitants.

Les Cape Flats constituent aujourd'hui l'une des zones urbaines les plus difficiles du pays. La criminalité et la délinquance juvénile y sont extrêmement fortes, de même que les tensions raciales entre communautés.

Loin de là, les immenses banlieues blanches font évidemment contraste avec les quartiers périphériques populaires de la ville. Le centre-ville, quant à lui, est moderne : larges avenues, trottoirs, immeubles et gratte-ciel, circulation automobile dense. À l'est du centre, le caractère radical de l'urbanisme d'apartheid se lit encore dans le paysage de ce qui reste du quartier de District Six, détruit progressivement entre 1965 et 1982. Ce vieux quartier abritait jusqu'aux années 1960 une population mélangée de Colorés surtout, mais aussi de Blancs, d'Indiens et de Noirs ; la vie culturelle y était intense et la population très ancrée dans son quartier. Sa destruction a été un tel traumatisme urbain que les terrains sont depuis restés vierges. Leur réaménagement est actuellement en projet ; les terres, confiées à une association non gouvernementale, devraient être redistribuées à leurs anciens occupants (avec tous les problèmes d'identification que cela pose et de conflits entre anciens occupants et anciens propriétaires). Mais ceci est peu de choses face à l'immense problème de logement de la ville.

La ville du Cap, malgré les apparences, n'échappe donc pas aux problèmes urbains de l'Afrique du Sud. Seule sa situation au cœur d'une riche région agricole et touristique peut permettre de penser qu'elle parviendra à mieux résoudre ses contradictions que d'autres grandes cités du pays.

Vignobles et vergers

Les vignobles et les vergers de la région du Cap constituent la véritable épine dorsale de l'économie de la province.

En Afrique du Sud, un peu plus de 100 000 hectares sont plantés en vigne, dont plus de 90 % dans la province du Cap de l'Ouest (le seul autre vignoble est situé dans le Cap du Nord : il s'agit de terres irriguées par les eaux de l'Orange). Par la superficie plantée, l'Afrique du Sud est le 18e pays viticole du monde, 3,7 % du vin mondial y est produit (9,12 millions d'hectolitres). Au total, 300 000 emplois sont liés aux activités viticoles, dont 50 000 pour la production (4 647 producteurs emploient environ 45 000 ouvriers agricoles). Et cette activité est loin d'être en mauvaise posture ; au contraire, la fin des boycotts et l'ouverture économique, conjuguées à la baisse du cours du rand, font que jamais le vin sud-africain ne s'est aussi bien vendu à l'étranger où sa qualité commence à être reconnue. En 1994, 5,6 millions de caisses de 12 bouteilles ont été exportées, soit deux fois plus qu'en 1993 !

Cette nouvelle vogue du vin sud-africain, ainsi que la libéralisation générale de la production agricole dans le pays sont en train de provoquer des changements profonds des structures de l'activité viticole.

Il y a dix vignobles dans la province du Cap. Trois d'entre eux, Olifant river, Petit Karoo et Mamelsbury, sont, comme le vignoble de l'Orange River, voués à la production de masse, sur des terres trop chaudes et trop irriguées. Ces vignobles peu réputés représentent 30 % de la production, destinés essentiellement à la fabrication d'alcool.

Les vignobles prestigieux du pays sont ceux de Constantia, de Franschhoek, de Paarl et de Stellenbosch. Ces quatre grands vignobles produisent les meilleurs vins du pays. Le paysage est celui d'un vignoble de vallée traditionnel. Au pied des montagnes de l'arrière-pays s'étendent de splendides propriétés dont les bâtiments d'habitation et d'exploitation sont souvent de véritables musées : couleur blanche des bâtiments, architecture « Cape Dutch » caractérisée par les fameux frontons à volutes. Ces propriétés remontent au XVIIe siècle. La plus ancienne est celle de Constantia, située dans la ville du Cap et cultivée depuis 1652 suivant la volonté des premiers gouverneurs de la colonie. L'arrivée des huguenots français à la fin du XVIIe siècle provoqua une extension du vignoble. Certains des migrants français avaient d'ailleurs été sélectionnés pour leurs connaissances viticoles : dans le vignoble de Franschhoek (« le coin des français » en hollandais), les propriétés portent encore toutes des noms français (L'Ormarins, La Provence, Le Bonheur, La Motte...).

La viticulture a connu des périodes difficiles. En pleine expansion au début du XIXe siècle sous l'impulsion des Britanniques, elle a souffert d'une chute des prix vertigineuse jusqu'au début du XXe siècle. C'est alors qu'elle connut une réorganisation de fond avec la création en 1918, de la KWV (Koöperative Wijnbouwers Vereeniging von Zuid Afrika). Cette coopérative devint vite quasi monopolistique. Elle réunit aujourd'hui la plupart des producteurs et des coopératives de plus petite taille et contrôle 85 % de la production. Les bureaux de la KWV sont situés à Paarl. Devenue une véritable entreprise, la coopérative règne sur 10 milliards d'investissement, contrôle six distilleries, a des intérêts dans la production de jus de fruits et par ses participations dans l'industrie de la bière (South African Breweries), contrôle une très large part de la vente d'alcool dans le pays. Comme les autres grandes coopératives agricoles sud-africaines, la KWV était appuyée par le gouvernement de Pretoria, surtout à partir des années 1950, et son objectif était de favoriser l'accroissement de la production et de protéger les intérêts de ses adhérents auxquels elle garantissait un prix fixé chaque année en échange d'un contrôle de la production (par quotas imposés aux producteurs). Ce système a favorisé la production de masse par rapport à la production de vin de qualité : le vin ne représentait que 40 % de la production annuelle, 60 % concernant l'eau de vie (brandy). L'État contrôlait aussi la recherche œnologique à l'Institut de Nietworkj près de Stellenbosch (ville dont l'université assurait la formation des experts viticoles). Depuis 1993, les pouvoirs de la KWV ont été réduits et le système des quotas et des prix garantis aboli. Mais les traces du contrôle centralisé de la production seront longues à effacer et expliquent les faiblesses structurelles de la viticulture sud-africaine : pas assez d'effort sur la qualité des produits, trop de terroirs de faible potentialité cultivés en vigne, trop de vins blancs trop sucrés et de vins rouges chargés en tannin, des cépages dominés à l'excès par le chenin blanc (30 % de la superficie) qui donne des vins médiocres.

Ce sont en fait les viticulteurs privés qui ont assuré la qualité et la réputation des vins sud-africains. Bénéficiant d'une législation sur les appellations d'origine depuis 1973, faisant appel souvent à une expertise étrangère (notamment française), ils ont su améliorer la qualité de leur production (et des modes de stockage et de conditionnement : par exemple, les bouchons sont actuellement importés d'Europe). Il s'agit soit de propriétaires individuels, soit de sociétés privées (l'Anglo-American possède certains des vignobles les plus prestigieux : Groot Constantia, Boshendal, Swellendam...). Ce sont surtout leurs vins blancs qui sont réputés (sauvignon blanc, chardonnay, riesling, gewurtztraminer surtout), les rouges, souvent un peu trop alcoolisés sont cependant en progrès constant depuis plusieurs années (Merlot, Cabernet, Shiraz). Le Pinotage (obtenu par un mélange de pinot noir et de Cinsault) est un vin en pleine expansion et qui gagne des marchés à l'étranger grâce à son originalité et à sa légèreté.

Actuellement, la production est en train de se réorienter vers les vins de qualité pour améliorer l'image internationale du vin sud-africain. Sur le marché intérieur, pourtant, la concurrence de la bière est forte et le vin ne représente que 12 % de la consommation d'alcool dans le pays (les Sud-Africains consomment 8,5 litres de vin par personne et par an, contre 63 en France).

L'autre secteur agricole fort du Cap de l'Ouest est l'arboriculture. La production d'agrumes est importante, mais plus encore celle de fruits (pommes, poires, raisins de table, prunes et pêches). L'activité s'est développée parallèlement à la viticulture à partir de 1652. Elle a profité de l'accès au marché britannique au XIXe siècle et aussi du phylloxera qui a détruit une part des vignobles du Cap replantés en vergers. À partir de la fin des années 1930, le Fruit Board a contrôlé l'ensemble de la production et de l'exportation. Ce contrôle a permis l'uniformisation de la production et la conquête de nombreux marchés, multipliant aussi la quantité produite par trois entre 1955 et 1975.

Les fruits sont produits dans la plus grande partie de la région, avec des spécialisations fortes cependant. La région de Grabouw est plantée de près de 6000 hectares de pommiers ; y sont produites plus de 100000 tonnes de pommes par an soit plus de 50 % de la production nationale et une grosse part des exportations. La région de Worcester produit plus de la moitié du raisin de table sud-africain ; prunes et poires sont la spécialité de la vallée de Ceres ; le Petit Karoo produit surtout des abricots qui apprécient ce climat particulier.

La production fruitière n'est pas seulement destinée à la vente brute. La fabrication de jus de fruits et de conserves représente une activité industrielle importante du Cap de l'Ouest qui dispose d'une dizaine d'usines de transformation. Une autre part de la production fruitière est destinée à la fabrication de fruits secs, autre spécialité nationale.

Une des fragilités de l'arboriculture du Cap de l'Ouest réside dans la gestion de la main-d'œuvre et sa part dans les coûts de production. Si la viticulture s'est modernisée et emploie de plus en plus souvent une main-d'œuvre qualifiée, logée sur l'exploitation dans des conditions relativement bonnes, ce n'est pas le cas de l'arboriculture qui utilise surtout des travailleurs saisonniers peu qualifiés. Le Cap de l'Ouest est la province où le travail saisonnier est le plus développé. Cette main-d'œuvre temporaire, sous-payée, sans travail pendant l'essentiel de l'année, ne bénéficie encore que de fort peu de protection. Nombre de ces ouvriers sont des migrants originaires de l'ancien Ciskei (alors que dans le vignoble, les Colorés constituent la très grosse majorité de la main-d'œuvre); beaucoup sont des femmes moins payées encore que les hommes. C'est sur cette main-d'œuvre bon marché que repose la richesse de l'agriculture de la région; la question est de savoir quelle sera la politique du gouvernement dans l'avenir concernant la protection du travail agricole et quelles en seront les conséquences.

Les Karoos

L'arrière-pays de la province du Cap appartient au vaste ensemble du Karoo. Au nord de la province commence le grand Karoo qui occupe l'essentiel du territoire de la province voisine du Cap du Nord. À l'est, entre les chaînes Outeniqua et de Swartberg, s'étend le relief plat et monotone du petit Karoo. Les deux régions ont en commun un sous-sol constitué des dépôts sédimentaires du Karoo, datant du carbonifère, protégés par des couches de lave jurassique. Ces dernières constituent les sommets des vastes inselbergs qui parsèment ces plateaux intérieurs. L'autre caractéristique des Karoos est leur sécheresse: avec 150 mm de pluie par an, la région de Beaufort West fait par exemple figure d'oasis. Couvert d'une maigre steppe, le grand Karoo est peu propice à l'implantation humaine. Il est occupé par une population éparse et l'activité majeure est l'élevage ovin. Sur de vastes fermes de plusieurs milliers d'hectares, les moutons mérinos et karakul sont élevés de façon extensive. Les éoliennes qui apportent de l'eau aux troupeaux sont souvent le seul élément vertical d'un paysage qui s'étend à l'infini. Sur la vallée de l'Olifant, dans la région de Clanwilliam, l'agriculture irriguée a été développée pour produire du raisin.

Le petit Karoo est un peu plus arrosé et des périmètres irrigués y ont été mis en place à partir d'aménagements hydrauliques dans les monts du Swartberg. L'élevage du mouton est aussi l'activité principale mais agrumes, houblon et fleurs ont été introduits. Surtout la région est fameuse pour ses élevages d'autruches. Au début du siècle, cette activité s'est développée pour les plumes: de véritables barons de la plume ont fait fortune et construit des manoirs somptueux. Après la Première Guerre mondiale, l'activité a périclité. Elle a repris aujourd'hui, pour le cuir et la viande, de plus en plus prisée (les plumes sont toujours exportées et les œufs sont plutôt destinés au marché touristique local). Au total, les produits de cet élevage (viande, peau, plumes, œufs) sont exportés à 80 %. Le troupeau total du petit Karoo atteint 160 000 oiseaux, un vaste abattoir à Oudtshoorn peut recevoir jusqu'à 40 000 bêtes par mois.

La région du Karoo est l'une des plus symboliques pour les Afrikaners du nord du pays qui aiment à venir y séjourner. Là, à l'écart des territoires contrôlés par la colonie des Indes Orientales puis par les Britanniques, s'est forgée l'identité afrikaner. Par ses caractères, cette partie de la province semble bien éloignée de la moderne ville du Cap ou des riches exploitations viticoles et fruiticoles qui font la richesse de la région.

Au total, la province du Cap de l'Ouest est sans doute l'une des plus contrastées et des moins cohérentes du pays. La métropole du Cap est à la pointe de la mode et de la modernité. C'est la capitale élégante et hautaine d'une province éclatée entre un arrière-pays viticole et arboricole, où sont brassées des fortunes, et des régions périphériques, les Karoos, conservatrices et qui semblent hors du monde. Mais, finalement, à quelques exceptions près, c'est bien l'hétérogénéité qui caractérise les nouvelles provinces sud-africaines, et notamment les plus économiquement dynamiques, le Gauteng, le Cap de l'Ouest et le KwaZulu-Natal.

Chapitre 8

Les régions sud-africaines de faible dynamisme

Cap de l'Est, Cap du Nord, Mpumalanga, État Libre, Nord-Ouest et Limpopo, ces six provinces couvrent au total 80 % de la superficie de l'Afrique du Sud mais ne représentent, en 1997, que 35 % de son PNB, ne comptent que pour la moitié de sa population et leurs habitants ne contribuent que pour 23 % à l'ensemble des impôts sur le revenu sud-africains.

Ces quelques chiffres disent l'extrême inégalité entre trois régions riches et peuplées, Gauteng, Cap de l'Ouest et KwaZulu-Natal, et le reste du territoire national. C'est leur pauvreté et leur forte dépendance économique qui constituent les traits communs de ces provinces. De plus, elles sont caractérisées par l'absence de pôle urbain majeur ou, au moins, économiquement dynamique.

Ceci n'empêche certes pas de fortes différences entre les six provinces. Le Cap du Nord est particulièrement spécifique : ce vaste territoire semi-désertique forme la plus vaste, mais aussi la moins peuplée, de toutes les provinces du pays ; c'est aussi la seule, avec le Cap de l'Ouest, qui ne comprend aucune portion d'un ancien bantoustan.

L'État Libre intègre également peu de portions d'anciens bantoustans ; en revanche, c'est un fort point commun des quatre autres provinces qui, toutes, ont à gérer une massive réorganisation administrative et spatiale liée à l'ancien découpage de l'espace.

Les six provinces diffèrent par leurs situations. Quatre d'entre elles sont en train de devenir des périphéries du Gauteng qu'elles entourent : l'État Libre, le Mpumalanga et les provinces du Limpopo et du Nord-Ouest. Les deux autres sont excentrées : la très faiblement peuplée province du Cap du Nord et le très peuplé Cap de l'Est ; toutes deux sont issues du partage en trois de l'ancienne province du Cap.

Les périphéries du Gauteng : État Libre, Mpumalanga, province du Limpopo, province du Nord-Ouest

Dans l'ancien découpage régional, les provinces du Nord-Ouest, du Limpopo et du Mpumalanga faisaient partie du Transvaal, alors que l'État Libre a conservé ses frontières antérieures. Ce dernier territoire a toujours été relativement plus autonome du PWV que les trois autres, pour des raisons essentiellement historiques puisqu'il s'agissait, au même titre que le Transvaal, d'une ancienne république boer.

Mais aujourd'hui, ces quatre provinces disposées en auréole autour du Gauteng en constituent des périphéries. En effet, dans la géographie économique de l'Afrique du Sud, ces provinces ont des fonctions spécifiques liées à la proximité du Gauteng. Elles le fournissent en énergie, en eau, en produits agricoles, en matières premières industrielles et en main-d'œuvre. Elles offrent à ses habitants aisés des lieux de distraction pour les fins de semaine et elles sont parcourues par les voies de communication qui assurent les liens du Gauteng avec l'extérieur (voies ferrées et autoroutes constituent un réseau en étoile centré sur le Gauteng). Les axes principaux conduisent à Durban d'une part, et au Mozambique d'autre part, avec le développement actuel du corridor de Maputo pour l'exportation des productions du Gauteng ; secondairement des axes de communication relient la région au Cap, au Botswana et au Zimbabwe. Après un rapide rappel des caractères humains, économiques et naturels très comparables des quatre provinces, nous les analyserons selon les fonctions qu'elles remplissent : réservoirs de main-d'œuvre dans les territoires des ex-bantoustans, sources d'eau, d'énergie, de matières premières, régions de productions agricoles et zones touristiques. Aucune de ces fonctions n'est l'apanage d'une seule province ; c'est pourquoi il est préférable de les présenter à chaque fois globalement.

Quatre provinces aux traits communs

L'essentiel de l'espace couvert par les quatre provinces est constitué de hautes terres planes : c'est le typique haut *veld* sud-africain aux vastes paysages herbeux et aux ciels unis. Aux périphéries de la région, les paysages changent quand on a traversé des chaînes montagneuses (Southpanberg au nord et Drakensberg à l'est), pour entrer dans le bas *veld* moins peuplé encore et aux paysages secs. Les agricultures commerciales de la région sont calquées sur ces régions naturelles : céréales, plantes oléagineuses, tabac et élevage sur le haut *veld*, fruits, café, thé sur les hauteurs arrosées du Drakenserg, fruits tropicaux et coton dans le bas *veld*. Les anciens bantoustans étaient cantonnés en périphérie, essentiellement sur des terres peu propices à une activité agricole commerciale.

Le peuplement des quatre territoires est comparable en cela que la très nette majorité de la population est dans tous les cas africaine et le second groupe est toujours composé de Blancs. C'est la population typique des hautes terres intérieures, espaces de contact et de conflit entre Européens et Africains. Les Indiens et Colorés sont peu nombreux: aucun centre économique important dans la région ne leur offre d'opportunité intéressante, surtout relativement au Gauteng. Ajoutons que les lois de l'État Libre interdisaient tout simplement l'installation d'Indiens, cela depuis le XIXe siècle. Plus en détail, la population d'origine européenne est relativement uniforme, dominée largement par les Afrikaners. La population africaine est plus variée, même si la plupart des groupes ethno-linguistiques appartiennent au groupe sotho-tswana (à part les Venda, les Swazi et les Shangaan qui appartiennent respectivement aux groupes shona, nguni et tsonga) : il s'agit des Basotho, des Tswana, des Pedi et des Ndebele du Nord.

Les quatre provinces présentent, par ailleurs, des caractéristiques socio-économiques proches. La province du Limpopo est cependant plus pauvre que les trois autres, et la moins bien lotie à de nombreux points de vue: c'est la plus peuplée et, de loin, la moins urbanisée, celle qui connaît les taux de chômage les plus élevés et pèse le moins lourd dans le PNB national. À l'inverse, Mpumalanga et État Libre sont les deux régions les plus privilégiées, mais pour des raisons différentes:

- L'État Libre est la principale région céréalière du pays, c'est aussi une des toutes premières régions minières et, des quatre provinces considérées ici, c'est la seule dont la capitale, Bloemfontein/Mangaung, soit une véritable métropole dépassant le million d'habitants (et ayant une fonction fédérale). L'État Libre est aussi la province qui doit gérer les plus petits territoires d'anciens bantoustans (une petite portion du Bophuthatswana et le minuscule bantoustan du QwaQwa).
- Le Mpumalanga est aussi une région minière et agricole importante, mais il a surtout l'avantage d'être situé sur un corridor vital pour le Gauteng et en plein développement: le corridor de Maputo, axe majeur de l'aménagement actuel du territoire. En outre, le potentiel touristique de la province est considérable.

La province du Nord-Ouest est la plus moyenne des quatre; son territoire est plus simplement duel: terres blanches agricoles au sud et à l'est, consacrées aux céréales et à l'élevage à l'ouest, ancien Bophuthatswana au nord.

Les réservoirs de main-d'œuvre: les anciens bantoustans

Il n'est pas inutile de revenir brièvement sur le rôle et l'organisation des anciens bantoustans. Les quatre provinces en comprenaient sept: le Bophuthatswana, le QwaQwa, le Kangwane, le Gazankulu, le Lebowa, le Venda et le KwaNdebele. Tous se caractérisaient par une administration pléthorique qui dut être intégrée à la fonction publique provinciale. Le cas le plus grave est celui de la province du Limpopo qui devait fondre en une seule cinq fonctions publiques ! Par ailleurs, la plupart des fonctionnaires résident dans d'anciennes capitales qui n'en sont plus (à l'exception de Mafikeng-Mmabatho), ce qui ajoute au problème des pesanteurs géographiques.

Les anciens bantoustans sont des réservoirs de main-d'œuvre. Sans activité notable (à l'exception des mines de platine de l'ancien Bophuthatswana), pas même agricole, ils vivent des revenus du travail migrant. Ces espaces devraient bénéficier des politiques de développement en cours, mais les choses vont lentement. La grande question est l'avenir de la réforme agraire qui devrait permettre de décongestionner ces territoires et de rétablir dans leurs droits des populations spoliées. Mais, dans bien des cas, on doit s'interroger sur la possibilité même de réformes foncières viables. Le cas du QwaQwa, à la frontière du Lesotho, est éclairant : loin de tout centre important, dans une région sèche et montagneuse, ce petit territoire ne semble avoir aucune possibilité de développement. Sa capitale, Phuthaditjhaba, perdue au milieu de rien, est désormais privée de sa raison d'être avec l'intégration du bantoustan dans la province de l'État Libre.

Les situations les plus problématiques sont néanmoins, sans doute, celles des zones d'urbanisation dite « déplacée ». On ne reviendra pas sur le cas du Winterveld dans la province du Nord-Ouest (voir chapitre 6). La ville de Botshabelo (depuis 2000, intégrée dans l'autorité métropolitaine de Mangaung) est dans une situation similaire. C'est la seconde ville noire d'Afrique du Sud après Soweto. Elle compte plus de 500 000 habitants regroupés à une cinquantaine de kilomètres à l'est de Bloemfontein. Cette dernière est sans doute la ville d'Afrique du Sud qui avait appliqué le plus strictement les lois de l'apartheid (y ajoutant l'interdiction spécifique de résidence pour les Indiens). Dans les années 1960, la règle du « *White-by-night*[1] » était férocement appliquée ; dès 1968, toute construction était arrêtée dans le *township* noir de Mangaung (éponyme de l'autorité métropolitaine créé en 2000). Dans l'État Libre, les années 1970 ont aussi été marquées par l'expulsion massive d'agriculteurs noirs des terres blanches. Ces deux facteurs expliquent la poussée urbaine des années 1970 qui fut détournée d'abord vers Thaba Nchu, petit territoire rattaché au Bophuthatswana. Or, la population déplacée était essentiellement sotho, ce qui provoqua une vague de violence nationaliste tswana contre les Sotho (provoquée par les nouvelles autorités du bantoustan). Botshabelo fut alors créée, sur des terres blanches expropriées en 1979 près de Thaba Nchu, pour y réinstaller des Sotho. Ceux-ci reçurent une parcelle de 15 m sur 30 et une tente sur des terrains sans aucun équipement. Ce petit territoire devait ensuite être rattaché au QwaQwa (il ne le fut jamais tant la résistance des populations fut forte, tant à Botshabelo qu'au QwaQwa). Grâce à un réseau de transport en commun subventionné, Botshabelo fournit une main-d'œuvre bon marché à Bloemfontein, aux mines d'or de l'État Libre et à quelques entreprises qui s'installèrent à Botshabelo même, attirées par des aides publiques exorbitantes

1. Règle qui interdisait la ville blanche aux non-Blancs dès la nuit tombée.

offertes durant les années 1980 : 600 000 rands pour les frais de délocalisation, tarifs spéciaux pour l'électricité, logement des cadres, subvention pour le transport ferroviaire des produits, priorité sur appels d'offres publics, et surtout l'État s'engageait à payer 95 % des salaires inférieurs à 100 rands par mois pendant sept ans. Malgré tout, aucune entreprise viable ne s'est implantée à Botshabelo et, avec la fin du système de subvention, les dernières ont disparu. En revanche, l'agglomération restera longtemps marquée par cette politique pernicieuse de gestion de la main-d'œuvre.

Dans le seul cas de la province du Nord-Ouest, une ville de bantoustan semble avoir des chances de devenir un centre de commandement, puisque Mafikeng a été choisie comme capitale de la province. Cette ville est cependant un cas très particulier. Mmabatho fut créée et construite à partir de 1976 à 7 km de Mafikeng, ancienne capitale britannique du Bechuanaland, pour servir de capitale au Bophuthatswana. En 1980, Mafikeng fut intégrée au bantoustan et les deux villes passèrent sous une même autorité municipale en 1984. L'agglomération compte aujourd'hui environ 150 000 habitants et semble capable de maintenir son développement grâce à son nouveau statut provincial. L'ensemble s'appelle de nouveau Mafikeng et les infrastructures et bâtiments de l'ancienne administration du régime du président Mangope sont aujourd'hui occupés par les services de la province du Nord-Ouest qui y sont plus qu'au large. La particularité de la cité est, d'une part, d'avoir bien réussi sa déségrégation raciale, d'autre part de connaître peu de problèmes d'occupation illégale du sol, car celui-ci est contrôlé par les chefs coutumiers tswana (dont le rôle politique avait été entretenu par le gouvernement du Bophuthatswana) qui perçoivent un loyer pour les terres, selon un système de gestion foncière typique des villes africaines, mais rare en Afrique du Sud.

Au total cependant, les anciens bantoustans resteront longtemps des réservoirs de main-d'œuvre pour le Gauteng, les centres secondaires de la région, les mines et les exploitations agricoles. C'est en ce sens qu'ils participent de la logique régionale, de même que d'autres sous-régions possédant des spécialisations différentes.

De l'eau, de l'énergie et des matières premières pour le Gauteng

Première région urbaine et industrielle du pays, le Gauteng est un énorme consommateur d'eau et d'énergie. L'une des fonctions traditionnelles des régions voisines est de lui en fournir. Elles n'y suffisent d'ailleurs pas : la collecte de l'eau va désormais jusqu'au Lesotho, celle de l'énergie ira bientôt de nouveau jusqu'au barrage hydroélectrique de Cabora Bassa au Mozambique. Plus proche, le Vaal Dam, à la limite de l'État Libre et du Gauteng, fournit pour l'instant l'essentiel de l'eau consommée par ce dernier.

De nombreux autres ouvrages hydrauliques parsèment les quatre provinces et servent principalement à l'irrigation de périmètres agricoles. Le plus important est le barrage Hendrik Verwoerd (rebaptisé Gariep en 1997) sur l'Orange à la limite sud de l'État Libre. Ce lac de 374 km^2 est relié à la rivière Fish par deux canaux souterrains. Il permet d'irriguer des milliers d'hectares de terres sèches et de produire de l'électricité pour l'État Libre.

L'énergie est aussi produite dans des centrales thermiques à partir des immenses gisements de charbon des dépôts du Karoo. D'abord extrait à Springs, le charbon vint ensuite surtout des mines de la région de Witbank, véritable pays noir d'Afrique du Sud, situé à une centaine de kilomètres de Johannesburg, dans le Mpumalanga. Witbank est entourée de 22 mines où l'extraction s'est développée à la fin du XIXe siècle grâce à la voie ferrée Pretoria-Lourenço Marques. Les 7 mines à ciel ouvert de la région d'Ermelo sont plus récentes : ouvertes à la fin des années 1950, elles ont été intégrées dès les années 1960 à un système de production électrique avec l'ouverture de 7 centrales thermiques, d'ailleurs aujourd'hui sous-utilisées. La région d'Ermelo est aussi aujourd'hui grosse productrice d'anthracite. Une grande partie du charbon et de l'anthracite est exportée par le port de Richards Bay.

Les matières premières extraites dans la région servent aussi aux activités du Gauteng, qu'elles y soient destinées, transformées ou que leur exploitation dépende de capitaux du Witwatersrand.

L'ensemble de l'ancien Transvaal a connu de nombreuses ruées vers l'or et le diamant sur des gisements souvent vite épuisés : Standerton, Barberton, Eureka City, Eersteling, Pilgrim's Rest, Lichtenburg, sont ainsi des bourgades qui ont connu une heure de gloire.

Aujourd'hui, le principal site d'extraction aurifère est constitué par les gisements de l'État Libre qui ont supplanté ceux du Witwatersrand depuis les années 1940. Ils ont donné naissance à une conurbation très éclatée, mais qui compte parmi les plus importantes concentrations humaines du pays avec les centres de Welkom, Allanridge et Odendaalsrus.

Les provinces du Limpopo et du Nord-Ouest disposent aussi de richesses minières. Dans la province du Nord-Ouest, Klerksdorp produit de l'or et de l'uranium, mais surtout, près de Rustenburg, la région détient le plus important gisement de platine du monde[1]. Elle était située sur le territoire du Bophuthatswana et constituait sa principale ressource. La province du Limpopo a des ressources minières plus variées. Si les mines de cuivre de Musina, de marbre de Marble Hall et d'étain de Naboomspruit sont d'importance secondaire, les deux principaux centres miniers de la province sont Phalaborwa et Thabazimbi. À Phalarborwa, cuivre, phosphate et fer sont produits en grande quantité et une ville secondaire importante se développe, qui a en outre l'avantage d'être située à la limite du parc Kruger. Thabazimbi signifie « montagne de fer », il est extrait pour le compte de l'Iscor qui traite le minerai dans ses usines de la région de Pretoria.

1. C'est dans cette *platinum belt* que se trouve Marikana où a eu lieu le massacre d'août 2012 (voir post-scriptum).

Des régions agricoles

Mpumalanga, État Libre, Limpopo et Nord-Ouest constituent le cœur agricole de l'Afrique du Sud, pour la raison simple qu'y est produit l'essentiel des céréales du pays. On y trouve aussi des régions productrices d'agrumes et de fruits tropicaux et des activités d'élevage importantes. Enfin, la sylviculture est très développée dans l'est de la région.

Cette agriculture commerciale est prospère en raison de la proximité du marché du Gauteng et de l'importance des aménagements hydrauliques qui ont permis la multiplication des périmètres irrigués.

L'essentiel du paysage rural est typique du haut *veld*: champs de maïs s'étendant à l'infini, troupeaux de bovins, villages et petites villes dominés par les hauts silos de la coopérative et portant des noms importés surprenants (Franckfort, Bethlehem, Coligny...). Ce paysage occupe l'essentiel de l'État Libre, l'ouest de la province du Nord-Ouest et du Mpumalanga. Les fermes de l'État Libre se consacrent au maïs d'abord, au blé secondairement (dans l'est de la province, plus arrosé) ; luzerne et pomme de terre sont souvent des cultures associées aux céréales en même temps que l'élevage. Franckfort est le cœur du triangle du maïs (expression de moins en moins appropriée avec l'extension spatiale actuelle de cette culture), Bethlehem est la capitale du blé. Une ferme de la région occupe en moyenne 5 000 hectares dont plus de la moitié en prairie. L'élevage bovin pour la viande domine, mais le mouton est important dans l'est de la province.

Il n'y a pas de différence notable entre ces paysages ruraux et ceux de l'ouest de la province du Nord-Ouest ou de grandes parties occidentales du Mpumalanga. Dans ces deux cas, l'irrigation a cependant permis une vraie diversification, avec notamment la culture du tabac et des oléagineux (arachide et tournesol). En outre, dans la province du Nord-Ouest, la part de l'élevage est encore plus importante, surtout dans la région de Vryburg qui est le plus gros marché de bétail en Afrique du Sud.

Ponctuellement, là où l'irrigation est abondante ou si le climat est favorable, des cultures spéciales ont été développées. Au premier rang de ces cultures viennent les agrumes. Les plantations de Zebediela dans la province du Limpopo produisent plus de 400 millions d'oranges par an grâce à une irrigation qui permettrait d'alimenter une ville moyenne. Reliée à Johannesburg par chemin de fer, la petite ville de Zebediela est entourée de plus de 60 0000 orangers. L'autre grand centre de production d'agrumes se trouve dans le Mpumalanga, autour de Nelspruit/Mbombela. Cette région du bas *veld* au climat tropical est aussi consacrée à la culture de fruits tropicaux (avocats, papayes, bananes, litchis, mangues) et de tomates.

Dans la province du Limpopo, la région de Tzaneen, située à l'est de Pietersburg dans le Drakensberg, constitue un troisième centre pour les cultures spéciales. Les pentes de vallées sont couvertes de vastes plantations de bananiers et d'avocatiers, mais surtout, depuis 1963, c'est la seule région d'Afrique du Sud productrice de thé.

Enfin, la vallée du Caledon, au sud de l'État Libre et à la frontière du Lesotho, est spécialisée dans la production fruitière, notamment dans les régions de Fouriesburg et Ficksburg où sont produites l'essentiel des cerises sud-africaines mais aussi pêches et prunes.

Le troisième type d'activité rurale, qui fait le poids économique de la région, mais fournit peu d'emplois, est la sylviculture. Les vastes plantations de pins, d'eucalyptus et de wattle occupent surtout deux régions dans le Mpumalanga : le Drakensberg du Nord dans la région de Graskop et de Sabie (où se trouvent les scieries de la Mondi Paper, les plus grandes du pays), et le Drakensberg du Sud dans la région d'Amsterdam et de Piet Retief à la frontière du Swaziland.

Des zones touristiques

Plus articulées encore que les régions agricoles sur le Gauteng, certaines parties des quatre provinces sont consacrées au tourisme. La clientèle vient essentiellement du Gauteng. Sans parler des petits centres, souvent situés sur les lacs de barrages entourant le Gauteng, ni des sources chaudes de Warmbad et de Badplaas dont les stations attirent des flux très modestes, quatre grands pôles touristiques dominent.

À la limite orientale du Mpumalanga et de la province du Limpopo, le parc national du Kruger est de renommée mondiale. Plus étendu à lui seul que la Belgique, il est, en outre, bordé de nombreuses réserves privées de grand luxe, et bien des petites villes voisines tirent profit de leur rôle d'étape. Le parc Kruger est le site le plus visité par les touristes étrangers avec la ville du Cap et le complexe de Sun City. La partie nord du parc est aujourd'hui revendiquée par des communautés africaines qui ont été expulsées de ces terres au fur et à mesure de son extension. L'avenir verra sans doute une association plus forte des ruraux aux activités touristiques. Bien des projets vont dans ce sens, mais d'autres semblent plutôt s'orienter vers une privatisation de la gestion des parcs naturels pour les rendre plus rentables.

Les montagnes du Drakensberg dans le Mpumalanaga sont un autre centre d'attraction touristique, plus local. Outre leurs activités forestières, ces régions montagneuses présentent des paysages splendides, des villages anciens reconstitués et des sites de villégiature pour tout budget : c'est un lieu de séjour habituel pour les habitants aisés du Gauteng. Là aussi, il existe de grands projets touristiques financés par des capitaux privés et souvent étrangers.

La chaîne du Magaliesberg, dans la province du Nord-Ouest, assure la même fonction récréative de week-end pour les riches habitants du Gauteng, mais à une moindre échelle et plus près de Pretoria/Tshwane. Enfin, dans la même province mais dans l'ancien Bophuthatswana, le complexe touristique de Sun City s'est développé dans les années 1980. Ce petit Las Vegas sud-africain, reconstitution d'une atlantide antique, vit surtout du jeu. Les immenses salles attirent des joueurs de toute la région, appartenant d'ailleurs à tous les groupes raciaux.

Ce complexe a été construit par le magnat sud-africain Sol Kerzner qui s'était fait une spécialité du développement de casinos dans les anciens bantoustans à l'époque où l'Afrique du Sud puritaine interdisait hypocritement le jeu sur son territoire. Les autorités des bantoustans y trouvaient une source de revenu appréciable mais dont seule une élite corrompue profitait.

Ce rapide aperçu des provinces du Limpopo, du Nord-Ouest, du Mpumalanga et de l'État Libre montre la similitude de leurs activités et surtout la cohérence de leur fonctionnement, articulé sur le Gauteng. L'État Libre, plus autonome, se démarque certainement de ce point de vue des trois autres provinces. Il faudra voir si le nouveau découpage provincial permettra de réduire la dépendance, notamment si les nouvelles capitales provinciales de Nelspruit/Mbombela, Polokwane et Mafikeng parviendront à tirer profit de leur statut.

Provinces excentrées, les anciennes périphéries du Cap

Du découpage récent (1994) de l'ancienne province du Cap en trois provinces, Cap de l'Ouest, Cap de l'Est et Cap du Nord, la première des trois semble avoir conservé tous les atouts. Les deux autres, Cap du Nord et Cap de l'Est, quoique fort différentes, l'une étant très peuplée et noire, l'autre quasi désertique et colorée, partagent leur caractère excentré : loin du Gauteng, elles ne sont pas pour autant des périphéries de la métropole du Cap qui n'a pas un tel rayonnement. Ce sont deux provinces enclaves, toutes deux très particulières mais marginalisées dans l'espace national.

Le Grand Ouest

La province du Cap du Nord couvre près de 30 % du territoire sud-africain mais ne compte que 2 % de sa population. Ceci suffit à donner une idée de la particularité de la région. L'autre étant que le Cap du Nord est la seule province, avec le Cap de l'Ouest, où le premier groupe de population n'est pas noir mais coloré Plus de la moitié de la population noire est de surcroît localisée à Kimberley/Sol Platjee et à Barkly West, les deux seuls districts remportés par l'ANC aux élections de 1994 mais ce qui a suffit à lui donner la majorité à l'échelle de la province. Ailleurs, la population dite « colorée » domine nettement mais elle n'est pas uniforme. Les Griquas sont nombreux dans la région de Kimberley/Sol Platjee et de Griquatown, ce qui correspond à l'ancien Griqualand ; les Nama occupent le Namaqualand, ailleurs les populations s'apparentent aux Khoikhoi. Ces différents groupes revendiquent aujourd'hui que soient reconnues leurs identités spécifiques, de façon d'ailleurs dispersée. Ayant été chassés de leurs terres bien avant le *Land Act* de 1913, ils sont exclus des processus de restitution et se sentent brimés. Récemment, la réclamation à la France des restes de la célèbre Vénus hottentote a participé de ces mouvements identitaires. Ces divers mouvements de revendication sont caractéristiques d'une province qui se sent à l'écart des transformations en cours mais aussi d'une terre pauvre sur laquelle les groupements humains sont de véritables isolats.

La province, en effet, est toute entière dans une zone où il pleut moins de 500 mm par an, et moins de 200 dans tout l'ouest. Les cours d'eau sont temporaires, à l'exception notable de l'Orange (rebaptisé Gariep depuis le début des années 2000), seul fleuve de la région et qui, par ses périmètres irrigués, en constitue la colonne vertébrale agricole. Le Vaal, affluent de l'Orange, arrose aussi une petite région à l'est de la province. De semi-aride à l'est, le climat devient désertique au nord, où commence le Kalahari, et à l'ouest où l'on rencontre le désert côtier du Namaqualand qui est la prolongation du désert de Namib situé au nord (il est fameux pour se couvrir de fleurs au mois de septembre, ce qui attire les touristes sud-africains). Pour le reste, la province correspond à l'essentiel du Grand Karoo : couvert d'une végétation steppique, il ne permet qu'un élevage extensif de moutons, mérinos dans les régions les moins sèches, karakul (race asiatique, à poils longs, peu exigeante et dont les agneaux donnent une sorte d'astrakan) ailleurs. De vastes lacs salés complètent ce paysage aride et vaste, les plus imposants sont, au centre du Karoo, les lacs de Verneukpan et Grootvloet.

Le Cap du Nord évoque le *Far West* américain par ses paysages : immensités sèches, parsemées de fermes isolées et de quelques bourgades écrasées de chaleur le long de routes rectilignes dont le ruban gris se déroule jusqu'à l'horizon.

L'essentiel de la population est concentrée dans les villes, en premier lieu à Kimberley/Sol Platjee, ancienne capitale du diamant, qui compte environ 250 000 habitants, soit à peu près le tiers de la population totale de la région. Première ville à avoir connu au XIXe siècle une urbanisation massive, Kimberley/Sol Platjee est aujourd'hui un centre très secondaire pour lequel le nouveau statut de capitale provinciale est une chance.

Les autres centres urbains de la région sont très espacés les uns des autres et présentent l'allure d'oasis. Les plus importants sont situés sur le cours du Vaal et de l'Orange : Douglas, Prieska, Goroblershoop, Kakamas et surtout Upington... Il s'agit de centres marchés agricoles car les deux cours d'eau permettent une agriculture irriguée. Dans la région de Douglas, sur le Vaal, on cultive coton, luzerne et pomme de terre. La région d'Upington se targue d'une route des vins : la culture du raisin, malgré des conditions peu favorables y est importante, l'essentiel est du sultana destiné à la fabrication de raisins secs : en quelques heures, le raisin, étendu en plein soleil sur des dalles de ciment, est prêt. Toute la région située entre Kakamas et Upington s'est spécialisée dans les fruits secs, la pêche de Kakamas, notamment, est célèbre, mais on cultive aussi dates et abricots ainsi que du coton et de la luzerne.

Plus au sud de l'Orange, les villes sont de petits centres lainiers : Carnavon, Williston, Vosberg... La laine est la première ressource de la région, avant les mines, même si celles-ci sont la raison d'être de beaucoup de centres. Hotazel, au nord, est la ville du manganèse, Springbok du cuivre, Sishen du fer. Mais c'est le diamant qui reste la principale richesse extraite du sol : Kimberley en est né, mais aussi Barkly West ou Finsh Diamond Mine. Au Namaqualand, les ports de Alexander Bay et Port Nolloth qui ont été établis pour l'exportation du minerai de cuivre de Springbok se sont révélés être sur un site bien plus valeureux : les dépôts littoraux et sous-marins de diamants sont énormes ; ils prolongent ceux du sud de la Namibie. L'ensemble de ces gisements est contrôlé par la De Beers qui a maintenu son monopole dans la région.

D'autres minerais rares sont extraits dans le Cap du Nord, mais aucune de ces activités ne sert véritablement de fondement à un développement économique. La question de la viabilité économique de la province est souvent posée, d'autant que l'on sait qu'elle n'aura jamais un rôle touristique important : le vaste parc national du Kalahari au nord, les fleurs du Namaqualand et les chutes Augrabies sur l'Orange n'y suffiront pas, et le littoral, aride et brumeux, est peu attractif.

Il n'empêche que dans le contexte actuel, la province du Cap du Nord a des atouts. En premier lieu, c'est la seule province avec le Cap de l'Ouest à n'avoir à intégrer aucune portion d'ancien bantoustan. Le faible peuplement explique aussi la faible ampleur des changements : ici peu de mouvements migratoires, une stabilité frappante, à l'image des paysages. La province voisine du Cap de l'Est est très loin de connaître une situation aussi simple.

Le Cap de l'Est, les potentiels d'une région littorale

Le Cap de l'Est est l'une des provinces d'Afrique du Sud les plus variées parce qu'elle est constituée d'une des portions du territoire naguère les plus fragmentées. D'ouest en est, elle comprend une large partie du Petit Karoo, entre Graaff-Reinet et Cradock, puis le pays dit « des *settlers* » où s'installèrent les colons britanniques dans les années 1820 (dans l'arrière-pays de Port Elisabeth, autour des centres de Grahamstown et Somerset East), puis l'ancien bantoustan du Ciskei, puis le corridor de terres blanches reliant le port d'East London à l'intérieur, et, enfin, les vastes étendues de l'ancien bantoustan du Transkei.

Ces ruptures spatiales entre différentes régions sont d'autant plus fortes qu'elles correspondent toutes à des ruptures culturelles, entre Xhosa des deux anciens bantoustans et Européens, certes, mais aussi entre Afrikaners du Petit Karoo et anglophones de la région de Port Elisabeth/Nelson Mandela Bay et entre populations colorées de l'ouest et noires de l'est. À l'intérieur du groupe xhosa, les clivages sont forts aussi, accentués par l'ancienne division en deux bantoustans que les autorités de l'apartheid avaient justifié en se référant à l'existence de différents clans xhosa. De plus, le Ciskei fut aussi défini comme territoire des Mfengu, groupe d'origine zouloue ayant fui le Zululand au XIXe siècle, christianisé depuis. Ces définitions ethniques, sans fondement réel, ont été exploitées pour diviser les populations noires. Le Transkei accédant à l'indépendance en 1976 et le Ciskei en 1980, les deux nouveaux pays jouèrent à leur tour de ces pseudo-différences ethniques, surtout au Ciskei : le président Sebe, dictateur du Ciskei, voulait justifier son pouvoir et éviter une fusion avec le Transkei que souhaitaient les autorités de ce territoire.

Les territoires xhosa ont connu l'une des histoires les plus mouvementées de l'Afrique du Sud. Premier groupe bantou à affronter les colons européens, les Xhosa possèdent une tradition ancienne de résistance à la colonisation. Au XXe siècle encore, les principaux leaders de l'ANC sont de langue xhosa (Nelson Mandela, Thabo Mbeki, Oliver Tambo...) ; Robert Sobukwe, fondateur du Pan Africanist Congress, est aussi de langue xhosa, de même que le *leader* assassiné du Mouvement de la Conscience Noire, Steve Biko, qui était originaire de King William's Town. Cette particularité n'est pas sans être liée à l'importance dans la région de l'éducation prodiguée par les missions religieuses. La mission de Lovedale a été la première à apporter un enseignement secondaire de qualité aux Noirs et elle a préparé la voie à la célèbre université de Fort Hare, ouverte en 1915, qui fut la première et longtemps la seule université pour Africains dans le pays.

Les agriculteurs xhosa et mfengu pratiquaient, jusqu'au début du siècle, une activité florissante associant élevage et culture du maïs. Elle fut progressivement brisée par les lois sur la terre, puis les déplacements de population vers les deux bantoustans. Les terres de ces ex-bantoustans sont aujourd'hui des enclaves de pauvreté. Le Transkei, vaste territoire rural, densément peuplé et dont la population pratique une agriculture très traditionnelle (élevage et maïs) vit aujourd'hui, comme les autres anciens bantoustans, non pas de l'agriculture mais des revenus du travail migrant. Une part de sa population a cependant bénéficié du développement d'une fonction publique importante, concentrée presque exclusivement dans l'ancienne capitale, Mthatha. Les campagnes du Transkei offrent de collines sans arbres, l'élevage domine largement et l'habitat fait de cases, rondes en général, évoque une Afrique du Sud paysanne qui n'est pourtant plus une réalité. Le Ciskei, quant à lui, est un réservoir de main-d'œuvre pour les villes blanches voisines ; la population est urbaine à plus de 40 % et réside dans des banlieues dortoirs misérables : Mdanstane pour East London, Zwelitsha pour King William's Town. Ces ensembles urbains ont été créés dans les années 1960 sur des terres africaines pour loger les populations chassées des villes et terres blanches. La capitale de l'ancien Ciskei, Bisho, est devenue capitale de la province du Cap de l'Est. Cette ville nouvelle, créée à grands frais au début des années 1980, dispose d'infrastructures qui seront mieux utilisées par une capitale provinciale que par un ancien régime fantoche.

La pauvreté dans la province du Cap de l'Est ne se limite pas aux territoires des anciens bantoustans. Les deux centres urbains de la région, l'ensemble Port Elisabeth-Uitenhage (Nelson Mandela Bay, environ 1 million d'habitants) et East London (Buffalo City, environ 0,3 million d'habitants) sont en crise.

Les deux centres portuaires et industriels ont souffert depuis la fin des années 1970 d'une situation géographique peu favorable : loin du Gauteng, entre les régions de Durban et du Cap, le Cap de l'Est est une sorte d'enclave, à l'écart des axes d'échange contemporains.

Depuis les années 1920, Port Elisabeth a été le principal centre de l'industrie automobile du pays. L'essentiel des autres industries de la ville (chimie, caoutchouc, mécanique) est lié à ce secteur pour lequel elles sous-traitent. Or, depuis les années 1970, le montage sur place de voitures à partir de pièces détachées importées, qui justifiait la localisation portuaire de l'industrie automobile, a de plus en plus cédé la place à la fabrication de véhicules à partir de pièces fabriquées localement sous licence. Dès lors, de nombreux constructeurs ont préféré déplacer leurs usines vers le Gauteng, c'est-à-dire près du principal marché. 31 000 emplois ont été perdus dans le secteur entre 1982 à 1985, date à partir de laquelle la tendance s'est poursuivie à un rythme plus lent. Au total, plus de 60 % des hommes noirs en âge de travailler de l'agglomération sont chômeurs, et plus de 50 % des citadins vivent dans des baraques précaires. La crise a été aggravée par les conflits politiques violents des années 1980. En mars 1985, 120 000 ouvriers se sont mis en grève. Une manifestation pacifique le 21 mars 1985 à Langa (l'un des plus anciens *townships* de la ville) a été réprimée par la police qui a tué 43 personnes; cet événement est resté dans les mémoires comme le « massacre de Langa ».

Port Elisabeth demeure le quatrième port du pays avec un trafic annuel de près de 5 millions de tonnes. Le port importe surtout des hydrocarbures et des pièces détachées de voitures pour les usines de la ville; il exporte de la laine du petit Karoo, des oranges, des ananas (principale culture commerciale de l'arrière-pays) et des minerais (notamment du manganèse).

À quelques 100 kilomètres à l'est, le port d'East London (trafic annuel: 3,2 millions de tonnes) est encore plus spécialisé: il exporte du maïs et importe des hydrocarbures, le trafic de conteneurs est quasi inexistant. La ville d'East London est dans une situation économique plus grave encore que Port Elisabeth. Elle a connu des violences politiques de même ampleur durant les années 1980, son industrie agro-alimentaire et textile n'a survécu que grâce aux politiques incitatives de décentralisation de l'ancien régime et son avenir s'annonce sombre.

Cet ensemble de graves difficultés explique que les mouvements de population dans la région tendent à se diriger de préférence vers la province du Cap de l'Ouest et la métropole du Cap.

Pourtant, le Cap de l'Est a des atouts certains si les politiques de développement en cours réussissent. La région agricole est potentiellement riche, même s'il est peu probable qu'une activité agricole économiquement viable se rétablisse dans les anciens bantoustans. Le potentiel touristique est important, surtout sur la côte de l'ancien Transkei. Cette portion de littoral, de plusieurs centaines de kilomètres, qui offre des sites splendides n'est pas aménagée et mérite son nom de côte Sauvage. Seules les anciennes stations balnéaire coloniales de Port Saint Johns et de Coffee Bay, aujourd'hui bien délabrées, sont accessibles par la route, mais les activités sont appelées à se développer et les investisseurs internationaux sont intéressés. De même, l'arrière pays à l'ouest de la province, le pittoresque petit Karoo, attire de plus en plus les touristes sud-africains et étrangers.

La province du Cap de l'Est, dotée d'un littoral important et peu exploité, d'un arrière-pays rural potentiellement favorable et de deux centres urbains industriels et portuaires malgré sa très grande pauvreté, n'est pas dépourvue d'atouts. La situation entre Durban et le Cap peut enfin devenir un avantage avec l'engorgement du port de Durban dont Port Elisabeth peut profiter et l'unification territoriale du pays qui fait que le Transkei n'est plus un obstacle à la circulation puisqu'il n'existe plus de frontière internationale à traverser.

Quatrième Partie

Des voisins divers : dépendance ou intégration ?

Chapitre 9

Trois anciens protectorats enclavés : Botswana, Lesotho et Swaziland

LES PAYS D'AFRIQUE AUSTRALE sont de tailles, de formes et d'origines fort diverses. Trois d'entre eux sont particulièrement étonnants : le Botswana, le Lesotho et le Swaziland. L'un, fort étendu, peu peuplé et à l'économie apparemment florissante, le Botswana, s'oppose aux deux autres, micro-monarchies australes, densément peuplées et mal pourvues en ressources. Pourtant, ces trois pays ont suffisamment de points communs pour que leur étude conjointe soit enrichissante. L'enclavement, la répartition inégale de la population et la dépendance presque totale des économies vis à vis de l'Afrique du Sud sont des similitudes qui s'ajoutent à deux autres non moins essentielles : les populations des trois États (quasi mono-ethniques) sont liées culturellement à des groupes occupant des régions d'Afrique du Sud ; tous trois ont fourni, et fournissent encore, de fort contingents de main-d'œuvre à leur puissant voisin sud-africain et sont par là même intégrés à son économie. Enfin, les trois pays furent un temps sous le contrôle d'une même administration britannique des protectorats d'Afrique australe. Cependant, à partir de situations proches, les choix et circonstances historiques furent différents ; avec quels résultats ?

De bien étranges frontières

Les trois pays sont enclavés et ont des formes surprenantes. Le Botswana est séparé de la Namibie par une frontière rectiligne. Le Lesotho est le seul pays au monde qui soit totalement enclavé dans un seul État. Le Swaziland, pourtant si proche de l'océan Indien, n'a pas accès à la mer. Enfin, ces étranges frontières délimitent des territoires aux milieux naturels contraignants et sur lesquels la répartition de la population est très inégale.

L'occupation de l'espace

Des milieux peu favorables

Le territoire botswanais est occupé à 80 % par le « désert » du Kalahari. C'est un pays plat, d'altitude presque constante (1 000 m environ). Néanmoins les milieux naturels sont plus variés qu'il n'y paraît. Aucune région n'est totalement privée de pluies qui représentent un total annuel de 650 mm au nord-est du pays et décroissent vers le sud-ouest où il ne pleut pas plus de 250 mm par an. La végétation reflète le gradient pluviométrique : de la steppe et des dunes sableuses du sud-ouest, on passe à une maigre savane à baobabs et au nord-est à une forêt claire (*mopane*). Mais, plus encore que la faiblesse des pluies, c'est leur irrégularité qui frappe, puisque des cycles de sécheresse sont repérables tous les cinq ou six ans. La grande sécheresse du milieu des années 1980 a été une des pires du siècle, celle de 1991-1992 a aussi été dévastatrice.

La variété des milieux est aussi tributaire de la présence des eaux superficielles. Des lacs salés, presque asséchés, appelés *pan*, occupent de vastes territoires et sont liés aux conditions actuelles d'aridité du climat (le Makdagikgadi est le plus vaste). Le delta intérieur de l'Okavango (12 000 km^2 en période de hautes eaux) constitue un autre milieu aquatique très original. L'Okavango, troisième fleuve d'Afrique par sa longueur (1 300 km depuis les hauts plateaux angolais), déverse dans le delta 12 milliards de m^3 d'eau par an. Cette formation endoréïque est due à des détournements successifs des cours d'eau : l'Okavango rejoignait le Limpopo avant que des mouvements tectoniques ne le fassent se perdre dans les sables du Kalahari. L'essentiel de l'Okavango est une réserve naturelle et le haut lieu touristique du Botswana. Si le Kalahari ne connaît pas d'écoulement pérenne des eaux, cela ne signifie pas que ce soit un milieu aréique. La couverture de sables tertiaires explique la perméabilité des sols, mais les rivières sèches sont nombreuses, soulignées dans le paysage par une végétation arbustive, voire arborée, liée à l'existence d'inféoflux. Par ailleurs, dans le Kalahari, les pluies atteignent parfois les 300 mm annuels qui permettraient dans la plupart des secteurs une activité agricole et empêchent de ranger cette région dans les milieux désertiques vrais.

Le Lesotho est sans doute plus mal loti : l'essentiel de son territoire, constitué de hautes montagnes (qui culminent à près de 3 500 m) enneigées en hiver, est impropre à l'agriculture. La vallée du Caledon et les collines qui la bordent constituent la seule partie véritablement cultivée du pays.

Enfin, le Swaziland, mieux pourvu, est un pays étagé d'ouest en est, depuis les hauteurs du Drakensberg au bas *veld*. Le haut *veld* est bien arrosé (1 300 mm), les altitudes y atteignent 1 300 m en moyenne. Un escarpement sépare cette région du moyen *veld* (700 m, environ 900 mm de pluies annuelles), région la plus propice aux activités agricoles. Enfin, à l'est du pays, s'étendent les savanes du bas *veld* (300 m, 650 mm) au milieu chaud et sec. Cet étagement permet une diversification des cultures : bois, maïs, tabac et pomme de terre sur le haut *veld*, maïs, tabac, agrumes et sorgho sur le moyen *veld*, sorgho, coton et canne à sucre dans le bas *veld*.

Des populations inégalement réparties et à l'étroit

Dans les trois pays, la répartition de la population semble calquée sur les milieux naturels : concentration sur le moyen *veld* au Swaziland, dans la vallée du Caledon et les collines qui la dominent au Lesotho, le long du Limpopo (qui constitue la frontière avec l'Afrique du Sud) au Botswana. Dans les trois cas, ces secteurs très peuplés sont aussi les principales régions agricoles du pays : la majorité des populations est rurale et vit de l'agriculture, même si celle-ci est peu modernisée et peu productive. Cependant, si au Lesotho le milieu naturel le plus cultivé est effectivement le seul possible, ce n'est pas le cas au Botswana, où le Kalahari pourrait être davantage mis en valeur et où le delta de l'Okavango permettrait une agriculture de décrue bien plus importante (seuls les Yei, petite ethnie de l'ouest, mettent cette possibilité à profit), ni au Swaziland, où c'est pour des raisons liées à l'appropriation du sol que la répartition est ce qu'elle est (l'appropriation des terres par les Blancs est très importante au Swaziland, à la différence des deux autres pays).

Cette répartition inégale de la population pose surtout problème au Lesotho : avec un peu plus de 2 millions d'habitants sur un territoire de 30 350 km^2, la densité de population théorique serait de près de 70 habitants par km^2. Elle est beaucoup plus forte dans la vallée du Caledon où elle dépasse localement les 200 habitants par km^2. Le Swaziland, densément peuplé aussi (environ 1 million d'habitants pour 17 360 km^2), s'oppose au vaste Botswana désert : 1,5 million de Botswanais occupent un territoire national de 600 372 km^2 (un peu plus que la France). Mais les densités sont fortes dans le Botswana oriental, alors que les ressources sont le plus souvent situées à l'ouest. Le Kalahari reste vide, consacré aux réserves naturelles, à l'élevage extensif et n'est occupé que par ce qui reste des populations san (les *bushmen*). Ceux-ci sont environ 40 000, concentrés surtout dans le district de Ghanzi où ils sont majoritaires. Ce peuple mondialement célèbre est, ici comme ailleurs, en butte à une politique de sédentarisation forcée ; encore en partie nomade, mais déjà en partie salariés dans les fermes, les San restent surtout cantonnés dans la réserve du Kalahari central qui ne suffira pas à protéger un mode de vie déjà bien dégradé.

Dans les trois cas, le rapport entre population et occupation de l'espace risque de se détériorer : les taux d'accroissement annuel sont forts (entre 2,7 % et 3 %) et près de la moitié de la population a moins de 15 ans. Dans ce contexte démographique et à l'intérieur de frontières étriquées (eu égard aux possibilités du milieu pour le Botswana, dans l'absolu dans les deux autres cas) héritées d'un passé colonial similaire, on comprend que les migrations de travail vers l'Afrique du Sud aient toujours été, et soient encore, d'une importance considérable.

Un passé commun de protectorat britannique

Les origines historiques des trois pays sont identiques : les chefferies swazi, sotho et tswana ont été menacées au XIXe siècle par les avancées des Zoulous d'une part, des Boers d'autre part. Dans les trois cas, avec l'appui de missionnaires, elles ont fait appel aux Britanniques pour préserver leurs territoires menacés. Dans les trois cas, c'est essentiellement pour contrer l'expansionnisme boer que les Britanniques se sont résolus à prendre en main ces territoires économiquement peu viables. C'est aussi pourquoi ils ont toujours voulu qu'ils leur coûtent le moins cher possible : d'où une administration indirecte légère, financée localement par l'impôt, qui préserva les pouvoirs des chefs traditionnels.

Ceci explique l'étrangeté des frontières qui furent d'ailleurs conçues comme temporaires : l'intégration des protectorats dans l'Union sud-africaine était initialement prévue. Seules les résistances des chefs et la méfiance grandissante de Londres vis-à-vis de l'Afrique du Sud l'ont empêchée.

Ceci passé éclaire aussi le caractère quasi mono-ethnique des trois pays, un élément essentiel de leur peuplement et qui en fait des exceptions en Afrique. Cependant, des pans entiers de ces groupes ethniques vivent en territoire sud-africain et en ont la nationalité : une seule ethnie certes, mais pas toute l'ethnie.

Le Botswana actuel correspond à l'ancien protectorat du Bechuanaland. Les Tswana occupaient, au début du XIXe siècle, des terres situées au sud de ce territoire. C'est le *Mfecane* qui les affecta d'abord. Peuple sans pouvoir central fort et sans relief refuge, les Tswana, face aux envahisseurs nguni, n'eurent comme recours que de migrer vers le nord pour s'éloigner du territoire des Ndebele dirigés par le roi Mzilikazi. À partir des années 1830, la pression des Boers s'ajouta à celle des Ndebele. Les deux groupes lançaient des razzias, volaient bétail et récoltes, voire emmenaient les femmes et les enfants comme esclaves. À terme, la menace boer était pire car les Blancs voulaient s'emparer de la terre. Dans ce contexte, le rôle des missionnaires installés en territoire tswana fut primordial, et avant tout celui de la London Missionnary Society. La mission de Kuruman, dirigée à partir de 1821 par le révérend Robert Moffat, n'est que la plus fameuse d'une série d'autres implantations. Linvingstone, gendre de Moffat, étendit l'action de la LMS vers le nord et protesta toujours contre l'esclavage. Voyant dans les missions une protection possible contre les Boers, des chefs tswana se convertirent. Ce sont les missionnaires qui en appelèrent aux Britanniques et poussèrent les chefs tswana à les appuyer. Londres déclara le protectorat sur le Bechuanaland britannique en 1884 (au sud du Molopo), puis du Bechuanaland au nord du Molopo en 1885. Il s'agissait pour Londres non seulement de satisfaire les Tswana et les missionnaires mais aussi, et peut-être même davantage, d'empêcher une éventuelle jonction entre les Allemands, qui avaient annexé la Namibie en 1884, et la République du Transvaal de Paul Kruger. D'ailleurs, pour des raisons d'économie, le Bechuanaland britannique fut rattaché à la colonie du Cap en 1895. Seuls les territoires situés au nord du Molopo conservèrent le statut de protectorat et leur administration fut basée à Mafikeng, donc hors du territoire : de fait les chefs des clans tswana continuèrent de gouverner, au moins pour un temps.

C'est un système de protectorat de même type qui avait été choisi par les Britanniques pour l'actuel Lesotho en 1868. Le royaume sotho de Moshoeshoe avait survécu au *Mfecane* et en était sorti renforcé. Les armées sotho, occupant les sites refuges des monts Maloti, avaient refoulé les *impis* zoulous. Ils occupaient l'actuel Lesotho et, au-delà, l'ensemble de la riche vallée du Caledon. Cette dernière attirait la convoitise des colons boers. Vaincus d'abord, ceux-ci faillirent l'emporter sur les Sotho en 1865-1868. Retranché dans la région de Thaba Bosiu, forteresse naturelle inexpugnable, Moshoeshoe fit appel aux Britanniques, là encore conseillé et appuyé par des missionnaires (catholiques dans ce cas). Le protectorat fut établi mais sans consultation des Sotho qui perdirent dans l'affaire la moitié de la vallée du Caledon qui devint frontière : pratiquement 50 % des terres cultivables du royaume étaient perdues. Le Basutoland fut rattaché au Cap pendant un temps, mais, trop onéreux à administrer pour la colonie, il repassa sous la responsabilité du gouvernement impérial en 1883.

Dans une situation similaire, le Swaziland ne devint protectorat britannique qu'en 1906. Le royaume swazi, l'une des tribus nguni, avait tout au long des troubles du XIXe siècle joué la carte d'une alliance avec les Boers – et d'une bonne entente avec les Portugais – pour se protéger des Zoulous ; ce qui valut aux Swazi de rester longtemps indépendants, jusqu'au rattachement du royaume à la république du Transvaal à la fin du siècle. Cette mesure s'expliquait par le fait que, pour le gouvernement de Paul Kruger, il était essentiel de se rapprocher de débouchés maritimes, donc de contrôler le Swaziland et le nord du Natal. C'est précisément ce que voulaient empêcher les Britanniques, raison pour laquelle, après la guerre des Boers, ils détachèrent le Swaziland du Transvaal et en firent un protectorat en 1906.

À partir de cette date, la même administration coloniale géra les trois territoires, sous l'autorité d'un même haut-commissaire britannique. Une administration indirecte, qui laissait largement le pouvoir aux chefs traditionnels, fut mise en place ; un impôt fut prélevé par ces chefs qui payaient l'administration. En revanche, les efforts de développement coloniaux furent quasi nuls : le seul objectif des Britanniques était de maintenir la paix en attendant le rattachement à l'Union sud-africaine. Ainsi, les trois territoires ne suscitèrent quasiment aucune dépense d'infrastructure et l'éducation fut entièrement laissée à la charge des missions. Il n'existait pas d'éducation secondaire jusqu'aux années 1950. Les élites fréquentaient l'université de Fort Hare en Afrique du Sud jusqu'à la mise en place de l'apartheid. L'université de Roma (qui devint en 1963 l'université du Basutoland, Bechuanaland et Swaziland), fondée au Lesotho par les catholiques en 1946, devint après 1950, le lieu de formation supérieure pour les trois territoires. Ce n'est qu'après les indépendances que chaque État se dota de ses propres institutions universitaires.

Le rattachement à l'Union sud-africaine (une union douanière unissait déjà les trois territoires à l'Afrique du Sud depuis 1910) n'eut jamais lieu malgré les revendications répetées des Sud-Africains blancs. Les Britanniques s'étaient engagés à consulter les populations sur ce point. Or, les chefs des trois pays s'opposèrent toujours au rattachement, envoyant délégation après délégation à Londres. Après 1948, il devint clair que le rattachement ne se ferait pas et dans les années 1960, la sortie de l'Afrique du Sud du Commonwealth régla définitivement la question. Ce n'est qu'alors, en 1966, que les trois territoires accédèrent la même année à l'indépendance, assez tardivement par rapport à d'autres colonies britanniques d'Afrique noire.

Mono-ethnicité et stabilité politique

Parce que fondés à la demande de groupes ethniques cohérents, le Botswana, le Lesotho et le Swaziland partagent la caractéristique rare en Afrique d'être des nations mono-ethniques. C'est quasiment le cas au Botswana puisque 90 % de la population y est tswana. Les 10 % restants se partagent entre San, Yei (quelques milliers) et Herero (ayant fui le massacre de leur peuple par les colonisateurs allemands au XIXe siècle). À cela, s'ajoutent Blancs et Indiens qui ne sont pas des groupes démographiquement significatifs. Les Européens sont un peu plus nombreux au Swaziland, mais le pays est clairement swazi ; de même, le Lesotho est peuplé quasi exclusivement de Sotho (la petite minorité indienne est très importante dans le commerce). Cet état de fait pourrait se traduire par une grande stabilité politique s'il était vrai que l'instabilité des régimes africains était due essentiellement à des conflits entre ethnies. Ce n'est évidemment pas le cas.

Le Botswana est cité depuis son indépendance, à juste titre, comme exemple de démocratie. C'est un régime présidentiel avec parlement élu et aucun trouble politique n'est venu perturber le pays. Pourtant, les différents clans tswana (Bamangwatho, Bakwena et Batawana) s'affrontent parfois et l'opposition politique existe. Cette dernière se plaint d'une situation de parti unique de fait : le même parti est, en effet, au pouvoir depuis 1966 (le Botswana Democratic Party), et ce n'est qu'aux dernières élections (en 1994) qu'il a perdu un nombre important de sièges au Parlement. Sans monarchie puissante, traditionnellement démocratique (ce sont des assemblées au sein des villages, les *kgotla*, qui ont toujours pris les décisions) la société botswanaise l'est restée tant qu'il n'existait pas de véritable opposition politique au régime. Une opposition plus forte risque de pousser le pouvoir à des pratiques plus autoritaires.

La stabilité politique a d'une certaine façon caractérisé aussi le Swaziland depuis son accession à l'indépendance : la famille royale des Dlamini a régné sans partage ni interruption. Mais, ici, les partis politiques sont interdits et les libertés publiques limitées. Les intrigues de palais font office de vie politique. Il faut dire que la famille royale est nombreuse : le roi Sobhuza II, sur le trône de 1972 à 1982, a eu 112 femmes et plus de 600 enfants. De roi en régente, au fil de conflits entre famille royale et conseil princier, la dynastie au pouvoir s'est déchirée souvent, enrichie toujours, sous l'œil bienveillant de Pretoria/Tshwane. Cet état de fait a pris fin avec la démocratisation en Afrique du Sud. Le jeune roi Mswati III est de plus en plus contesté au fur et à mesure que sa fortune personnelle s'accroît et que la séparation entre argent public et privé se fait plus incertaine. En 1995, une grève générale a surpris les observateurs : l'opposition politique et syndicale est de plus en plus virulente et demande la démocratisation ; et les mouvements de grèves se sont poursuivis en 1996. Ce cas démontre que le mono-ethnisme n'est pas une condition suffisante à l'établissement d'un régime démocratique stable.

C'est encore plus vrai au Lesotho, qui, des trois pays, a connu la vie politique la plus agitée. Ici, les partisans d'un régime militaire s'opposent aux royalistes d'une part, aux opposants dits « démocrates » ou « socialistes » d'autre part. Avant 1994, les forces politiques étaient également déterminées en fonction de leurs relations avec le régime de Pretoria. Quand le régime militaire du président Johnathan, dans les années 1970, s'était rapproché des pays socialistes après avoir écarté le roi, l'Afrique du Sud n'avait pas hésité à lancer des raids militaires sur le Lesotho. Après le coup d'État du général Lekhanya en 1986, le régime s'était rapproché de Pretoria. Lekhanya, en accord avec le roi Moshoeshoe II, dirige le pays d'une main de fer. Néanmoins, après une tentative de coup d'État, le Roi a été évincé, son fils placé sur le trône. Ce changement ne stabilisa pas le paysage politique ; pas plus que les élections de 1993 qui virent la victoire de l'opposition démocratique puis le retour du roi en titre. Le pays est aujourd'hui encore dans une situation politique volatile même si, sous la pression internationale, et après la mort du vieux roi Moshoeshoe (dans un accident de voiture, apparemment bien accidentel), la tendance est à l'apaisement. Cependant, l'Afrique du Sud a dû menacer d'intervenir militairement en 1996 pour éviter un nouveau coup d'État militaire et, en 1997, les forces de police se sont de nouveau soulevées contre le gouvernement.

Si les situations politiques des trois pays sont diverses, aucune n'est idyllique. Le poids de l'Afrique du Sud a été un élément essentiel de la vie politique jusqu'en 1994, mais, aujourd'hui, les situations économiques qui vont se dégradant, même pour le riche Botswana, constituent le trait dominant. La population croît, les villes se sont développées et les activités stagnent : chômage et urbanisation alimentent les rangs d'une population jeune et déçue, donc dangereuse pour des régimes issus de sociétés rurales traditionnelles.

Des ressources inégales

Des richesses minières inégalement réparties

Le diamant fait la richesse du Botswana puisque sa croissance économique de plus de 6 % par an est fondée sur l'exploitation des immenses gisements diamantifères. Cette richesse naturelle fut une surprise pour le nouvel État indépendant dont on ne voyait pas bien quelles seraient les ressources. C'est en 1967 que le gisement d'Orapa, au centre du pays, en plein Kalahari, fut mis au jour (son exploitation commença en 1971) dans un filon de kimberlite (roche magmatique de même nature que celle de la région de Kimberley en Afrique du Sud). Dix ans plus tard, un autre gisement fut découvert à Letlokhane, à 40 km de Orapa. Enfin, la mine de Jaweg, dont l'exploitation commença en 1982 au sud du pays, est encore plus importante. Aujourd'hui, le Botswana représente à lui seul 15 % de la production mondiale de diamants (dépassé seulement par l'Australie et le Zaïre) ; et ceux-ci fournissent 80 % des revenus d'exportation du pays. Cette manne n'est pas sans connaître ses limites. En effet, les gisements s'épuisent et, au rythme actuel de production, les réserves ne dureront qu'un peu plus de 40 ans. De plus, la production est en partie contrôlée par l'Afrique du Sud : la Debswana qui exploite le diamant est détenue à 50 % par l'État et à 50 % par la De Beers (filiale de l'Anglo American Corporation). Surtout, c'est par l'intermédiaire de la De Beers qu'est assurée la commercialisation. La transformation échappe aussi au Botswana, malgré la construction en 1992 d'une usine de taille. Enfin, et surtout, pour enrichissante qu'elle soit, l'extraction des diamants génère peu d'emplois : 10 000 tout au plus.

Pour ces diverses raisons le Botswana a tenté de diversifier ses productions minières d'autant que la richesse de son sous-sol le lui permet. L'or extrait près de Francistown depuis le XIXe siècle est économiquement anecdotique. En revanche, le cupro-nickel de la région de Selebi-Phikwe permet l'emploi de 4 500 personnes et le développement de cette petite ville de l'est du pays. Si les réserves de charbon, considérables, restent peu exploitées, l'extraction de soude et de sel à Sua Pan est en plein développement depuis 1988. Ce lac salé, en grande partie asséché, a été relié par chemin de fer au réseau national et il est exploité par une société botswano-sud-africaine ; le bicarbonate de soude et le sel sont exportés vers l'Afrique du Sud. Les cours incertains de ces deux produits menacent l'exploitation de Sua Pan qui constitue néanmoins une diversification réussie. L'existence presque assurée de gisements pétroliers que l'on recherche activement irait dans le même sens.

Ni le Lesotho, ni le Swaziland ne peuvent se prévaloir de richesses minières comparables à celles du Botswana : au contraire, elles sont quasi inexistantes dans les deux pays. L'extraction de diamants au nord-ouest du Lesotho est largement artisanale et ne fournit pas un revenu significatif. Les mines de fer du Swaziland, non rentables, ont été fermées. Seules restent une petite activité d'extraction d'amiante et des réserves de charbon très sous-exploitées. La richesse du sous-sol est ainsi sans doute le facteur le plus discriminant entre les trois États, et le plus explicatif de leurs différences économiques : seul le Botswana a pu s'appuyer sur des richesses naturelles pour fonder un rapide développement post-indépendance. Eau et bois sont les principales richesses naturelles exploitées par le Lesotho et le Swaziland, mais elles représentent un potentiel économique très relatif par rapport au diamant. Les boisements importants des hauteurs de l'ouest du Swaziland ont cependant permis le développement d'une importante industrie du papier. Les exploitations forestières sont modernes et aux mains de fermiers européens, souvent sud-africains.

Au Lesotho, un vaste projet hydraulique est en cours de réalisation. Sorte de château d'eau de la région, le Lesotho est en effet doté d'un réseau fluvial exceptionnel, alimenté par la fonte des neiges. Sur les affluents de l'Orange, dont la source se trouve au Lesotho, un vaste projet hydraulique est en cours de réalisation. Les capitaux sont étrangers, sud-africains bien sûr, mais aussi européens et notamment français (le groupe Bouygues est un des principaux contractuels du projet). Il s'agit de réaliser cinq barrages, trois stations de pompage et des centrales électriques. Le Lesotho Higlands Water Project pompera l'eau du Lesotho pour l'apporter par tunnel jusqu'à la rivière Vaal et au barrage du même nom (en Afrique du Sud) ; ce dernier fournit l'eau à la région du Gauteng qui en manque et en manquera de plus en plus. Ainsi, 70 m^3 par seconde seront déversés dans le système fluvial du Vaal (en partie au détriment de l'Orange). Le Lesotho vend son eau comme une ressource et ses besoins en électricité seront en outre couverts par les centrales prévues dans le projet. De plus, une partie du système permettra le développement de périmètres irrigués au Lesotho même. Enfin, cet immense chantier est l'occasion du goudronnage de nombreuses routes et de la mise en place de réseaux d'approvisionnement en électricité et en eau.

Agriculture et élevage

Dans les trois pays, l'agriculture occupe la majorité de la population active mais au Swaziland seul elle constitue une source de revenus pour l'économie nationale. L'élevage est partout important mais seul le Botswana a su transformer un élevage traditionnel sentimental et à fonction sociale en une activité économique rentable. Les plantations commerciales ne sont développées qu'au Swaziland (bois, coton et surtout canne à sucre).

Le paysan du Lesotho cultive maïs et sorgho pour sa propre consommation dans des conditions difficiles. En effet, la vallée du Caledon étant entièrement occupée, l'agriculture a gagné les pentes voisines, voire les hauteurs où l'on cultive du blé pour le marché sud-africain. Sur les pentes, les cultures sont aménagées en terrasses, avec une intensité qui rappelle certains paysages rizicoles d'Asie. L'image est pourtant trompeuse car les rendements sont ici très faibles, les terrasses sont le plus souvent le résultat d'un programme anti-érosif lancé par les Britanniques dans les années 1950.

Cette agriculture sur de petites exploitations est associée à l'élevage d'estive. Entre deux récoltes, les bêtes, gardées par de jeunes bergers, descendent des hauteurs pour pâturer sur les chaumes ; en été elles remontent sur les monts Maloti. Comme chez les Swazi et les Tswana, le troupeau est signe de richesse et le bétail remplit une fonction sociale essentielle : il sert à régler les conflits, à payer les dots... Malgré tout, l'élevage est une ressource, notamment celui du mouton mohair, spécialité du Lesotho. Le système est identique au Swaziland où les troupeaux circulent des hauteurs du haut *veld* au moyen et bas *veld*. En revanche, les problèmes de surpâturage et de sur-exploitation des sols y sont moins importants. L'érosion est en effet dramatique au Lesotho : des pans entiers de reliefs sont emportés ; les *dongas* sont des tranchées creusées par l'érosion qui rappellent par leur ampleur les *lavakas* malgaches.

À partir d'un élevage de même type, le Botswana a développé une véritable activité économique moderne. Avant la découverte des diamants, le bétail était la première exportation du pays ; aujourd'hui encore, il représente 5 % des revenus d'exportation. Avec plus de 3 millions de bovins (la sécheresse du milieu des années 1980 l'avait fait diminuer de moitié, mais il s'est reconstitué depuis et la nouvelle sécheresse de 1991-1992 a été moins catastrophique) ; de plus, il est protégé des maladies bovines par un immense système de barrières sanitaires (5 000 km de barrières) qui empêche le mouvement des animaux sauvages porteurs de germes mortels pour le bétail. Entre chaque zone de contrôle, de vastes camps de quarantaine peuvent accueillir les bêtes. À cela s'ajoute, depuis la fin des années 1970, une politique de vaccination systématique possible grâce à la mise au point sur place de vaccins par la firme française Rhône-Mérieux. Au total, le troupeau bovin est aujourd'hui très concentré : moins de 10 % des éleveurs, les *cattle barons*, en possèdent 50 %. La production est aussi très contrôlée : trois grands abattoirs, gérés par une société d'État (la Botswana Meat Commission), se partagent le marché. À Lobatse et Francistown, on abat les bêtes dont la viande sera exportée en Europe : près de la moitié des 35 000 tonnes de viande exportées chaque année est en effet vendue sur le marché européen. Signataire des accords de Lomé, le Botswana dispose d'un quota important d'exportation vers l'Union européenne. À Maun sont abattues les bêtes qui fourniront le marché sud-africain. Le marché national n'absorbe que 10 % de la production. À l'élevage bovin s'ajoute un élevage ovin important mais peu rémunérateur et, depuis peu, comme en Afrique du Sud, l'élevage d'autruches se développe.

Au Botswana, l'agriculture est très loin d'avoir l'importance de l'élevage même si elle occupe une très grande partie de la population. Maïs et sorgho sont, comme ailleurs dans la région, les principales cultures ; elles sont concentrées dans l'est du pays, autour de Francistown et le long du Limpopo. Les surplus sont commercialisés par un *marketing board* parapublic qui garantit aux agriculteurs un prix minimum. Mais le pays reste très loin de l'autosuffisance alimentaire et dépend en ce domaine de ses importations d'Afrique du Sud.

La situation est différente au Swaziland dans la mesure où plus de 30 % des terres appartiennent à des Blancs. Les rois swazi, au XIXe siècle, avaient vendu ou concédé leurs terres sans vraiment bien s'en rendre compte et pour des sommes dérisoires : alliés militaires des Boers, ils ne voyaient pas de menace dans cette aliénation du territoire. Depuis l'indépendance, une politique de rachat est en cours mais elle est peu efficace. Résultat, une bonne partie des terres cultivables du pays est occupée par de vastes domaines européens. Sur le haut *veld*, ils sont consacrés à l'exploitation du bois. Dans le bas *veld*, les vastes plantations de canne à sucre sont contrôlées par des capitaux blancs (une vingtaine de gros exploitants). Le sucre produit est la première exportation du pays. Un de ces secteurs sucriers, d'origine coloniale, Tshaneni, est un périmètre irrigué de 110 000 hectares ; la sucrerie voisine produit chaque année près de 100 000 tonnes de sucre. À côté de cette agriculture capitaliste, les petits paysans swazi cultivent le maïs sur des exploitations microscopiques. Le plus souvent, ils complètent leurs revenus en se faisant embaucher dans les mines sud-africaines ou sur les grands domaines agricoles, laissant aux femmes la culture de la terre (ce qui, dans la tradition agricole bantoue, ne pose pas de problème).

Au total, aucun des trois pays n'est en situation d'autosuffisance alimentaire et la majorité des agriculteurs ne peut vivre décemment de son travail sans un complément. Paradoxe : les mines qui emploient peu rapportent beaucoup, l'agriculture qui occupe le plus grand nombre ne rapporte pas ou peu.

À part ces deux domaines majeurs, une troisième activité économique est importante au Botswana, au Swaziland et, dans une moindre mesure, au Lesotho : le tourisme.

Un tourisme d'avenir ?

Le tourisme peut-il prendre la relève du secteur primaire pour assurer développement et emploi ? Rien n'est moins sûr, mais Botswana, Lesotho et Swaziland essayent d'y croire. Il existe au Lesotho et au Swaziland une tradition touristique fondée sur le jeu. Celui-ci, longtemps interdit en Afrique du Sud, attirait en effet dans les casinos des pays voisins de nombreux visiteurs sud-africains pour des séjours de courte durée. Le tourisme sportif, qui fait vivre en hiver la station de ski d'Oxbow (un remonte-pente et un hôtel…), au nord du pays, ou offre des randonnées équestres à dos de poneys basotho, reste anecdotique. Au Swaziland, le nombre de touristes est plus important, du fait de la proximité de la région de Johannesburg et Tshwane (4 heures de route) et de l'implantation blanche plus importante. La stabilité politique du régime et l'image idyllique du pays y est aussi pour beaucoup. Par ailleurs, le Swaziland est une voie de passage vers le Mozambique, tout en étant près du parc national Kruger. Dans tous les cas, les capitaux investis dans les hôtels de luxe et les casinos sont sud-africains et les retombées sur les pays relativement faibles. De plus, l'avenir est incertain : le nouveau régime sud-africain a mis en place une législation sur les jeux très libérale et les nationaux n'ont plus à sortir du pays pour tenter leur chance dans les vastes salles de machines à sous. Notons que l'artisanat lié au tourisme a pris une importance notable au Swaziland. La fabrication d'objets-souvenirs pour touristes visitant le pays, mais aussi largement distribués en Afrique du Sud, occupe et fournit un complément de revenus à de nombreuses familles swazilandaises qui profitent ainsi de la faiblesse de l'artisanat sud-africain.

Le Botswana dispose, quant à lui, de vastes réserves naturelles. Celles-ci couvrent plus de 17 % du territoire national. Les trois grands parcs sont le Gemsbock Park, voisin de son homonyme sud-africain et cogéré avec lui, le Kalahari Central Reserve, domaine des Khoisan, et surtout les parcs de l'Okavango (Moremi et Chobe). Le Botswana est internationalement réputé pour ses safaris haut de gamme. Car il s'agit d'un tourisme très contrôlé : l'implantation de *lodges* privés est soumise à autorisation et ils doivent répondre à des normes strictes. Le delta de l'Okavango, merveille naturelle foisonnant d'animaux sauvages, reçoit près de 50 000 visiteurs par an, surtout sud-africains et zimbabwéens pour l'instant.

Les enjeux sont importants puisque le tourisme, s'il ne représente que 2 à 3 % du PIB selon les années, fournit au moins 30 % des emplois du secteur formel. C'est pourquoi les réserves sont gérées avec attention. Créées pour la plupart dans les années 1950, elles ont résisté aux pressions des éleveurs et des populations locales (Bushmen, agriculteurs yei). L'Okavango n'en est pas moins encore menacé : dans ce pays sans eau, il représente une richesse convoitée. Des projets de canalisation sont toujours à l'étude pour détourner une partie de cette manne aquatique vers les centres de production de diamants (très gros consommateurs d'eau pour le lavage du minerai) et les villes (notamment la ville de Maun, toute proche et point de départ des excursions touristiques vers le delta). Enfin, la Namibie a mis au point un projet de détournement en amont des eaux de l'Okavango pour alimenter Windhoek, ce qui est une cause de discorde grave entre les deux pays.

Fournissant des devises et des emplois aux trois pays, le tourisme ne sera sans doute pas la voie vers l'indépendance et la croissance économique. En effet, dans ce domaine aussi les capitaux sud-africains sont essentiels, et le développement touristique ne peut être que limité. La concurrence du Mozambique, redevenu une destination prisée, fait souffrir le tourisme du Swaziland et du Botswana. De plus, aucun des trois pays n'offre véritablement d'attraits manquant à l'Afrique du Sud elle-même.

Faiblesse agricole, tourisme peu enrichissant et activités minières sans transformation expliquent la fragilité des trois économies des anciens protectorats. D'autres facteurs viennent en faire des économies totalement dépendantes.

Des économies dépendantes

Dépourvus d'industries, dominés par les capitaux sud-africains, sans exutoires maritimes, tirant des revenus essentiels du travail migrant en Afrique du Sud, Botswana, Lesotho et Swaziland sont dépendants de l'Afrique du Sud à plus d'un titre.

La quasi-absence de développement industriel

C'est au Botswana que l'industrie est le plus développée, puisqu'elle emploie environ 15 000 salariés (soit plus que les mines) et représente 7 % du PIB. La petite ville de Selebi-Phikwe (40 000 habitants) est devenue avec Gaborone (150 000 habitants) le principal centre industriel du pays grâce à une politique volontariste de reconversion de ce centre minier (cupro-nickel) : agro-alimentaire, chaussures, textile et confection sont les principales productions.

Au Swaziland, l'industrie agro-alimentaire qui domine nettement un secteur secondaire par ailleurs squelettique et concentré dans la plus grande ville du pays, Manzini (80 000 habitants environ). Enfin, au Lesotho, Maseru (environ 100 000 habitants), capitale du pays, réunit le plus d'industries, ainsi que, dans une moindre mesure, Leribe, plus au nord sur la vallée du Caledon.

La faiblesse de l'activité industrielle s'est atténuée depuis le milieu des années 1980, notamment parce que des entreprises sud-africaines ont délocalisé des usines de façon à bénéficier d'un label étranger pour contourner le blocus économique, tout en se procurant, hors des frontières, une main-d'œuvre meilleur marché encore que dans le pays. Ces délocalisations se sont surtout produites dans les domaines du textile et de la confection.

La faiblesse de l'industrie mais aussi l'émigration des travailleurs vers l'étranger expliquent un trait caractéristique des trois pays : la petite dimension de leurs villes. Les trois capitales, Gaborone, Maseru et Mbabane, présentent un aspect provincial, un calme qui les distingue des grands centres sud-africains. Ceci sans parler des villes secondaires qui tiennent souvent plus du gros village que de la ville (Francistown au Botswana, Leribe ou Butha Buthe au Lesotho). À Maseru et Mbabane, autour d'un quartier central moderne mais de très petite dimension, les quartiers africains s'étendent, sans équipements pour la plupart. Gaborone, capitale récente puisque choisie seulement en 1965, est plus originale. Le centre administratif, où se trouvent les fonctions politiques nationales mais aussi économiques internationales avec le siège du secrétariat de la SADC, est associé au centre commercial de la ville. Le Mall du centre-ville, rue piétonne et commerçante, est célèbre ; mais l'architecture n'est jamais monumentale et les immeubles sont peu élevés. Maseru est certainement la plus pauvre des trois capitales. Le centre commerçant est pour ainsi dire inexistant, et les casinos-hôtels sont les plus imposants des bâtiments. Autour, les quartiers populaires s'étendent sur les collines et se perdent en périphérie dans les premiers champs de maïs. Dans tous les cas, le voyageur venant d'Afrique du Sud est frappé par une atmosphère de ville africaine qui manque (encore) à l'Afrique du Sud où s'opposent toujours ville blanche et quartiers africains.

Des périphéries de l'Afrique du Sud

Des capitaux sud-africains

Anglo-American, Lohnro, Old Mutual… on ne sera pas surpris de retrouver au Botswana comme au Lesotho et au Swaziland les géants économiques d'Afrique australe. Ils détiennent les capitaux miniers, industriels et ceux de l'agriculture de plantation au Swaziland. Tout cela certes incomplètement, *via* des filiales ou des sociétés mixtes, mais très suffisamment pour contrôler, de fait, l'essentiel des activités économiques des trois États. Le tourisme lui-même est largement dominé par la chaîne sud-africaine Sun qui possède hôtels et casinos. D'ailleurs, on a vu que dans les trois pays les industries sont avant tout des délocalisations d'Afrique du Sud ; pour une large part, elles n'ont d'ailleurs plus de raison d'être avec la fin des sanctions économiques internationales, sinon le faible coût de la main-d'œuvre.

Au Botswana, pourtant pays le plus riche des trois anciens protectorats, 50 % des entreprises sont aux mains d'étrangers, 30 % sont à capitaux mixtes (Botswana/étranger). Et, bien sûr, malgré une place grandissante de l'investissement canadien et européen, c'est avant tout d'Afrique du Sud que viennent les capitaux. Faut-il rappeler que la De Beers détient 50 % de la société exploitant le diamant du Botswana, de loin sa première richesse ?

La dépendance alimentaire n'est pas moindre. Le Lesotho exportait du maïs vers l'Afrique du Sud jusqu'aux années 1920. Depuis, il importe pour se nourrir. De fait, l'argent gagné par les migrants en Afrique du Sud sert à acheter des marchandises produites en Afrique du Sud. La dépendance alimentaire du Swaziland est moindre ; par contre le Botswana produit à peine 15 % des produits alimentaires consommés dans le pays.

Au total, l'Afrique du Sud fournit 82 % des importations botswanaises, 94 % de celles du Swaziland et 83 % de celles du Lesotho.

Enfin, les trois monnaies nationales, pula au Botswana, epangeni au Swaziland et maloti au Lesotho, sont à parité avec le rand (même si un pula vaut un peu plus qu'un rand, le cours du premier est fixé sur celui du second), et, membres de la SACU (Southern Africa Custom Union), les trois pays se voient reverser les produits de leurs propres douanes par l'Afrique du Sud.

Voudrait-on résumer ? Malgré l'indépendance politique, on ne sait plus nettement si l'on doit parler de dépendance ou d'intégration (mais très en faveur du plus fort) économique... Cela d'autant plus que les migrations de travail vers l'Afrique du Sud et la dépendance vis-à-vis des réseaux de transport sud-africains ne font qu'accroître l'unité de l'ensemble économique.

Des réservoirs de main-d'œuvre

L'impôt imposé par les Britanniques aux populations de leurs protectorats qui n'avaient pas les moyens de le payer fut l'un des principaux facteurs d'une évolution des flux migratoires régionaux : c'est pour payer l'administration que la main-d'œuvre des trois territoires fut contrainte de s'employer en Afrique du Sud, dans les mines, les villes et, dans une moindre mesure, sur les fermes européennes. Mais cette émigration fut aussi le creuset d'une classe ouvrière influencée par les mouvements politiques et syndicaux sud-africains et qui fournit les contingents des partis politiques revendiquant l'indépendance.

En 1992, 55 % des travailleurs étrangers (légaux) en Afrique du Sud venaient du Lesotho (et 27 % du Mozambique). Près de 90 000 travaillaient dans les mines d'or, c'est une spécialité ancienne des migrants du Lesotho. L'agence de recrutement des mines d'or de l'État Libre d'Orange avait des bureaux à Maseru qui, encore aujourd'hui, constitue une sorte de salle d'attente migratoire vers l'Afrique du Sud. Il est difficile de dire combien de travailleurs lésothais se trouvent en Afrique du Sud : 500 000 semble un chiffre raisonnable, mais leur nombre est certainement plus en baisse qu'en hausse, au moins en ce qui concerne l'immigration légale. Il reste que les transferts d'argent des migrants vers leur pays constituent la principale richesse du Lesotho ; par conséquent, sa main-d'œuvre est, de fait, sa principale ressource... On comprend ce que cela signifie en termes de dépendance économique : un changement de la politique de contrôle des migrations en Afrique du Sud peut avoir des conséquences catastrophiques sur le Lesotho.

Le Swaziland et le Botswana sont moins affectés par ces mouvements migratoires, même si les ressortissants des deux pays sont nombreux en Afrique du Sud et si, surtout au Swaziland, le principal espoir de réussite sociale passe par un séjour dans la région du Witwatersrand... Au Botswana, les migrations vers l'Afrique du Sud augmentent depuis une de dizaine d'années : le secteur minier botswanais utilise peu de main-d'œuvre, l'industrie se développe trop lentement, et le taux de croissance annuelle de la population approche les 3 % : l'équation est simple.

Des économies enclavées

L'enclavement est assurément un des facteurs essentiels de la dépendance vis-à-vis de l'Afrique du Sud. Aucun des trois anciens protectorats ne peut exporter ou importer de marchandises en se passant tout à fait de la République sud-africaine.

À cet égard, le Lesotho est à l'évidence dans la dépendance la plus forte puisque son unique frontière est avec l'Afrique du Sud. En outre, son réseau de transport intérieur est faible et en fort mauvais état. Pour la majorité de la population, mulets, poneys et carrioles sont encore les principaux moyens de transport. Pourtant, les routes du pays s'améliorent rapidement grâce aux chantiers du Lesotho Highlands Water Project.

Malgré sa taille et ses frontières communes avec la Namibie et le Zimbabwe, le Botswana est aussi dépendant des transports sud-africains. De fait, les liaisons routières avec le Mozambique *via* le Zimbabwe sont longues et peu pratiques. Vers l'Atlantique, la liaison ferroviaire trans-Kalahari qui aurait relié le Botswana au port désormais namibien de Walvis Bay a été abandonnée pour l'instant car trop coûteuse. C'est donc vers le sud que transitent les marchandises entrant et sortant du Botswana, c'est-à-dire *via* l'Afrique du Sud.

Le Swaziland est finalement le mieux loti depuis le retour de la paix au Mozambique et le redémarrage du port de Maputo (doté d'un terminal sucrier moderne). Le corridor de Goba au Mozambique a été réhabilité grâce à l'aide italienne : sucre, charbon, molasse et fruits en conserve (transportés par conteneurs) y transitent. Le port de Maputo est à 74 km du Swaziland, donc bien plus près que Durban et même que Richards Bay ; il représente un gage d'indépendance, mais qui reste largement symbolique tant les capitaux sud-africains dominent l'économie swazilandaise.

Enclavement, domination économique sud-africaine, économies fragiles reposant sur l'exploitation de richesses naturelles épuisables et l'exportation de main-d'œuvre, tels sont les caractères communs du Lesotho, du Botswana et du Swaziland. Mais l'enclavement et la dépendance ne sont plus ce qu'ils étaient : l'Afrique du Sud est devenue membre de la SADC, l'intégration régionale est de plus en plus forte, la domination économique peut devenir intégration. Dans ce contexte nouveau, les différences entre les trois États s'affirment également. Par ailleurs, les autres pays de la région changent aussi et ceux dont les évolutions auront sans doute le plus d'effets sur la région sont les deux pays qui peuvent concurrencer l'Afrique du Sud dans son rôle d'exutoire maritime : la Namibie et le Mozambique, deux États côtiers fort différents.

Chapitre 10

Deux États côtiers si opposés...

La symétrie géographique entre Namibie et Mozambique est frappante : séparés par le Botswana et le Zimbabwe, les deux pays semblent se tourner le dos de part et d'autre du continent. Géographie et histoire font que l'on conjugue plus ici les oppositions que les points communs, même si ces deux États partagent une spécificité d'importance dans la région : ils ne furent pas colonies de l'Empire britannique. Pour le reste, tout les oppose. La Namibie est essentiellement un désert, lié à l'influence du courant froid de Benguela qui longe les côtes africaines de l'océan Atlantique. C'est l'une des causes de son très faible peuplement : un peu plus d'un million et demi d'habitants, une densité de 2 habitants par km^2. Le Mozambique, à l'autre extrême, est, après l'Afrique du Sud, le pays le plus peuplé de la région : plus de 16 millions d'habitants, une densité supérieure à 20 habitants au km^2. Surtout, la Namibie n'a jamais rempli les fonctions d'exutoire maritime et de réservoir de main-d'œuvre qui caractérisent le Mozambique ; mais la domination sud-africaine s'y exerça autrement.

Le Mozambique, un exutoire malmené

Le Mozambique est une exception de l'Afrique australe. Pays lusophone dans une zone de colonisation britannique, seul pays de la région influencé fortement par la civilisation musulmane de la côte d'Afrique orientale, pays le plus anciennement occupé (en partie seulement) par les Européens, le Mozambique est aussi le pays d'Afrique qui a connu la plus longue guerre civile du continent et peut-être de l'époque contemporaine. Enfin, dans la triste course aux records, le Mozambique est probablement le pays le plus pauvre du monde avec un PIB de moins de 400 dollars US par habitant.

Son absence de développement réel est certes liée à des phénomènes très récents, mais c'est tout au long de son histoire que le Mozambique a rempli deux fonctions contradictoires avec le développement économique : servir d'exutoire maritime et de réservoir de main-d'œuvre à ses voisins.

Les grands axes naturels de communication, orientés est-ouest, ont été propices à l'acheminement des produits des pays enclavés transformant le Mozambique en véritable façade-exutoire : ce sont, du sud au nord, les grandes vallées du Limpopo, de la Save, du Zambèze (qui s'écoule dans un fossé tectonique correspondant à la terminaison du grand *rift* africain), du Lurio et de la Ruvuma (qui fait frontière avec la Tanzanie). Cette orientation d'ensemble se double secondairement d'autres contrastes, nord-sud cette fois : des régions plus élevées dans le nord, aux confins du Malawi et du Zimbabwe, et surtout plus humides en opposition climatique avec les régions plus sèches situées au sud du Save. L'importance de ces contrastes naturels ne doit cependant pas être exagérée ; l'essentiel du pays est, en effet, constitué d'une plaine côtière sableuse où alternent savane sèche et arborée au sud, et une forêt claire au nord. Les facteurs explicatifs des contrastes régionaux sont ici clairement historiques.

Une colonie du pauvre : un territoire concédé

Terminaison de la série de comptoirs arabes de la côte d'Afrique orientale, longtemps sous le contrôle des sultans de Zanzibar, la côte mozambicaine a été occupée ponctuellement, depuis au moins le début du millénaire, par des commerçants musulmans. Les villes côtières, Île du Mozambique, Sofala, Quelimane, Angoche, étaient déjà des exutoires pour les richesses de l'intérieur : or des royaumes shona, esclaves et ivoire essentiellement. La civilisation est de type swahili sur cette côte, jusqu'à Sofala, le plus méridional des comptoirs arabes. Très tôt dans ces villes, la population était mélangée : Arabes, Bantous, Indiens, Persans...

Les navigateurs portugais, et en premier lieu Vasco de Gama, atteignirent la côte du Mozambique à l'extrême fin du XVe siècle. Le Mozambique ne les intéressait pas en tant que tel, mais seulement comme escale sur la route des Indes où ils allaient chercher le poivre et les épices. En s'emparant des comptoirs arabes, plus au nord même que l'actuel Mozambique, ils prirent vite conscience de l'intérêt de l'intérieur : l'or du Monomotapa les attirait. Mais l'or était loin, sur les hauts plateaux occupés par les Shona et pour en faire commerce il suffisait de contrôler les principales foires (notamment Tete où il existait déjà une foire arabe) et les routes commerciales : point n'était besoin de prendre réellement possession du pays. De plus, au XVIIe siècle, la puissance maritime du Portugal s'érodait et la concurrence hollandaise, puis britannique, était rude. Cette situation se pérennisa et explique une bonne part des spécificités du Mozambique : manquant de moyens, le Portugal délégua toujours le contrôle du territoire à des intérêts privés. La première forme de délégation date du XVIe siècle. C'est le système des *prasos* qui se développa surtout dans la vallée du Zambèze où il reprenait une forme de contrôle de l'espace héritée du royaume du Monomotapa. La couronne portugaise concédait des terres, moyennant redevance, à une famille portugaise. Celle-ci acquérait ainsi des privilèges similaires à ceux d'un chef africain sur une population de paysans noirs libres. Les *praseiros* étaient intégrés à la société africaine, au point qu'ils furent souvent en guerre contre le Portugal, mais aussi entre eux ou contre des chefferies africaines. Les *praseiros* vivaient du trafic d'ivoire et d'esclaves, esclaves qui leur servaient aussi de force armée, le cas échéant. Cette forme très particulière de contrôle de l'espace a donné naissance à une bourgeoisie colorée d'origine portugaise et explique la très faible emprise réelle du Portugal sur ses territoires. Hors de la vallée du Zambèze, le contrôle territorial portugais resta limité aux ports et à la ville de Tete.

Au XIXe siècle, la situation changea et le rôle d'exutoire maritime du pays se fixa définitivement. Le *Mfecane*, dans les années 1820-1830, perturba l'ensemble du territoire et marqua le début de la rupture de l'équilibre centenaire. Menant la guerre à la fois contre les Portugais, les *praseiros* et les populations locales, les guerriers nguni envahirent tout le territoire de l'actuel Mozambique. Leur installation ne se pérennisa néanmoins réellement qu'au sud, avec la fondation de l'empire de Gaza en 1834. Plus au nord, dans la vallée du Zambèze, les grandes familles de *praseiros* qui avaient résisté aux invasions reprirent le contrôle de leurs terres, mais la situation resta confuse.

Durant la seconde moitié du siècle, les territoires voisins du Mozambique furent colonisés rapidement et se développèrent : ils eurent besoin d'exutoires maritimes que seule la colonie portugaise pouvait leur fournir. Au sud les Britanniques occupèrent le Natal dans les années 1840. Au sud-ouest, la République du Transvaal se stabilisa à partir des années 1850 et, après 1886, le développement du Witwatersrand fit de Lourenço Marques un exutoire économique essentiel de la région. À l'ouest, en 1890, la BSAC (British Southern African Company) occupa l'actuel Zimbabwe, s'emparant ainsi des régions aurifères qui fournissaient le Mozambique. Les frontières du Mozambique furent fixées par le traité de 1891 avec les Britanniques.

À cette époque, le Portugal, reconnaissant qu'il n'avait pas les moyens de ses ambitions coloniales, changea de mode de contrôle de l'espace et concéda pour 50 ans à de grandes compagnies privées d'immenses parties du territoire mozambicain. Le gouvernement colonial ne contrôlait plus que les régions situées au sud du Save. En 1891-1892, trois grandes compagnies, aux capitaux largement étrangers, furent ainsi créées :

- La compagnie du Mozambique contrôlait les districts de Manica et Sofala, soit 135000 km^2. Ses capitaux étaient essentiellement français mais aussi portugais, sud-africains et britanniques.
- La compagnie de Zambézie contrôlait les districts de Tete et Quelimane, soit 155000 km^2. Ses capitaux étaient portugais, allemands, français, sud-africains et britanniques.
- La compagnie du Niassa, enfin, contrôlait tout le nord du pays, avec des capitaux essentiellement britanniques.

Le principe des compagnies était simple. Par une convention avec l'État portugais, elles se voyaient attribuer les pouvoirs d'un État sur un territoire et le monopole de son exploitation. En échange de quoi elles devaient reverser une redevance au Portugal et officiellement respecter certaines obligations de mise en valeur.

Le bilan des compagnies fut plus que décevant. Elles se concentrèrent sur ce qui pouvait leur rapporter : fourniture de main-d'œuvre aux pays voisins et aux îles de l'océan Indien, perception des impôts et des droits de douanes. Seule la compagnie du Mozambique développa des infrastructures, à savoir le chemin de fer reliant Beira à Salisbury (actuelle Harare) dont la construction fut confiée à une société britannique et qui fut achevée en 1900. Cette même compagnie développa, là aussi en faisant appel à d'autres sociétés, la culture commerciale du sucre qui devint la principale exportation du Mozambique. Pour le reste, le contrôle des compagnies était lâche, les infrastructures sociales (écoles, dispensaires...) inexistantes, les révoltes réprimées violemment. En 1929, à la fin de leur mandat, les compagnies laissèrent des territoires pauvres, non développés et mal contrôlés. L'exploitation purement capitaliste de cette moitié du pays ne contribua au sous-développement de ces espaces que les politiques plus volontaristes du régime Salazar, à partir de 1932, ne parvinrent pas à rattraper.

Des politiques de développement salazaristes à l'indépendance sabotée

Les héritages d'une politique ambitieuse de développement

La politique coloniale du régime du général Salazar au Mozambique a connu au moins trois phases différentes : avant la Seconde Guerre mondiale, entre la guerre et le début de la lutte pour l'indépendance du Frelimo, puis jusqu'à l'indépendance. L'idée novatrice par rapport aux époques précédentes était qu'il fallait assurer l'intégration du territoire et de sa métropole. D'où une politique de développement des activités productrices (mines, agriculture, industrie), un effort constant pour attirer des colons portugais et, vis-à-vis des Africains, une politique d'assimilation en fonction du « mérite » (pour les autres un système de contrôle des populations avec obligation de résidence et port du *pass* était mis en place).

La population européenne, d'origine portugaise pour l'essentiel, est toujours restée faible mais a augmenté de façon continue jusqu'à l'indépendance, passant de 20 000 en 1930 à 100 000 en 1960 et 200 000 environ en 1974. Les colons agricoles n'affluèrent pas comme on l'avait espéré malgré le développement de périmètres irrigués dans le sud du pays (sur le Limpopo et la rivière Maputo), espaces voués à la culture du riz et des légumes pour le marché urbain de Lourenço Marques. Ailleurs, le développement des activités agricoles était fondé sur deux types d'agriculture. Dans la vallée du Zambèze, de grands domaines commerciaux produisaient canne à sucre, coprah et sisal ; sur les terres plus élevées proches du Malawi, de grandes plantations de thé furent développées. Dans les régions où dominait l'agriculture africaine, c'est la culture du coton qui fut privilégiée et rendue obligatoire, avec succès d'ailleurs, puisque la production de coton est passée de 400 tonnes en 1926 à 140 000 en 1955. Une industrie textile non négligeable fut induite par l'extension des superficies consacrées au coton.

L'autre axe de la politique de développement de l'époque salazariste fut l'exploitation des ressources énergétiques : exploitation du gisement charbonnier de Moatize (200 000 tonnes par an à l'époque) et surtout construction du titanesque barrage de Cabora Bassa. Peu de constructions coloniales ont connu un sort aussi misérable. Ce barrage, un des plus grands d'Afrique, devait permettre de faire fonctionner une centrale de 2 000 MW dont le courant aurait été transporté jusqu'en Afrique du Sud par 1 400 km de ligne à haute tension. Le projet comprenait aussi le développement de périmètres irrigués et d'activités touristiques sur le lac. Saboté dès son achèvement, en 1977, par les opposants au régime indépendant de Maputo, le barrage ne produisit pratiquement jamais rien. Il reste cependant un potentiel important pour le Mozambique après le retour de la paix, de même que les aménagements portuaires, routiers et ferroviaires réalisés à cette époque.

L'effondrement post-indépendance

Quand intervint l'indépendance, après la révolution des œillets au Portugal en 1974, le Frelimo menait la guerre de libération depuis déjà dix ans et contrôlait le nord du pays et la région de Tete. Le Frelimo, dirigé par Samora Machel, était un mouvement marxiste-léniniste qui appliqua dans les premières années après son arrivée au pouvoir une politique conforme à ses options. Issu d'un mouvement de guérilla rurale, il tenta de mettre en œuvre une politique de développement agricole fondée d'une part sur le regroupement des populations en villages communautaires (inspirés du fameux modèle tanzanien des villages Ujamaa) qui devaient permettre l'accès aux services et à l'éducation, d'autre part sur la mise en place de fermes d'État à la place des anciennes plantations capitalistes. Pour le reste, il appliqua une politique de nationalisation des industries et des services et mit en place au niveau international une politique de sanctions contre l'Afrique du Sud et la Rhodésie. L'échec de la politique du Frelimo fut cuisant et vite compris. Ses causes sont multiples. Les regroupements villageois furent mal perçus par les populations et mal appliqués. Ils étaient de surcroît contraires aux intérêts des chefs traditionnels qui forment un groupe de pression localement très puissant. Les fermes d'État fonctionnaient mal aussi. Dans tous les domaines, le départ massif, en deux ans, de pratiquement tous les cadres portugais désorganisa totalement l'économie. L'effondrement du trafic portuaire et ferroviaire fut la conséquence logique de l'hostilité à l'égard de la Rhodésie et de l'Afrique du Sud. Enfin, et sans doute surtout, ces deux pays, à tour de rôle, soutinrent un mouvement armé d'opposition, le MNR, qui lança des campagnes de sabotage systématique des activités économiques.

Le MNR fut créé de toutes pièces en 1972 par les services secrets rhodésiens pour s'attaquer aux bases de la guérilla de la ZANU (mouvement de libération zimbabwéen) qui se réfugiait au Mozambique. Après l'indépendance du Mozambique, l'appui rhodésien se maintint jusqu'à l'indépendance du Zimbabwe en 1980. Le MNR, rebaptisé Renamo, fut alors « repris » par les services sud-africains qui avaient là un outil tout prêt pour mener à bien des actions de déstabilisation de leur voisin. Le soutien sud-africain à la Renamo se poursuivit jusqu'aux accords de paix de 1992 entre Frelimo et Renamo, malgré les engagements antérieurs du régime de Pretoria (notamment les accords de Nkomati en 1984). Mais le fait est que dès la fin des années 1970 la Renamo a échappé à tout réel contrôle, oscillant entre rébellion, banditisme et sabotage, bloquant effectivement toute politique de développement. Les voies de communication étaient coupées ou peu sûres, on y circulait en convoi (ce qui obligea le Zimbabwe à envoyer 10 000 militaires pour protéger le corridor de Beira et donc son accès à la mer), les lignes de transport d'énergie étaient sabotées, les aménagements ruraux détruits... Mais le mouvement n'aurait pu se développer sans un certain appui, ou une tolérance des populations. Paysans refusant la villagisation, chefs craignant pour leur pouvoir, jeunes cherchant un rôle... la Renamo réussit dans une certaine mesure à canaliser à son profit les mécontentements.

Devant ces divers échecs, le Frelimo a réagi vite en changeant de politique dès 1980. L'agriculture familiale fut réhabilitée, les grandes fermes d'État se diversifièrent puis, en 1983, le gouvernement adhéra au FMI et à la Banque mondiale et fit appel aux capitaux occidentaux. Enfin, en 1986, fut lancée la re-privatisation des entreprises industrielles. Sans doute était-il trop tard, mais peu de régimes ont aussi vite réorienté leur politique. Ce mouvement de réforme économique s'est accompagné de réformes politiques qui menèrent à la mise en place, en 1990, d'une nouvelle constitution reconnaissant le multipartisme, les libertés publiques et le suffrage universel. C'est ce qui permit enfin la signature des accords de paix avec la Renamo en 1992.

Entre 1964 et 1992, seules les années 1974-1976 furent des années de paix civile. 4,5 millions de personnes déplacées à l'intérieur du pays (les *deslocados*), des villes gonflées de réfugiés fuyant les zones de guerre, 1,5 million de Mozambicains dans des camps de réfugiés dans les pays voisins, des activités économiques réduites à néant, tel est le bilan de 25 ans de guerre. La présence de forces de l'ONU jusqu'en 1995 a permis d'assurer le bon déroulement des élections de 1994 remportées de justesse par le Frelimo. La Renamo a en effet été clairement légitimée par l'électorat (112 députés à l'assemblée contre 129 pour le Frelimo), surtout dans le centre du pays alors que les bases du Frelimo sont manifestement dans le sud et plus relativement dans le nord. Reste maintenant à rétablir les activités économiques et faire cesser le banditisme endémique hérité de la guerre civile.

Un réservoir de main-d'œuvre

Peu de pays au monde ont une tradition d'exportation de main-d'œuvre aussi ancienne et pérenne que le Mozambique. Depuis sans doute un millénaire, des travailleurs mozambicains ont irrigué les économies des pays voisins et, plus largement, de l'ouest de l'océan Indien et plus récemment d'Amérique latine (Brésil).

L'exportation de main-d'œuvre crée un cercle vicieux: les activités économiques ne sont pas assez développées pour occuper la population qui migre donc, mais, à l'inverse, l'exportation massive et constante de travailleurs a contribué à empêcher le développement des activités. Or, la puissance étrangère dominante (Arabes, Portugais, Nguni, praseiros...) a toujours considéré sa main-d'œuvre comme une ressource exploitable dont il fallait tirer profit. Dans le même temps, la dureté des conditions de vie au Mozambique, travaux forcés imposés par les Portugais, impôt insupportable, auxquels succéda une guerre civile des plus violentes, fut aussi un motif de départ pour les travailleurs, notamment vers l'Afrique du Sud, ses mines et ses salaires bien plus élevés.

La traite fut la première forme d'exportation de main-d'œuvre. L'esclavage était pratiqué depuis longtemps dans la région et les Portugais ne firent que développer le système de la traite sur une plus grande échelle que leurs concurrents arabes. Associés à la fois à des chefs africains, surtout les Yao, peuple islamisé du nord du pays, aux commerçants arabes et aux *praseiros* (pour lesquels la traite devint une source essentielle de revenus), les Portugais exportèrent un grand nombre d'esclaves. Ceux-ci, d'abord envoyés en Arabie, étaient dirigés au XVIIIe siècle vers le Brésil et les Caraïbes pour travailler sur des plantations. De même, les esclaves mozambicains furent exportés vers les îles françaises de l'océan Indien et vers Madagascar. On estime qu'entre 15 et 20 000 esclaves étaient exportés chaque année au début du XIXe siècle. Ils étaient essentiellement prélevés au nord du pays, parmi les Makhuwa-Lomwe. Cette saignée permanente de la population, bien qu'interdite officiellement en 1836, perdura jusqu'à la fin du siècle. D'une certaine façon, elle fut remplacée par une autre forme d'exportation de la main-d'œuvre, salariée cette fois.

Avec le développement des activités minières en Afrique du Sud, mais aussi au Katanga et en Zambie, ainsi que des grandes plantations dans d'autres pays (Kenya notamment, mais aussi îles de l'océan Indien), les débouchés se multiplièrent à la fin du XIXe siècle pour la main-d'œuvre mozambicaine. Certaines grandes compagnies se lancèrent dans ce trafic, moyennant finance, notamment la compagnie du Niassa vers le Kenya (les capitaux de cette compagnie étaient britanniques...). C'est surtout vers les mines du Transvaal que le mouvement fut massif. Mais pour qu'il soit profitable aux autorités portugaises, un accord inter-étatique était nécessaire. Ce fut chose faite en 1909 avec le Transvaal et en 1928 avec l'Union sud-africaine. Cet accord ne fut résilié qu'avec l'indépendance du Mozambique. Les termes en étaient clairs: la WNLA, agence de recrutement des mines du Transvaal, avait le monopole du recrutement au sud du Save mais ne pouvait exercer au-delà. En échange, 50 % des salaires des mineurs étaient versés en or au Portugal qui devait les reverser au travailleur à son retour en fin de contrat (après avoir prélevé l'impôt dû) et 50 % au moins du trafic du Transvaal devait passer par le port de Lourenço Marques. Le résultat était, certes, un gain financier pour la colonie, mais aussi un blocage du développement du sud du pays: chaque année entre 50 et 120 000 travailleurs partaient vers les mines du Transvaal, laissant aux femmes le travail de la terre. À cela s'ajoutent les départs non contrôlés vers d'autres types d'emploi en Afrique du Sud et en Rhodésie.

Cette fuite de main-d'œuvre ne s'acheva pas avec l'indépendance du pays. La guerre civile qui s'ensuivit rapidement accentua, au contraire, le phénomène. L'Afrique du Sud cessa de recruter pour ses mines au Mozambique, mais les migrations libres continuèrent. À cela, s'ajouta le mouvement massif des réfugiés vers le Zimbabwe, la Tanzanie et surtout le Malawi : un million et demi selon les Nations unies. Le retour est en cours, mais comment l'assurer dans des conditions viables ? D'autant plus qu'à l'intérieur du Mozambique les troubles (associés aux graves sécheresses de la seconde moitié des années 1980) ont fait migrer d'une région à l'autre ou vers les centres urbains environ 4 millions de *deslocados*.

Des potentiels importants peu mis en valeur

Que le Mozambique ne puisse que voir sa situation s'améliorer dans un avenir proche est un fait certain (voir chapitre 1). Le Mozambique dispose en effet d'atouts importants qui n'ont pas été anéantis par la guerre, simplement empêchés de fonctionner. C'est le cas du barrage de Cabora Bassa. La remise en marche de la production électrique est en cours : il s'agit de fournir l'Afrique du Sud, le Malawi et le Zimbabwe. De même, la reprise de l'exploitation du charbon de Moatize est au programme : la production était de 800 000 tonnes en 1974, quasi nulle à partir du milieu des années 1980. Dans le même ordre d'idées, le pays possède un appareil industriel, vétuste mais important, notamment dans le textile et la transformation des produits agricoles. La pêche aussi est appelée à se développer : avec plus de 2 500 km de côtes et de très nombreux ports de pêche, le Mozambique est avantagé. Or, malgré des accords avec les Français pour la pêche au thon et les Espagnols et les Japonais pour les crustacés, les ressources halieutiques sont très sous-exploitées.

Dans trois autres domaines le Mozambique réalise aussi des efforts : la rénovation des infrastructures de transport, la réorganisation et la reprise de la production agricole, la mise en valeur du potentiel touristique. Tout cela ne se fait que grâce à une importante intervention étrangère, privée et publique. À elle seule, l'aide publique internationale en 1995 a presque atteint les 800 millions de dollars. De nombreuses entreprises privées, notamment sud-africaines, investissent aussi massivement, que ce soit dans le tourisme ou les transports. Les ONG internationales sont légion dans le pays et participent largement aux efforts de reconstruction.

La rénovation des infrastructures de transport est prioritaire car elle conditionne les autres aspects de la reprise, notamment agricoles. Il s'agit aussi de restituer au Mozambique son rôle d'exutoire des richesses de l'intérieur, de façon à bénéficier de leurs retombées. Les trois grands corridors de communication ouest-est du pays sont déjà largement rénovés, grâce à l'aide internationale.

- Au nord du pays, le corridor de Nacala relie le Malawi à la mer, grâce à 600 km de voie ferrée. Le port de Nacala, rénové par la coopération finlandaise est le troisième du pays. Il dessert aussi Nampula, troisième ville du pays avec environ 250 000 habitants et les provinces agricoles du nord Mozambique, les plus peuplées du pays.
- Au centre, le corridor de Beira est l'exutoire naturel du Zimbabwe. Outre la route et les 318 km de voie ferrée, il comprend un oléoduc qui transporte pratiquement tout le pétrole consommé au Zimbabwe. Ce même Zimbabwe exporte par cette voie tabac et coton; une partie du cuivre zambien passe aussi par Beira. L'aide internationale massive (surtout des pays scandinaves) a permis la rénovation du corridor, le nouveau port de Beira, d'une capacité de 5 millions de tonnes, a été inauguré en 1992.
- Enfin, le plus important des axes traversant le Mozambique est le corridor de Maputo. Il est triple: le port de Maputo est relié par voie ferrée au Zimbabwe vers le nord-ouest (corridor du Limpopo), à l'Afrique du Sud vers l'ouest (corridor de Ressano Garcia) et au Swaziland vers le sud-ouest (corridor de Goba). L'enjeu est ici de taille. Le port de Maputo, aux installations encore vétustes, vise le marché sud-africain du Gauteng, mais aussi du Swaziland et du nord du Natal. Le trafic en 1974 (au moment de l'indépendance) était de 14 millions de tonnes. Depuis, ce trafic a été récupéré par le port de Durban (bien plus loin pourtant de la province industrielle du Gauteng). Aujourd'hui, celui-ci est saturé et les Sud-Africains sont les premiers à souhaiter le redémarrage de Maputo. Pour preuve, ils investissent massivement dans la rénovation des voies de communication. Maputo devrait pouvoir redevenir le grand port sucrier et charbonnier de la région, mais aussi assurer les exportations d'agrumes et le trafic de conteneurs. La ville de Maputo en tire déjà profit en termes d'emplois créés, mais la capitale doit faire vivre une population de près de deux millions d'habitants (gonflée par l'afflux de réfugiés des campagnes fuyant les zones de conflit).

Le problème du Mozambique sera de savoir tirer profit des nouvelles voies de communication qui desservent les pays voisins afin de ne pas être ramené au seul rôle de voie de passage vers l'océan Indien. C'est pourquoi les voies nord-sud de transport sont aussi améliorées, ainsi que les voies secondaires qui seules permettront la reprise des activités rurales en leur offrant l'accès aux marchés. Dans ce domaine, il s'agit de faire redémarrer l'activité des plantations capitalistes, ce qui est déjà pratiquement le cas, au moins pour le thé, la noix de cajou et le coprah. Mais il est plus essentiel d'assurer le retour à la terre des paysans déplacés et des réfugiés revenant de l'étranger. Le Mozambique est un pays rural (80 % de la population active travaille dans l'agriculture) dont l'agriculture a été dévastée par la guerre. Maïs, manioc, haricots, cultures de base des paysans mozambicains, réapparaissent lentement, près de deux millions de *deslocados* et un million de réfugiés étant revenus sur leurs exploitations.

Le développement des activités touristiques est le troisième espoir du Mozambique. Le potentiel est, en effet, énorme: la côte, splendide et très longue, fait alterner plages, falaises et récifs coralliens, des archipels d'îles tropicales jamais aménagées la bordent. Les infrastructures touristiques coloniales étaient peu importantes ; dégradées pendant les troubles, elles sont en cours de rénovation. Le célèbre palace de Maputo, le Polana, construit en 1922, en est le joyau. La ville, marquée par l'achitecture portugaise, reste élégante et offre de quoi développer un tourisme culturel. Avant l'indépendance, le Mozambique était la destination touristique privilégiée des Rhodésiens et des Transvaaliens. Le pays devrait parvenir à récupérer cette clientèle par des prix plus faibles que ceux pratiqués sur la côte du Natal, des distances moins longues et l'attrait de l'exotisme en plus. Sur les îles, des complexes de luxe sont prévus qui devraient aussi attirer des visiteurs d'Europe et d'Amérique. Le Mozambique dispose en outre d'un patrimoine important. L'île de Mozambique, ancienne capitale, est, par sa richesse architecturale, comparable à Zanzibar, encore faut-il la faire connaître, ce qui commence à peine.

C'est sur ces quelques atouts que le Mozambique devra s'appuyer pour tenter de sortir d'une des situations de sous-développement les plus graves du monde : une espérance de vie de moins de 50 ans, une mortalité infantile de 150 %, mais une croissance annuelle de la population de 2,6 %, un taux d'alphabétisation de moins de 40 %, et la liste n'est pas close. Il faut aussi rétablir définitivement la paix tout en tentant d'effacer les séquelles de la guerre : populations déplacées et traumatisées, villes gonflées de façon accélérée (13 % de citadins en 1980, plus de 30 % aujourd'hui), intense trafic d'armes légères… Les fonctions de transport du Mozambique en font cependant un tel enjeu, à la fois pour les pays de la SADC et pour la communauté internationale, que l'on peut espérer que l'aide étrangère permettra au pays de tenir jusqu'à ce que les conditions endogènes d'un redressement durable soient en place.

La Namibie : un désert habité

Une géographie schématique

La simplicité apparente de la géographie de la Namibie (clarté des découpages naturels et caractère schématique de la répartition de la population) cache une situation complexe.

Le courant côtier froid de Benguela combine ses effets à ceux de la haute pression tropicale pour créer le désert du Namib : le refroidissement de l'air au contact de l'eau froide empêche les phénomènes d'ascendances qui provoqueraient les pluies. Par ailleurs, l'air chaud se condense au contact de l'eau côtière froide, ce qui explique la forte humidité relative et la formation de brouillards côtiers. La côte est donc brumeuse le plus souvent, mais pas arrosée. Ce désert serait le plus vieux du monde puisqu'il daterait de l'ère tertiaire. C'est un univers étrange que ce Namib, autrefois redouté des voyageurs (une partie de la côte est dénommée côte des Squelettes : ceux des navires naufragés), où se côtoient deux mondes, polaire et africain : les jeunes otaries qui naissent sur cette côte sont parfois la proie des hyènes ou des chacals. Les constructions dunaires sont particulièrement impressionnantes, en certains points les dunes atteignent 300 m de haut, encore un record mondial. Le désert du Namib s'étend, en fait, du sud de l'Angola jusque loin en Afrique du Sud. Large de 80 km à 120 km selon les lieux, il est limité vers l'est par un puissant escarpement (souvent plus de 1 000 m de commandement) qui le sépare des hauts plateaux plus arrosés de l'intérieur. Ces hauts plateaux culminent à plus de 2000 m; loin d'être humides (300 à 600 mm de pluie par an), ils sont cependant plus propres aux activités humaines que le désert avec ses 30 à 100 mm de pluie annuels. Plus loin vers l'est, la Namibie redevient désert: là, il s'agit du Kalahari, aux confins du Botswana et de l'Afrique du Sud. Les seules parties valablement arrosées du pays sont en fait le nord et le nord-est où les paysages naturels sont ceux de la savane africaine et où l'occupation humaine est plus dense. C'est aussi la Namibie des rivières (Cunene et Okavango, qui font frontière avec l'Angola) où l'agriculture de décrue est possible.

De fait, au moins 60 % de la population est concentrée dans cette partie nord de la Namibie. Les deux plus importants groupes ethniques du pays, les groupes ovambo (près de 50 % de la population namibienne) et okavango (10 %), occupent cette région. Ces deux groupes bantous pratiquent depuis le début de notre millénaire une agriculture vivrière associée à l'élevage. Les « Capriviens », habitants de l'étroite bande de terre[1] qui relie la Namibie à la vallée du Zambèze, sont aussi bantous et agriculteurs. Par ailleurs, environ 30 % des Namibiens sont citadins, et vivent en grande majorité à Windhoek, capitale nationale qui compte environ 200 000 habitants.

Cette très inégale répartition de la population laisse les autres régions du pays pratiquement vides d'hommes. Ceci n'est pas dû qu'à des facteurs naturels. Quand les Allemands annexèrent la Namibie en 1884, la population du territoire était plus également répartie. Les Britanniques occupaient depuis 1878 le site de Walvis-Bay, seul port naturel en eau profonde du pays. Un commerçant allemand, Lüderitz, avait planté le drapeau allemand plus au sud, sur le site de l'actuelle ville portant son nom. La Namibie avait par ailleurs été traversée par des *trekkers* afrikaners se dirigeant vers le plateau angolais. Sur le haut plateau intérieur, plusieurs groupes de pasteurs se partageaient les terres; les Herero et les Nama étaient les plus nombreux. Les premiers étaient des bantous venus du nord, les seconds des Khoi refoulés vers le nord par les Européens. Par ailleurs, des groupes de chasseurs-cueilleurs khoisan circulaient aux confins du Kalahari. Enfin, à Rehoboth, s'était installé un groupe mêlé de « colorés », parlant l'afrikaans, venant de la région du Cap et fuyant l'autorité européenne: les Basters (bâtards). Dans les années 1840, dirigés par le célèbre Jonker Afrikaner, ils avaient établi un État indépendant au centre de l'actuelle Namibie. Ces divers groupes, notamment les Herero, les Nama et les Basters étaient organisés soit en États, soit en chefferies qui s'opposèrent à

1. Le rattachement de cet appendice à la Namibie allemande avait été négocié par un officier du nom de von Caprivi, il s'agissait d'obtenir une voie d'accès à l'océan Indien, *via* le Zambèze.

l'occupation allemande. Celle-ci fut d'abord de peu d'ampleur. Mais le nombre de colons augmenta et certaines parties du territoire furent concédées à des compagnies privées. Les Allemands ne s'intéressèrent pas au nord du pays mais s'établirent sur le haut plateau central, dépourvu de problèmes sanitaires (malaria, maladie du sommeil...) et permettant l'élevage. Devant cette colonisation qui les privait de leurs pâturages, les Herero se révoltèrent en 1904 et les Nama en 1905-1906 : la répression fut telle que l'on pense que les 2/3 de la population herero fut massacrée (des 80000 Herero, il n'en resta que 16000) ainsi que la moitié des Nama, lors d'un véritable ethnocide. Toutes les terres des deux groupes furent confisquées et concédées aux Européens. Les Basters purent, eux, conserver un territoire autour de Rehoboth. En 1915, quand les Sud-Africains occupèrent le territoire namibien, le « nettoyage » ethnique était déjà achevé, ils ne firent que reprendre une forme de contrôle de l'espace préparée par les Allemands. En 1920, le Sud-Ouest africain fut placé sous mandat sud-africain par la Société des Nations.

Cinquième province de l'Afrique du Sud et dernière colonie d'Afrique

Les Sud-Africains contrôlaient déjà l'enclave portuaire de Walvis-Bay (territoire britannique, elle était rattachée à l'Union sud-africaine) ; ils n'eurent qu'à l'ajoindre à ce qui allait devenir la cinquième province d'Afrique du Sud. Ils résilièrent les concessions qui avaient été octroyées à des sociétés privées allemandes, mais maintinrent les droits des colons. Le cantonnement des Africains dans des réserves, toutes ou presque situées dans le nord du pays, fut confirmé. Les richesses minières, diamants dans le sud, plomb et cuivre au nord de Windhoek, déjà découvertes par les Allemands, furent reprises progressivement par des capitaux sud-africains contrôlés par l'Anglo-American. Des fermiers afrikaners vinrent voisiner sur les hauts plateaux avec les fermiers allemands. Sur d'immenses ranchs de plus de 10000 hectares (parfois près de 100000), ils développèrent l'élevage extensif de bovins au centre et de moutons karakul au sud, mettant en place des milliers de kilomètres de clôtures. La population européenne augmenta rapidement à cette époque : de 14000 en 1913, elle passa à 28000 en 1928. Les droits des Africains restèrent ce qu'ils étaient à l'époque allemande : ces derniers leur avaient, dès 1907, interdit la propriété foncière privée et imposé le port d'un *pass* pour leurs déplacements dans le territoire. Ce *pass* n'était donné qu'aux employés de Blancs.

À partir de 1920, la Namibie connut une histoire parallèle à celle de l'Afrique du Sud. Dans les années 1950, une politique d'apartheid à la sud-africaine y fut mise en œuvre. À partir des années 1970, comme en Afrique du Sud, le système des réserves devint celui des *homelands* de façon à faire des Africains des étrangers dans leur propre pays. Partout, la ségrégation fut légalisée et systématisée. Les villes principales comptent encore trois types de quartiers résidentiels : blanc, colorés et africain (les Namibiens d'origine asiatique sont très peu nombreux). Dans les quartiers réservés aux Africains, des secteurs étaient attribués en fonction de l'appartenance ethnique. Comme en Afrique du Sud, en effet, l'apartheid ne se limita pas à séparer les grands groupes raciaux, mais divisa aussi les populations africaines en groupes linguistico-ethniques.

En Namibie, les Sud-Africains définirent 11 groupes qui étaient par ordre d'importance : les Ovambo, les Okavango, les Blancs, les Herero, les Damara, les Nama, les Colorés, les Capriviens, les Bushmen, les Bâtards de Rehoboth, les Tswana et les « autres » (notamment les Indiens). Mis à part les Blancs et les « autres », chaque groupe se vit attribuer un *homeland*. Tous ces territoires étaient sur les basses terres, dans le nord du pays, à l'exception du secteur des Bâtards autour de Rehoboth (territoire déclaré autonome en 1976) et du Hereroland dans l'est. Ainsi, 40 % du territoire national étaient attribués aux non-Blancs.

Cependant, le système présentait les mêmes vices et failles qu'en Afrique du Sud, bien qu'à des degrés moindres. En premier lieu, aucun de ces territoires n'était véritablement ethniquement homogène. Surtout, dans la plupart des cas, la majorité des membres du groupe ethnique ne résidait pas dans son *homeland* mais sur les terres blanches où le travail salarié était possible. En effet, les entreprises européennes, des mines essentiellement, mais aussi des industries en ville et des services publics, allèrent chercher la main-d'œuvre là où elle était disponible, à savoir dans le nord du pays, surtout dans la population ovambo. Ces derniers devinrent vite le plus important groupe noir dans les villes et dans les mines. Les fermes européennes pratiquaient un recrutement plus local. Il reste que le système des *homelands* était contradictoire avec le fonctionnement de l'économie dans la mesure où il était censé fixer des populations utilisées, en fait, ailleurs.

Le régime d'apartheid namibien fut fortement amendé à la fin des années 1970. Une série de pressions, internes et externes, dut en effet être prise en compte. En 1959, le régime de Pretoria fit détruire la Old Location à Windhoek, vieux quartier non blanc (en même temps que Sophiatown à Johannesburg et District Six au Cap). La police tira sur la foule. Le massacre de la Old Location provoqua une vive réaction. L'année suivante était créée, au Cap, la SWAPO, principal mouvement de libération namibien. En 1966, ce mouvement décida de passer à la lutte armée. La même année, le conseil de sécurité des Nations unies décréta illégale la présence sud-africaine en Namibie, mais Pretoria/Tshwane ne reconnaissait pas l'autorité de l'ONU. À partir de 1974, l'enjeu namibien se doubla de l'enjeu angolais : l'Afrique du Sud considérait la Namibie comme une zone tampon entre elle et le régime communiste de Luanda. La guerre au nord de la Namibie s'intensifia. En 1978, les Nations-Unies votèrent la résolution 435 qui ordonnait le départ des Sud-Africains de Namibie.

Pour contrer ces diverses pressions, Pretoria/Tshwane se lança dans une politique de réformes. L'apartheid fut officiellement aboli par l'*Abolition of Racial Discrimination (Urban Areas and Public Amenities) Act* de 1979. Il s'agissait en fait de mettre en place une forme de néo-apartheid (qui constitua d'ailleurs un test pour les politiques à l'intérieur même de l'Afrique du Sud).

Les formes voyantes de l'apartheid étaient supprimées mais les administrations restaient ethniquement séparées, la citoyenneté différenciée selon la race et les ressources publiques plus qu'inégalement réparties. Surtout, l'Afrique du Sud gardait le contrôle du territoire et continuait de mener la guerre en Angola. Elle pouvait aussi poursuivre son exploitation systématique des richesses naturelles namibiennes. Jean-Claude Fritz a montré comment ce retard de 12 ans de l'indépendance (1978-1990) a été coûteux pour la Namibie : l'Afrique du Sud n'a pas hésité à tirer le plus de parti possible de sa présence, tout en limitant au minimum les investissements dans un territoire dont politiques et milieux d'affaires savaient devoir se retirer bientôt. Ce refus de céder aux injonctions des Nations unies n'a d'ailleurs été possible que grâce à l'appui de certaines puissances occidentales, surtout la Grande-Bretagne de Margaret Thatcher et les États-Unis de Ronald Reagan : pour ces deux pays, la présence de forces cubaines en Angola justifiait la présence sud-africaine en Namibie. Les Sud-Africains ne cédèrent qu'en 1988, en signant les accords de New York qui programmaient l'indépendance de la Namibie pour 1990 (et le retrait des troupes cubaines d'Angola). Ce recul sud-africain était en grande partie la conséquence de la bataille de Cuido Canavale en Angola : pour la première fois, l'armée sud-africaine (South Africa Defense Force, SADF) ne remporta pas une victoire décisive et subit de lourdes pertes. Le coût de la guerre devenait trop lourd. Les changements internationaux et ceux en cours en Afrique du Sud firent le reste. En mars 1990, la dernière véritable colonie d'Afrique accédait à l'indépendance sous le contrôle des Nations unies.

Quelle indépendance ?

Six ans après son accession à l'indépendance, la Namibie ne s'est pas libérée de l'Afrique du Sud. Malgré des apparences d'aisance, comparativement à tant d'États africains (faibles densités, PIB par habitant élevé, balance commerciale le plus souvent excédentaire...), l'économie namibienne est l'une des plus dépendantes du continent, sa population l'une des plus pauvres. La longue domination économique sud-africaine, toujours d'actualité d'ailleurs, explique en grande partie cet état de fait.

L'économie namibienne repose sur des ressources naturelles. Longtemps, les mines ont été la première activité en part du PIB, allant jusqu'à en constituer plus de 40 %. Trois principaux employeurs se partagent les mines namibiennes :

- Au sud, l'exploitation diamantifère est le fait de la Consolidated Diamonds Mines (CDM). Tout le territoire minier lui est concédé jusqu'en 2010, il est interdit d'accès sans autorisation, au point que la compagnie est un véritable État dans l'État. La CDM est en fait une filiale de la De Beers. La région détiendrait près d'un cinquième des réserves mondiales de diamant, d'excellente qualité de surcroît. Mais le diamant a surtout profité aux sociétés sud-africaines accusées d'avoir « écrémé » les mines à partir des années 1980. La production est actuellement en forte baisse, en tout cas dans le gisement principal d'Orangemund et les recherches sur la plate-forme continentale semblent moins prometteuses qu'on ne l'avait cru.

- Près du port de Walvis Bay, la mine de Rossing est célèbre pour l'exploitation de l'uranium. Elle assurait, à la fin des années 1980, 10 % de la production mondiale. L'exploitation a commencé en 1976, avec des capitaux largement européens à l'époque. Mais, petit à petit, les Sud-Africains ont racheté des parts de la société jusqu'à la contrôler. L'uranium fut une manne pour la Namibie; mais ce n'est plus le cas. Des 5000 tonnes exportées en 1979, on est arrivé aujourd'hui à un peu plus de 1500 tonnes, et le cours mondial de l'uranium continue de baisser.
- Enfin, la Tsumeb Corporation Limited exploite dans le nord du pays les principales autres mines, surtout de cuivre et de plomb. Contrôlée par la Goldfields of South Africa (GFSA), autre filiale de l'Anglo-American, cette société exploite de vastes mines à ciel ouvert. Mais, là aussi, les gisements sont presque tous en voie d'épuisement.

La richesse minière de la Namibie est donc en partie un leurre, d'autant plus que le nouvel État n'a pas pu se libérer de l'emprise sud-africaine sur le secteur. La dépendance namibienne est tout aussi manifeste dans le secteur bancaire dominé par les sud-Africains. Elle est enfin liée à la faiblesse de la production agricole et industrielle ainsi qu'à l'orientation du réseau des voies de communication.

De fait, toutes les voies de communication terrestres sont tournées vers le voisin méridional. Le rétablissement de la paix en Angola changera peut-être cet état de fait mais seulement à moyen ou long terme. La restitution en 1994 de l'enclave portuaire de Walvis Bay change en partie les données. Seul port en eaux profonde sur 1500 km de côtes, Walvis Bay (30000 habitants) n'a jamais été allemand mais britannique avant de passer sous contrôle sud-africain. C'est pourquoi l'Afrique du Sud refusait de le considérer comme appartenant à la Namibie: elle contrôlait par là même le seul exutoire maritime du pays. Redevenu namibien, le port devrait reprendre un rôle important.

Hormis les produits de l'élevage, la production agricole commercialisable de la Namibie est, quant à elle, pratiquement inexistante. L'élevage est aux mains des fermiers blancs dont les 4000 ranchs occupent près de 70 % des terres exploitables. Au nord, l'agriculture africaine ne dégage pas de surplus. Ainsi, l'essentiel des produits consommés par les Namibiens vient d'Afrique du Sud. Il en va de même, et dans une plus large mesure encore, des produits manufacturés.

La Namibie, véritable périphérie économique de l'Afrique du Sud, comme les autres pays membres de l'Union douanière dominée par Pretoria/Tshwane (la SACU: Southern Africa Custom Union), n'a pas réellement les moyens de son indépendance.

Le tourisme ne sera pas un atout nouveau, contrairement au Mozambique. Les parcs naturels du nord (notamment le parc d'Etosha, situé autour d'un lac salé, est l'un des plus grands d'Afrique), les paysages du désert, ne sont accessibles qu'à un tourisme haut de gamme. La côte, peu attrayante, ne deviendra pas un lieu de villégiature populaire. La petite station balnéaire de Swakopmund (20 000 habitants) n'est qu'un lieu de détente de fin de semaine pour les habitants de Windhoek, ou de villégiature pour certains Sud-Africains.

Ce sont les activités halieutiques qui soutiennent désormais l'économie namibienne et en déplacent les centres principaux des mines vers la côte, d'autant que cette activité est moins que les autres dominée par l'Afrique du Sud. Les Russes et les Espagnols sont très présents et l'aide internationale (350 millions de francs investis dans cette activité entre 1990 et 1994) a permis aux Namibiens de développer leur propre flotte et leurs propres industries de transformation du poisson. Le courant froid de Benguela fait de la côte namibienne l'une des plus poissonneuses du monde. La sardine, l'anchois et la morue constituent l'essentiel des prises. Walvis Bay et Lüderitz (environ 25 000 habitants) sont les principaux et quasi uniques ports de pêche. En valeur, la langouste, pêchée surtout à partir de Lüderitz, est très importante. Aujourd'hui, la pêche représente 35 % du PIB namibien, plus que les activités minières, avec 850 000 tonnes de prise contre environ 250 000 il y a six ans. À cela s'ajoutent une ostréiculture en développement et l'exploitation des salines.

Ces diverses ressources permettront-elles à la Namibie de résorber des inégalités encore criantes ? Les Blancs contrôlent l'économie, les anciens bantoustans restent des enclaves de pauvreté à l'écart des circuits économiques malgré la réforme administrative, dans les villes les quartiers non blancs sont paupérisés, on estime que plus de 30 % de la population est sans emploi... À cela s'ajoutent des soupçons de corruption de plus en plus forts sur la classe politique de la SWAPO au pouvoir, même si le président Sam Nujoma a été réélu en décembre 1994 avec 76 % des voix. Ces problèmes sont aussi ceux de l'Afrique du Sud ; ils sont hérités d'un apartheid qui a découpé l'espace inégalement pour mettre la géographie au service de la race dominante. Du même coup, l'existence même d'une nation namibienne est plus qu'incertaine, le pouvoir étant de plus en plus accusé de ne servir que les intérêts des Ovambo majoritaires. Et, comme en Afrique du Sud, c'est contre les inerties identitaires et spatiales que la Namibie indépendante doit se battre. En ce sens, ses handicaps sont bien différents et sans doute plus lourds que ceux du Mozambique dont on peut espérer un redémarrage plus rapide dans un cadre ethnico-territorial moins rigide.

Chapitre 11

Le Zimbabwe, poids lourd détrôné de la SADC

Le Zimbabwe a deux visages : d'un côté, de vastes exploitations agricoles modernes, des villes aux quartiers ombragés et fleuris, une industrie diversifiée, une cohabitation apparemment paisible entre les communautés raciales blanches, noires, colorées et indiennes, un régime politique stable et multipartiste; de l'autre côté, des millions d'agriculteurs africains concentrés sur des terres de faible qualité agronomique et pratiquant une pauvre agriculture de subsistance, une majorité de citadins vivant dans des *townships* surpeuplés et sous-équipés, des industries désuètes et s'essoufflant à satisfaire une demande croissante, des tensions raciales héritées de la période coloniale, un régime politique autoritaire. Quel est le véritable Zimbabwe ? On a souvent voulu y voir un modèle pour l'Afrique en général et pour l'Afrique du Sud de demain en particulier, mais le modèle s'est effrité et les Zimbabwéens sont les premiers à critiquer le mode de développement choisi par un régime de plus en plus intolérant (voir aussi chapitre 1).

Sur un territoire riche en potentialités se sont rencontrées des populations africaines bantoues et une population européenne venue chercher des richesses minières et des terres agricoles. Les colons ont créé la Rhodésie, dans laquelle les Africains, cantonnés dans des réserves tribales ou utilisés comme main-d'œuvre sur les fermes blanches et dans les mines, ont perdu leurs terres et leurs droits. Une véritable philosophie du développement séparé fondait le partage économique, mais aussi spatial du pays. C'est cet héritage que le Zimbabwe indépendant a dû gérer à partir de 1980, tiraillé entre deux objectifs contradictoires : d'un côté satisfaire les Africains et les rétablir dans leurs droits, de l'autre maintenir la puissance économique.

Au début des années 1990, le Zimbabwe était encore dans une situation favorable : son taux de croissance économique était de 4 % par an, sa balance commerciale légèrement excédentaire, le taux de scolarisation était de 100 % dans le primaire et le pays réussissait à maintenir l'autosuffisance alimentaire d'une population de 12 millions d'habitants dont la croissance se ralentissait grâce aux programmes de planning familial. Peu de pays africains pouvaient se vanter d'un tel bilan.

En 1997, l'endettement du pays a fortement augmenté, l'inflation est forte et les salaires bloqués, le taux de chômage dépasse 30 % de la population active, l'agriculture ne s'est pas complètement remise de la terrible sécheresse de 1991-1992, le pouvoir politique est de plus en plus corrompu et le multipartisme s'est révélé être de façade. Enfin, sur le plan international, le Zimbabwe a perdu son aura de pays *leader* de la ligne de front, la fin du régime de l'apartheid a ramené le Zimbabwe à une place régionale de second rang après le puissant voisin dont la concurrence économique menace les producteurs zimbabwéens.

Toute l'histoire de la Rhodésie, devenue Zimbabwe en 1980, est d'ailleurs marquée par ses relations avec l'Afrique du Sud qui, selon les époques, fut modèle ou repoussoir, alliée ou ennemie.

Une colonie de peuplement européen, le modèle sud-africain

La composition ethnique actuelle du Zimbabwe est le résultat de mouvements historiques. Le groupe shona, composé de plusieurs grands clans, représente environ 80 % de la population totale. Les Ndebele sont une forte minorité, environ 15 % de la population, concentrée dans le sud du pays, surtout dans la région de Bulawayo. Les Tonga de la vallée du Zambèze, Venda de Beitbridge, Shangaan de la frontière mozambicaine, constituent de très petites minorités. Enfin, les populations blanches, colorées et indiennes représenteraient moins de 2 % de la population. La population blanche a culminé dans les années 1970 à 300 000 personnes ; elle s'est réduite de moitié après l'indépendance. Ces chiffres sont des approximations car depuis 1980, les recensements zimbabwéens ne comportent plus de question ni sur la race ni sur la langue.

Les constructions de pierre du « Grand Zimbabwe » témoignent de la richesse des civilisations anciennes de la région. Du XIIe au XIXe siècle, des royaumes shona, dont le Monomotapa est resté le plus fameux, se sont en effet succédés.

Les lambeaux de ces royaumes ne résistèrent pas, dans les années 1830, à la première invasion venue du sud, celle des Ndebele, sous-groupe zoulou fuyant la conquête par les Boers de leurs territoires au sud du Limpopo. C'est dans une région qui n'avait pas récupéré de cette conquête qu'arrivèrent les premiers missionnaires européens, puis la colonne pionnière de la British Southern African Company de Cecil Rhodes qui, en 1890, fonda Salisbury (future Harare). Après la répression par les Britanniques des révoltes ndebele de 1893, puis shona de 1896-1997, la « pacification » de la Rhodésie était achevée et, en 1891, ses frontières étaient fixées par traité avec les Portugais qui tenaient le Mozambique.

La compagnie à charte de Cecil Rhodes poursuivait deux objectifs : tout d'abord, trouver de l'or pour concurrencer le Witwatersrand et encercler les républiques boer du Transvaal et de l'Orange par des territoires britanniques. Le second objectif, politique, fut atteint, mais l'or était moins abondant et plus dispersé qu'on ne l'espérait. La prospérité du territoire fut donc plutôt fondée sur l'agriculture jusqu'à la Seconde Guerre mondiale, époque à laquelle l'appareil industriel commença à se développer.

La Rhodésie du Sud a connu une histoire complexe et des statuts variés. De 1890 à 1923, le territoire était administré par la BSAC. La Compagnie était avant tout intéressée par l'exploitation minière et légiférait peu. La population blanche du territoire, composée essentiellement de fermiers et de commerçants, supportait pourtant mal la tutelle de la Compagnie et appelait de ses vœux un statut de colonie autonome. Elle obtint satisfaction en 1923, après un référendum sur le statut du territoire. La Compagnie fut évincée de l'administration ; les partisans d'un rattachement à l'Afrique du Sud furent déboutés (beaucoup de colons rhodésiens d'origine boer souhaitaient le rattachement à l'Afrique du Sud pour échapper à la tutelle britannique) et la Rhodésie du Sud devint une colonie britannique autonome (*self-governing colony*). La nouvelle constitution prévoyait qu'un gouverneur représenterait sur place la Couronne britannique, mais l'essentiel des pouvoirs allait à un Parlement unique de 30 membres qui élisait un Premier ministre, lequel gouvernait le pays. Le droit de vote était accordé, sans distinction de race, à tout sujet britannique gagnant plus de 200 livres, ce qui dépassait largement les revenus des Africains. La BSAC restait très puissante, car elle tenait non seulement les mines et de nombreuses terres mais aussi les chemins de fer. Le territoire ne changea pas fondamentalement de statut jusqu'aux années 1950. La politique rhodésienne durant cette période s'explique par le statut de colonie autonome du territoire : ce n'était pas une administration coloniale qui gérait les affaires du pays depuis une métropole éloignée mais une population de colons blancs. La population blanche, tout en restant toujours peu nombreuse dans l'absolu, s'accrut rapidement, plus que celle d'aucun autre territoire de l'Empire : de 36 000 au début des années 1920, elle était passée à 51 000 en 1929.

Durant les années 1930, la politique des colons s'affirma véritablement. À cette époque, des hommes d'une nouvelle génération arrivèrent au pouvoir, l'ancienne administration, héritée de l'époque de la Compagnie, ayant disparu. Ces hommes nouveaux se reconnaissaient dans un nouveau parti, le United Party, dirigé par Godfrey Huggins. Ce parti proposait aux colons la mise en place systématique d'une société ségrégationniste fondée sur le principe du développement séparé des races.

Le projet ségrégationniste fut bien accueilli par une population blanche inquiète des effets de la crise économique mondiale. Sur le modèle sud-africain, deux textes formèrent les piliers législatifs de la ségrégation raciale : le *Land Apportionment Act* de 1930 et le *Industrial Conciliation Act* de 1934. Le *Industrial Conciliation Act* protégeait la main-d'œuvre industrielle européenne d'une éventuelle concurrence africaine : les syndicats étaient réservés aux Européens, les salaires des Africains étaient fixés et inférieurs à ceux des Blancs, les Noirs étaient exclus de certains secteurs d'emplois réservés aux Blancs. Le *Land Apportionment Act* partageait le pays entre les *native reserves* réservées aux Africains et soumises au droit coutumier sans propriété privée du sol, les *native purchase areas* sur lesquelles les Africains pouvaient acheter des terres et mener une agriculture commerciale, les *european areas*, où les Africains ne pouvaient avoir aucun droit permanent et les *unassigned areas*, terres publiques non attribuées.

Les Blancs se réservaient plus de 50 % des terres, et, de plus, il s'agissait des meilleures. Le gouvernement présenta cette loi à Londres comme un texte protégeant les intérêts des Africains : leur attribuer les terres nécessaires à leur agriculture de subsistance les garantissait contre les appétits fonciers des fermiers blancs. En réalité, les fermes commerciales européennes étaient loin d'occuper tout l'espace qui leur était attribué, alors que les Africains étaient cantonnés dans des zones surpeuplées. Sur ces terres, ils étaient d'ailleurs soumis à des impôts, en particulier la très détestée *hut tax* qu'ils ne pouvaient payer qu'en allant s'employer dans les mines, sur les fermes européennes ou en ville. Sous la pression des fermiers, les salaires en ville et dans les mines étaient maintenus à un niveau très bas. En effet, les fermiers furent constamment confrontés à un problème de manque de main-d'œuvre et craignaient la concurrence d'activités plus attractives pour les Africains.

Dans le partage de 1930, pratiquement toutes les hautes terres étaient occupées par les Européens ; elles étaient les seules desservies par les voies ferrées et toutes les villes se trouvaient dans les zones européennes. Ainsi, la conséquence urbaine du *Land Apportionment Act* était l'interdiction de la propriété du sol urbain aux Africains. Pour permettre le contrôle des populations qu'impliquait ce système de séparation spatiale, deux textes furent votés : le *Native Registration Act* de 1936 imposait à tous les Africains résidant hors des terres africaines d'être enregistré auprès des autorités et le *Native Passes Act* de 1937 imposait à tout Africain d'être porteur d'un *pass* en règle pour circuler hors des réserves.

La législation s'est, en fait, mise en place au fur et à mesure des besoins. Jusqu'à la Seconde Guerre mondiale, les problèmes posés par la population africaine des villes étaient minimes, car elle restait peu nombreuse. À Harare (alors Salisbury), le quartier africain de Mbare (alors Harari) s'était étoffé et, en 1935, le gouvernement décida de construire des logements pour Africains à Highfield, sur les terres d'une ferme située à 9 km du centre-ville. Dans un premier temps, 453 maisons furent construites pour loger 2500 personnes. À cette époque, beaucoup de travailleurs africains étaient encore logés par leurs employeurs. Il y avait, en 1931, environ 15000 Africains employés à Salisbury, en 1941 il y en avait 32000 et 46000 en 1946. Le développement rapide des activités industrielles, stimulées durant la Seconde Guerre mondiale, nécessitait une main-d'œuvre toujours plus nombreuse et les patrons étaient de plus en plus réticents à supporter le coût du logement de leurs employés. Qui allait s'occuper du logement africain si les entreprises ne voulaient plus s'en charger ? En 1941, une loi autorisa les autorités locales à construire librement des *townships* pour les Africains employés en ville. Ce texte s'avérant insuffisant, le *Native (Urban Areas) Accomodation and Registration Act* de 1946 rendit obligatoire le financement des *townships* africains par les municipalités, mais aussi le contrôle des populations de ces *townships* qui devaient justifier d'un emploi en ville. Il s'agissait d'assurer le logement des Africains en ville, tout en limitant leur nombre au strict minimum.

L'époque de la Fédération de Rhodésie-Nyassaland (1953-1963) fut pour la Rhodésie du Sud une période de prospérité sans précédent, marquée par le développement de l'industrie et par une forte croissance urbaine. La Fédération réunissait les territoires du Nyassaland, actuel Malawi, et des deux Rhodésies (actuels Zimbabwe et Zambie). Le gouvernement central siégeait à Salisbury et ce fut la Rhodésie du Sud qui profita de l'union économique, car elle drainait les richesses minières de Zambie et agricoles du Malawi pour financer son propre développement industriel.

Après l'éclatement de la Fédération, en 1963, sous la pression des mouvements nationalistes africains, le Front Rhodésien, après de massives victoires électorales, déclara, en 1965, l'indépendance de la Rhodésie. L'*Unilateral Declaration of Independance* (UDI) se traduisit par un durcissement de l'attitude envers les Noirs. Faute d'avoir pu maintenir une Fédération d'Afrique centrale, dont ils profitaient largement, les Blancs ne pouvaient admettre de rester contrôlés par Londres quand la Zambie et le Malawi étaient indépendants, ni de se plier à la règle de la majorité. Le *Land Tenure Act* de 1969 remplaça le *Land Apportionment Act* de 1930. Ce nouveau texte partageait l'espace rhodésien en deux parties à peu près égales par leur taille (carte 25), l'une réservée aux Européens, l'autre aux Africains. Les terres africaines (rebaptisées Tribal Trust Land) étaient donc étendues, mais, en revanche, les limites à l'accès aux autres zones étaient accrues. Le gouvernement de l'UDI calquait sa politique sur le modèle sud-africain ; dans cette optique, on devait créer des villes en zones africaines pour limiter les migrations vers les villes européennes. À la fin des années 1960, les premiers *growth points* en terres africaines furent ainsi créés.

Des guérillas s'organisèrent pour lutter militairement contre le régime de l'UDI et finirent par en venir à bout quand certains appuis régionaux du régime de Ian Smith disparurent. En effet, jusqu'à l'indépendance du Mozambique et de l'Angola en 1975, le Portugal fut un soutien de la Rhodésie. L'Afrique du Sud constitua aussi un appui fidèle mais dont les problèmes internes s'accrurent à partir du milieu des années 1970. Quant aux sanctions internationales, d'ailleurs mal appliquées, elles furent plus qu'un échec : la situation de relative autarcie du pays eut pour résultat une diversification et un accroissement de la production agricole pour le marché intérieur et le développement accéléré d'une industrie de substitution aux importations.

La résistance africaine était composée de deux fractions inégales. La ZAPU, appuyée par l'Union soviétique, pouvait paraître la plus puissante : son *leader*, Joshua Nkomo, un Ndebele, était connu à l'étranger ; sa branche armée, la ZIPRA, était solidement organisée. La ZANU était une guérilla rurale appuyée par la Chine populaire et son chef, Robert Mugabe, un Shona, ancien lieutenant de Nkomo, n'avait que peu d'audience à l'extérieur. Pourtant, lorsque, à la suite des accords de Lancaster House (1979), des élections furent organisées sous l'égide de la Grande-Bretagne, la ZANU l'emporta très nettement : la qualité de son implantation intérieure et, sans nul doute, l'appartenance de Mugabe à l'ethnie shona majoritaire, furent des éléments décisifs de son succès.

On pouvait craindre, à l'indépendance, en 1980, la montée de conflits internes mêlant oppositions politiques et ethniques. On pouvait aussi s'interroger sur l'application des principales clauses des accords : l'existence d'un quota de députés blancs au Parlement jusqu'en 1990, le maintien du pluripartisme et, surtout, l'assurance donnée aux exploitants européens que, pendant dix ans, leurs terres ne seraient pas expropriées et leur seraient achetées pour moitié en devises au prix du marché. Or, les accords ont été respectés, et les conflits politiques, malgré de sérieuses crises, n'ont atteint un niveau intolérable que dans le sud du pays. Dans cette région, l'ancienne ZAPU, dominée par des Ndebele, a tenté de maintenir ses bases dans un contexte très défavorable. La répression, conduite par des troupes spécialement entraînées par des conseillers de Corée du Nord, a été d'une violence extrême et ne s'est terminée qu'après des massacres systématiques dans certaines zones rurales.

Il reste que, démentant les craintes de beaucoup de Rhodésiens blancs, le marxisme-léninisme du nouveau pouvoir resta avant tout un discours, le gouvernement ayant, en fait, conduit une politique dictée par les nécessités de l'économie. Celle-ci avait besoin des produits de l'agriculture européenne, qui fut donc maintenue en l'état. L'activité minière et industrielle ne pouvait être poursuivie sans les firmes étrangères, sans la technologie et les capitaux sud-africains et sans l'accès au port de Durban (Beira, plus proche, a des capacités insuffisantes et les attaques et les sabotages du MNR ont longtemps rendu son accès difficile). Les relations économiques avec l'Afrique du Sud ont donc été discrètement maintenues. Dans le même temps, écoles et dispensaires se sont multipliés et le rattrapage social a été une priorité réelle.

Au total, c'est l'absence de grandes réformes qui a caractérisé la politique du Zimbabwe indépendant jusqu'au début des années 1990. Ce choix politique a permis au pays de réussir relativement sa transition, mais les défis des années 1990 ont été moins bien surmontés. En zone rurale, en particulier, l'immobilisme foncier et la crise agricole actuelle sont flagrants.

Le Zimbabwe dans son nouveau contexte : problèmes et perspectives

Agriculture à deux vitesses et échec de la réforme agraire

Le partage actuel de l'espace agricole zimbabwéen entre fermiers commerciaux et zones dites « communales » est directement hérité de la période rhodésienne. Grossièrement, l'ensemble des hautes terres centrales, planes, correctement arrosées (800 mm à Harare) et épargnées par les maladies tropicales, car fraîches en hiver, correspond aux zones commerciales. Ce sont les anciennes terres blanches du haut *veld* (1 300 m d'altitude environ) : les anciennes réserves africaines ont, quant à elles, été rebaptisées « zones communales » (par référence au mode de propriété du sol).

Mais le partage hérité n'est pas seulement agricole puisque les hautes terres centrales blanches bénéficiaient aussi des principales richesses minières, des axes de communication, des réseaux d'électricité ainsi que de tous les centres urbains, tout ceci mis au service de l'agriculture blanche, alors que les terres africaines étaient laissées à l'écart et dépourvues d'accès aux marchés. Les zones africaines les plus peuplées se trouvent encore aujourd'hui sur le moyen *veld* (600 à 1 200 m), en périphérie des terres commerciales auxquelles elles fournissent aussi la main d'œuvre agricole indispensable. Ces zones sont bien moins arrosées (600 à 800 mm), surtout vers le sud dans le pays ndebele, plus accidentées et rocheuses.

Autour des hautes et moyennes terres centrales, la géographie naturelle du pays offre des situations variées. Les montagnes de l'est du pays (2 592 m au mont Inyangani) sont bien arrosées : plantations de café et de thé, vergers, reboisements de pins y occupent une large part de l'espace cultivable. Le bas *veld*, le long du Zambèze au nord, du Limpopo au sud, est sec, voire aride (moins de 500 mm de précipitations annuelles). Ces territoires sont très inégalement mis en valeur. Au sud, dans la vallée du Limpopo, des plantations de sucre et de coton, tenues par des sociétés étrangères (Lonrho et Anglo-American) ont été développées avec succès à partir de la fin des années 1960. En revanche, le fossé d'effrondrement du Zambèze est resté très peu exploité. On y cultive du coton mais l'essentiel de l'espace est constitué de réserves naturelles qui servaient notamment de zones tampons avec la Zambie à l'époque rhodésienne. Des programmes de réoccupation de ces terres sont en cours, assortis de campagnes d'éradication de la mouche tsé-tsé. À l'ouest, la vallée a été noyée, dans les années 1950, par le lac de barrage de Kariba. L'ethnie tonga qui occupait ces terres et vivait en grande partie de la pêche fluviale a été déplacée dans des terres arides plus au sud et à l'est. Enfin, le bas *veld* du sud-ouest est occupé par le vaste parc naturel de Hwange. Le dynamisme de cette région n'est donc pas agricole mais minier d'une part (la ville de Hwange est le centre de l'exploitation du charbon utilisé pour la production d'électricité) et touristique d'autre part (parc de Hwange et surtout chutes Victoria).

Comment s'exprime la dualité de l'agriculture zimbabwéenne ? L'agriculture européenne a été favorisée par les gouvernements blancs par un système de crédits, d'encadrement technique, de recherche agronomique et de prix préférentiels. De plus, elle était conduite par des agriculteurs compétents qui surent orienter leurs activités vers des techniques intensives n'exploitant réellement que la meilleure partie (souvent guère plus de 10 %) des vastes exploitations (1 500 hectares en moyenne), le reste étant consacré à l'embouche bovine. Cette agriculture reposait, jusqu'aux années 1960, sur le maïs et sur le tabac. La situation changea en 1965 avec l'UDI et la nécessité où se trouva le pays de s'auto-suffire : une remarquable intensification des cultures et surtout une grande diversification constituèrent les deux succès rhodésiens de cette époque. Les paysages de ces zones commerciales, ouverts et immenses, sont ceux d'une Afrique blanche des hautes terres. Parcourus par des routes goudronnées rectilignes et bordées de barbelés, ils semblent vides d'hommes et peu exploités ;

seuls les portails des ranchs indiquent les propriétés, les bâtiments d'habitations sont loin des routes, au centre de l'exploitation.

À l'opposé, l'agriculture sur les terres africaines non seulement a été délaissée, mais un système de prix agricoles défavorable réduisait les agriculteurs africains à des cultures de subsistance. Seule une petite minorité a pu acheter des terres dans les African Purchase Areas qui n'ont pas permis le développement d'une classe moyenne rurale africaine. Les terres des réserves devaient, quant à elle, selon le modèle sud-africain, assurer la reproduction de la main-d'œuvre pour les mines, les fermes blanches et l'industrie.

Les différences traditionnelles entre agriculture shona (mil et peu d'élevage) et ndebele (élevage surtout et maïs) ont en partie subsisté. Le pays ndebele, au sud, est plus sec et le mil y est important, partout ailleurs c'est le maïs, aliment de base des Zimbabwéens sous forme de pâte (la *sadza*), qui domine, souvent en rotation avec l'arachide, parfois avec le coton. L'élevage est cependant partout important, il est utilisé pour les labours mais, surtout, remplit une fonction sociale, comme chez les autres groupes bantous de la région : paiement de la dot (*lobola*), signe de richesse, moyen de capitalisation. Ce cheptel peu productif est durement frappé par les sécheresses qui en sont le principal régulateur. L'habitat traditionnel est partout dispersé et il n'existe pas de propriété privée : les terres sont attribuées par un chef coutumier. La croissance démographique sur des zones non extensibles et sous un climat souvent sec a provoqué une réduction continue de la taille moyenne des exploitations, aujourd'hui inférieure à 5 hectares. De plus, beaucoup de terres sont perdues pour l'agriculture du fait d'une érosion accélérée, en partie liée à des phénomènes de surpâturage. Les paysages de ces zones communales contrastent avec ceux des terres commerciales, les densités sont fortes, l'habitat omniprésent (il est constitué de cases rondes, ou de maisons rectangulaires plus modernes), les routes sont souvent de terre, et surtout, le terrain est accidenté et rocheux au lieu d'être plat.

Ce sombre tableau ne doit pas occulter les progrès agricoles du Zimbabwe indépendant. Le nouveau dynamisme de l'agriculture africaine durant les années 1980 a été le résultat d'une politique favorable aux paysans : accès au crédit, prix rémunérateurs, fourniture d'engrais et de pesticides, encadrement technique... Les agriculteurs africains des zones communales produisent aujourd'hui 45 % du maïs commercialisé alors qu'ils n'exploitent que 42 % des terres agricoles (un peu moins de 17 millions d'hectares).

Néanmoins, l'avenir des zones d'agriculture africaine est hypothéqué par l'échec de la réforme agraire qui n'a pas soulagé les anciennes réserves d'une trop forte pression démographique. Si près de 600 Africains ont pu accéder à la grande exploitation commerciale, ils comptent encore peu face à 4 000 fermiers blancs qui ont choisi de rester après l'indépendance. Ces derniers ont pu agrandir leurs propriétés et leurs affaires n'ont jamais été aussi prospères. Représentés par la Commercial Farmers' Union (CFU), ces fermiers sont un groupe de pression puissant. Le gouvernement, jusqu'en 1990, a pu se retrancher derrière les accords de Lancaster House pour justifier le maintien de la très inégale structure agraire, alors que le thème central de la lutte de libération était précisément l'accès à la terre. On comptait 170 000 familles sans terre en 1980, mais en 1990 seules 52 000 d'entre elles avaient pu bénéficier d'un lot sur des terres agricoles reprises aux Européens. L'âge moyen des exploitants en zone communale est élevé (50 ans), les jeunes ne trouvent plus de terres et probablement les deux tiers des ménages ruraux ne s'en sortent que grâce à une activité complémentaire ou les envois d'argent de travailleurs migrants (souvent c'est le chef de famille lui-même qui part, la femme restant au village, responsable de la culture et du bétail). Même si plus de 3 millions d'hectares de terres privées et publiques ont été redistribués (soit plus de quatre fois plus qu'au Kenya), cela semble très insuffisant. Dans ces secteurs de terre redistribuée, des coopératives ont été mises en place, les agriculteurs, regroupés en villages (dans lesquels leur sont fournis les principaux services publics) exploitent des superficies de six à dix hectares par foyer (en moyenne, les dimensions dépendant du type de terres mises en valeur). Ailleurs, le gouvernement a créé des pôles de développement qui permettent au moins l'accès aux services essentiels, notamment l'école.

En 1990, le gouvernement avait annoncé que 5 millions d'hectares sous-exploités (sur les 11 millions des fermes commerciales) allaient être expropriés et redistribués. Le *lobby* des fermiers commerciaux a utilisé toutes les ressources légales pour empêcher les expropriations, les bailleurs de fonds internationaux se sont inquiétés, la classe politique s'est attribuée des fermes expropriées discréditant la réforme aux yeux des Zimbabwéens, et, enfin, la sécheresse de 1992 a fragilisé à tel point l'activité agricole que la réforme a été de nouveau bloquée.

En effet, les projets de réformes économiques et d'accélération de la redistribution des terres sont intervenus à un moment particulièrement défavorable. La sécheresse de 1991-1992 a été catastrophique pour l'agriculture et pour l'économie dans son ensemble, qui dépend encore largement des résultats agricoles. D'exportateur de maïs le Zimbabwe est brusquement redevenu importateur ; 300 000 têtes de bétails ont dû être abattues, la récolte de 1992 de sucre a été totalement perdue, de nombreux cas de disettes, avec une très forte mortalité infantile, ont frappé les régions sud les plus sèches. Cette crise a affecté les deux agricultures, européenne et africaine ; aucune des deux n'a réellement récupéré avant 1996.

Des villes de plus en plus importantes

L'autre grand problème du Zimbabwe concerne la croissance urbaine, accélérée depuis l'indépendance, et qui s'est faite dans de mauvaises conditions.

Le réseau urbain actuel est hérité de la période coloniale. Les colonisateurs, sur ce territoire qu'ils considéraient comme vierge, mirent rapidement en place des centres, en fonction exclusive de leurs besoins et intérêts. Les premières villes créées furent des forts : Fort Victoria (aujourd'hui Masvingo), en 1890, pour contrôler la route vers l'Afrique du Sud, Fort Salisbury (Harare) la même année, Umtali (Mutare) en 1892 pour contrôler la route vers les territoires portugais, puis Bulawayo en 1893 et Gwelo (Gweru) en 1894. Les autres centres urbains fondés dès cette époque étaient des villes minières (Chegutu, Kwekwe, Kadoma, Zvishavane, Hwange…) rapidement reliées aux plus grands centres par routes et voies ferrées. Sur ces nouveaux axes de transport apparurent des villes-marchés qui desservaient et drainaient les régions d'agriculture européenne (Chimanimani, Chipinge, Karoi, Marondera…). Toutes ces villes furent cadastrées entre 1892 et 1910, selon un plan orthogonal des plus systématiques, toujours orienté vers le nord magnétique. À l'échelle nationale, le réseau urbain actuel était ainsi en place dès 1910. Les villes de Rhodésie étaient européennes et elles le sont restées jusqu'à l'indépendance. La définition de la ville dans les années 1960 reflète cette réalité : est considéré comme ville « tout centre comptant plus de 25 habitants non africains, où les propriétés privées ont une superficie inférieure à 15 acres et où au moins la moitié de la population adulte mâle est employée dans des secteurs autres que l'agriculture ». Les Africains ont toujours été considérés comme des ruraux dont le statut en ville ne pouvait être que temporaire.

Le taux d'urbanisation dépasse aujourd'hui les 30 %. Ralenti par le système de contrôle de la population, qui interdisait la propriété urbaine aux Africains et conditionnait le séjour en ville au travail en ville, l'exode rural a commencé à se développer avec l'industrialisation de l'économie durant la Seconde Guerre mondiale ; il s'est accéléré pendant la période de prospérité des années de la Fédération de Rhodésie-Nyassaland. Mais c'est dans les années 1970 que la croissance a été la plus forte : les populations fuyant vers les villes durant la guerre de libération y étaient tolérées. Après l'indépendance, le mouvement ne s'est pas ralenti nettement : la population urbaine augmente actuellement d'environ 6 % par an et c'est à Bulawayo, seconde ville du pays avec environ 800 000 habitants, et à Harare, que les problèmes sont les plus aigus. La population de Harare et de son satellite, Chitunguiza (construit loin au sud du centre dans les années 1970 sur le modèle de Soweto), atteint sans doute aujourd'hui deux millions d'habitants. Officiellement, 150 000 familles, et en réalité bien plus, attendent un logement dans le seul Harare où la grande majorité de la population vit dans de très mauvaises conditions : souvent, toute une famille s'entasse dans une seule pièce louée dans une maison d'un *township*. Contrairement à ce qui se passe en Afrique du Sud, les bidonvilles sont restés modérément développés dans les villes zimbabwéennes ; en revanche, la densification sur place de bien des *townships* est extrême : dans la plupart des arrière-cours sont construites des baraques de tôle ou bois, appelées ici tangwena. Elles sont l'exacte réplique des *backyards shacks* sud-africaines. La structure ségrégationniste des villes s'est maintenue, et les banlieues élégantes, avec leurs grands jardins luxuriants et leurs terrains de golf, contrastent avec les *townships* très denses, alignements monotones de maisons identiques sur des lots de moins de 300 m^2, mal desservis, situés à l'écart des centres-villes, mais généralement proches des zones industrielles. Seules les nouvelles élites et une partie réduite de la classe moyenne africaine a eu les moyens de s'installer dans des quartiers anciennement réservés aux Européens. Dans l'ensemble, peu de nouvelles constructions ont été réalisées dans ces quartiers, les nouveaux occupants utilisant le bâti ancien. Les autorités n'ont pas proposé d'autres solutions que la vente du stock de maisons des *townships* et la création très limitée de nouveaux quartiers pour bas-revenus (environ 15 000 logements sont construits chaque année alors qu'il en faudrait au moins 60 000) et la construction hors des zones contrôlées par les municipalités est illégale. Les normes de construction et d'équipement sont telles que les prix sont beaucoup trop élevés pour ceux qui arrivent en haut de la liste d'attente municipale (ou bien ont les moyens de la contourner) et se voient attribuer un terrain. Le gouvernement a tenté de limiter l'exode rural en créant des pôles de développement dans les zones rurales ; il ne s'y est guère créé d'emplois, mais ces nouveaux centres permettent à une population rurale dispersée d'avoir accès à des services essentiels, en particulier l'école.

Une économie en crise

Complétant l'extraction aurifère, l'exploitation d'une riche gamme de minerais a pris de l'ampleur dans l'entre-deux-guerres puis pendant la période d'existence de la Fédération d'Afrique centrale, quand le cuivre zambien a pour une part financé une politique d'équipement, notamment la construction de l'usine électrique de Kariba, et aussi une politique de soutien aux entreprises minières. La mise en valeur des ressources les plus diverses s'est encore accentuée après l'UDI. Vingt substances étaient extraites du sol en 1965, cinquante en 1980. L'essentiel des activités s'organise autour du Grand Dyke, intrusion volcanique qui s'étire sur 500 km selon une direction SSO-NNE : outre l'or, qui reste le premier produit en valeur, les principales productions, réalisées par de grandes firmes étrangères sont l'amiante au sud du pays, le chrome de Selukwe, le nickel exploité dans le nord-est, près de Harare et le cuivre. Le deuxième pôle est le gisement de Hwange, avec sa houille de très bonne qualité essentiellement exploitée à ciel ouvert. Le secteur minier rapporte environ 2,5 milliards de dollars en exportation chaque année.

De cette richesse minière, est née une industrie puissante. Elle a pris son essor durant la Seconde Guerre mondiale pour fournir le marché allié, mais surtout après 1965, quand la Rhodésie dut parer aux effets du blocus : l'État prit alors à son compte la création d'activités de base, comme la sidérurgie à Redcliff, sur un gisement de fer, cependant que les firmes minières étaient invitées à investir dans l'industrie, qu'il s'agisse de la transformation des produits de base, de la production de matériel nécessaire à l'extraction et au transport, ou de biens de consommation. L'industrie zimbabwéenne est un potentiel rare en Afrique ; concentrée à Harare, Bulawayo et Gweru, cette elle est diverse : l'agroalimentaire et le textile sont les principaux secteurs, mais la chimie, la papeterie et la mécanique sont aussi bien représentées.

Cependant, l'appareil industriel hérité de l'UDI est aujourd'hui mal adapté : il est vétuste ; de plus, les nécessités de l'autosuffisance avaient conduit à multiplier les entreprises de rendement faible et de coût de fonctionnement élevé. La politique économique depuis l'indépendance a consisté aussi à limiter au maximum les sorties de devises et les importations, ce qui a eu pour conséquence de bloquer la modernisation des usines.

Aussi le gouvernement a-t-il lancé en 1990 un vaste programme de libéralisation : il s'agit d'ouvrir le pays, de libérer les prix, les importations et la circulation des devises, de réduire le rôle des organismes parapublics et de laisser les capitaux étrangers s'investir librement. Ce programme fait grincer bien des dents dans la classe politique et dans la population : une inflation brutale (47 % en 1992, mais ramenée à 21 % en 1995), un appauvrissement des couches populaires et, surtout, la faillite de nombre d'entreprises peu adaptées à cette nouvelle donne en sont les premières conséquences. De plus, deux phénomènes sont venus perturber les réformes économiques. À court terme d'abord, elles ont été lancées juste avant la sécheresse de 1992 qui a provoqué une crise grave de l'économie déjà fragilisée par les changements. À plus long terme, l'ouverture de l'Afrique du Sud bouleverse le jeu économique régional. La nouvelle Afrique du Sud est entrée dans la SADC et ses produits, moins chers et de meilleure qualité, envahissent le marché zimbabwéen. En 1996, le président Mugabe déclarait : « l'Afrique du Sud du président Mandela a déjà fait plus de mal à l'économie du pays que le régime de l'apartheid n'en avait jamais fait ». La menace pour le Zimbabwe est d'autant plus forte que l'Afrique du Sud est, en fait, toujours restée son principal partenaire commercial, devant même la Grande-Bretagne, et que les capitaux sud-africains sont très présents dans le pays. La fin du conflit mozambicain, qui a permis le renouveau du corridor de Beira, exutoire traditionnel du Zimbabwe, limite certes une dépendance jusque-là presque totale vis-à-vis de l'Afrique du Sud. Mais le grand voisin, en se transformant, devient économiquement inquiétant en même temps qu'il fait passer le Zimbabwe au second rang des économies de la SADC. Pour une part, ce discours pessimiste sert de justification à un pouvoir politique sclérosé pour expliquer ses échecs économiques : au pouvoir depuis 17 ans, la ZANU du président Robert Mugabe est un parti unique de fait, peu tolérant, et dont beaucoup de cadres travaillent d'abord à leur propre enrichissement. Mais la crise zimbabwéenne et l'attraction sud-africaine se traduisent aussi dans les faits, notamment par des flux migratoires très importants qui se dirigent vers la région de Johannesburg, alors que le Zimbabwe était naguère une terre d'immigration, accueillant un nombre important de Malawites, Mozambicains et Zambiens travaillant dans les mines et l'agriculture mais aussi en ville.

Finalement, pas plus en zone rurale, qu'en ville ou dans le domaine économique, le régime zimbabwéen, après dix-sept années d'indépendance, n'est parvenu à effacer (ou à réduire très significativement) les inégalités héritées de la période rhodésienne. Il n'est certes donc plus temps de citer le Zimbabwe en modèle pour l'Afrique du Sud. Cependant, une transition a bien eu lieu, le sort des populations africaines, en matière d'accès au marché et aux services (surtout l'éducation et la santé) s'est amélioré et le niveau de vie moyen des Zimbabwéens, surtout en ville, reste supérieur à ce qu'il est dans bien des pays d'Afrique. Un certain niveau de développement a été atteint, qui a permis notamment l'émergence d'une importante classe moyenne noire. Seules les transformations des années 1990 sont très problématiques car le pays doit s'adapter au nouveau contexte. Pour ce faire, et malgré ses défauts, l'intégration régionale dans la SADC semble bien être la seule voie possible tant les relations d'interdépendance du Zimbabwe et de ses voisins sont fortes.

Post-scriptum

L'Afrique du Sud, 1997-2013 : normalisation et inégalités[1]

En 2010, l'Afrique du Sud a accueilli la Coupe du monde de football. De gigantesques stades ont été construits ou rénovés (pour un coût total dépassant les 2 milliards de dollars US), bouleversant les paysages urbains, dans les grandes métropoles du pays (à Johannesburg, au Cap, à eThekwini, à Tshwane, à Nelson Mandela Bay) et des villes secondaires (Polokwane, Rustenburg, Mbombela, Mangaung). Des infrastructures de transport majeures ont été développées, notamment le Gautrain, train rapide de la province du Gauteng qui relie l'aéroport international Oliver Tambo à Johannesburg et à Pretoria/Tshwane (censé permettre le désengorgement de l'axe routier le plus intensément fréquenté du pays). Et puis la Coupe a eu lieu, moment de ferveur nationale, d'optimisme : pour la première fois, l'événement se déroulait sur le continent africain, et c'était en Afrique du Sud. Un an après, le pays rejoignait le groupe des BRICS. Que signalait tout cela ? La mondialisation réussie du pays et la confirmation de son « émergence » économique, politique et culturelle ? L'éloignement des fantômes du passé d'apartheid, en train de tomber dans l'oubli ? L'Afrique du Sud n'est en tous cas plus simplement un pays « post-apartheid », c'est aussi un pays « normalisé » c'est-à-dire de moins en moins marqué par le caractère absolument spécifique de l'apartheid. Au printemps 2013, l'hospitalisation puis les rumeurs sur le décès de Nelson Mandela semblaient marquer ce moment où une page était tournée, définitivement. Ajoutons un point essentiel : 30 % de la population sud-africaine a moins de 15 ans, près de 50 % a moins de 20 ans. Cela signifie que la moitié des Sud-Africains sont « *born free* », c'est-à-dire n'ont pas connu l'apartheid.

1. Je remercie ici Claire Bénit-Gbaffou, Jean Liou et Duncan Rodseth pour leur aide lors de la rédaction de ce chapitre.

Depuis 1997, date de la première édition du présent ouvrage, du temps a passé. Et ce temps écoulé a éloigné le pays de ce qui l'avait si longtemps défini mais aussi de ce sur quoi reposait le contrat social à partir des années 1990: les idéaux de la lutte contre l'apartheid. Et pourtant, les changements ont-ils été aussi grands qu'il peut sembler? Dans quelle mesure faut-il les nuancer selon les espaces et les groupes sociaux dont on parle? Ces derniers sont de nature plus complexes que par le passé, du fait de la fin de la presque parfaite superposition du social, du spatial et du racial héritée de l'apartheid. La société sud-africaine reste cependant fortement «racialisée». La vie sociale des Sud-Africains se déroule encore aujourd'hui d'abord au sein de «communautés» et celles-ci sont encore aujourd'hui pour une part racialement définies. La distinction identitaire par l'appartenance «raciale» reste donc forte, et étant donné la très faible croissance démographique d'ensemble les proportions entre les différents groupes sont d'ailleurs relativement stables; on observe seulement une légère baisse en proportion de la population blanche (dont les flux d'émigration sont en nette baisse avec 134 000 départs sur la période 2000-2005 et 100 000 de 2006 à 2010): sur les 53 millions de personnes résidant en Afrique du Sud (nationaux et immigrants légaux), on compte, en 2013, 79,8 % de Noirs, 9 % de Colorés, 8,7 % de Blancs et 2,5 % d'Indiens.

Vingt-deux ans après l'abolition des dernières lois de l'apartheid en 1991 (et à moins d'un an du vingtième anniversaire de l'élection de Nelson Mandela en avril 1994), il est en tous cas permis de s'interroger sur l'émergence économique de l'Afrique du Sud. Et ce, de deux manières: on peut questionner sa réalité et sa pérennité; on peut aussi se demander si elle n'est pas, par nature, liée au creusement des inégalités socio-spatiales qu'elle renforce. Après de brefs rappels sur les évolutions économiques, sociales et politiques d'ensemble, on abordera ces questions par l'espace: dans quelle mesure a-t-il été transformé? Et est-il aujourd'hui plus «juste» et moins inégal?

Émergence économique et inégalités sociales

L'Afrique du Sud, cinquième État d'Afrique par sa population, est aussi la première puissance économique du continent. Par son poids économique, elle s'apparente à des pays d'Europe (avec un PNB proche de celui des Pays-Bas). Depuis 1997 et jusqu'en 2009, les indicateurs économiques signalaient bien une «émergence»: un taux de croissance économique annuel d'environ 5 %, une monnaie relativement stable, une balance commerciale équilibrée, un faible endettement. Socialement, un fait essentiel de la période a été la montée en puissance d'une nouvelle classe moyenne qui vit avec appétit selon des normes de pays riche. Dans le même temps, l'économie sud-africaine, dans son mouvement de globalisation, s'est tertiarisée: le secteur tertiaire pèse pour près de 70 % du PIB en 2012.

Cependant, depuis la crise financière de 2009, il apparaît que la production de richesse de l'économie sud-africaine s'est ralentie, et ce n'est pas simplement conjoncturel : le taux de croissance annuel baisse de manière inquiétante (2,5 % en 2012, estimé à 2 % pour 2013). Par ailleurs, si après une première décennie post-apartheid marquée par la disparition massive d'emplois (près de 2 millions), la période 2004-2009 avait vu au contraire augmenter leur nombre total; de nouveau 1 million a été perdu depuis 2009. Les créations d'emplois se font essentiellement dans les services, la finance et le bâtiment, et c'est le secteur industriel qui est le plus affecté par les pertes. On peut réellement parler de désindustrialisation : l'industrie manufacturière contribuait pour 20 % de l'économie nationale en 1997 contre moins de 15 % en 2011. Le secteur minier a d'ores et déjà connu des réductions drastiques d'effectifs à partir des années 1980, mais paradoxalement, avec la globalisation, son poids dans l'économie s'est accru : il représentait 15 % de la valeur des exportations en 1990 et près de 40 % aujourd'hui. Le secteur tertiaire qui fournit plus de 50 % des emplois ne peut absorber une main-d'œuvre très sous-qualifiée. En conséquence, le taux de chômage est plus élevé aujourd'hui que dans les années 1990 puisqu'il dépasse les 30 % de la population active (25 % selon les chiffres officiels, qui ne tiennent pas compte des sans-emplois dits « découragés », ce qui fait baisser le pourcentage d'un peu plus de 10 %). Ces évolutions accroissent encore la pauvreté de la majorité des Sud-Africains (entre 40 et 50 % de la population du pays est considérée comme vivant en dessous du seuil de pauvreté). Au total, l'Afrique du Sud semble aujourd'hui moins économiquement « émergente » que d'autres États africains et les fractures de la société sud-africaine restent immenses, voire se sont accrues : les inégalités sociales sont parmi les plus fortes du monde et n'ont pas été réduites; au contraire, elles ont en partie changé de nature mais restent aussi très fortement inscrites dans l'espace national séparant de plus en plus ce que l'on peut considérer comme les territoires perdants de la mondialisation des autres, cela à toutes les échelles. Quelques signes graves le révèlent. Depuis 2008, les explosions de violences xénophobes se sont faites régulières et de plus en plus brutales, de même que les émeutes populaires contre les autorités locales jugées inefficaces et corrompues, et les années 2010-2012 ont été marquées par le nombre de mouvements de grève le plus important depuis la fin de l'apartheid.

Le malaise politique et social touche donc autant aujourd'hui les exclus du nouveau système économique que le monde ouvrier, et il se déploit dans un contexte marqué par un autre fléau majeur : le Sida, dont le taux de prévalence est aujourd'hui l'un des plus élevés du monde. En 2012, sur les 572 600 décès de l'année, près de 200 000 étaient dus au Sida, et le nombre officiel de Sud-Africains séropositifs continue d'augmenter puisqu'il est passé de 4 millions en 2002 à 5,6 millions en 2013 (environ 30 % a accès a un traitement par anti-retroviraux, ce qui est une amélioration considérable postérieure à 2009[1]), le taux de prévalence dépasse donc les 10 % de la population, mais il serait proche de 20 % chez les 15-49 ans. Ce qui explique que l'espérance de vie à la naissance augmente très peu : 57 ans pour les hommes, 61 ans pour les femmes, alors que,

1. C'est à Jacob Zuma que l'on doit ce virage politique sur la question du Sida : il a fait sortir le gouvernement de l'attitude de négation de la période Mbeki.

grâce à l'amélioration de l'accès aux soins, le taux de mortalité infantile a baissé de manière remarquable de 63,5 pour 1 000 en 2002 à 42 pour 1 000 en 2013.

Un nouveau paysage politique

Ces divers éléments signalent-ils l'échec du compromis politique et social hérité de la négociation qui a conduit à l'abolition de l'apartheid ? Ce qui est aujourd'hui communément appelé « le massacre de Marikana » permet de préciser cette question. Le 16 août 2012, la police sud-africaine a abattu 34 mineurs grévistes de la mine de platine de Marikana (située dans la région de Rustenburg, au nord-ouest de Johannesburg) qui réclamaient une augmentation de salaire (78 autres grévistes ont été blessés par les tirs à balles réelles, la commission d'enquête a confirmé que beaucoup des balles meurtrières avaient été tirées dans le dos des victimes). Cet événement majeur, la plus meurtrière confrontation sociale depuis le début des années 1990, a douloureusement rappelé les souvenirs de répression policière des années de l'apartheid, et très précisément le « massacre de Sharpeville » du 21 mars 1960. La société Lonmin, aux capitaux essentiellement britanniques mais aujourd'hui aussi sud-africains, est l'héritière de l'ancienne Lonrho, compagnie minière qui s'était développée dans l'ancienne Rhodésie. Cette entreprise est l'un des acteurs économiques majeurs de l'exploitation du platine en Afrique du Sud, l'une des plus importantes activités minières du pays avec l'or et le diamant. Les mineurs de la région, la *platinum belt*, près de vingt ans après la fin de l'apartheid, travaillent toujours dans le cadre d'un système hérité de la période coloniale puis de l'apartheid : le système du travail migrant. C'est-à-dire qu'il s'agit d'hommes migrants, sous contrats, en l'occurrence venant en majorité de l'ancien bantoustan du Transkei (aujourd'hui intégré dans la province du Cap de l'Est), secondairement de ressortissants du Lesotho et du Swaziland. Ils vivent soit dans des logements collectifs, les *hostels*, soit dans des bidonvilles proches des mines ou des baraques informelles des arrières-cours des maisons des *townships* voisins. Pour les observateurs critiques, les événements de Marikana, qui ont impliqué les principaux acteurs sociaux et politiques de l'Afrique du Sud post-apartheid, mettent en relief la collusion entre le régime, les syndicats majoritaires et le patronat, opposés ici à un mouvement de grève spontané et violemment réprimé, ombre jetée sur une démocratie longtemps jugée exemplaire et née du « miracle » des négociations des années 1990.

Le succès de l'établissement d'une démocratie représentative n'est en effet pas discutable. Avec les élections de 1994, l'Afrique du Sud a connu une rupture politique majeure qui promettait un avenir meilleur et une société plus juste avec l'arrivée au pouvoir d'un parti politique de libération nationale, l'African National Congress (ANC), et de ses alliés de la lutte contre l'apartheid : le South African Communist Party (SACP) et le Congress of South African Trade Unions (COSATU). Notons cependant que les recoupements entre ces trois membres de l'alliance (dite « tripartite ») sont nombreux ; par exemple, Gwede

Mantashe, Secrétaire général de l'ANC depuis 2007, est aussi un membre du Comité central du Parti communiste et a occupé par le passé le poste de secrétaire général du National Union of Mineworkers (le plus puissant syndicat du COSATU). La force du pouvoir est donc d'être une association entre un parti politique de masse, un Parti communiste de réflexion et la majorité du mouvement syndical fédéré depuis les années 1980 dans une vaste confédération. À l'inverse, cette force est aussi une forme de faiblesse car elle fait de l'alliance, et de l'ANC lui-même, une coalition non homogène. La diversité interne du pouvoir peut être analysée comme mettant en tension deux traditions politiques très différentes : d'une part les socialistes, qui pensent la politique et la société d'abord en terme de classes (SACP, une partie du COSATU et de la « gauche » de l'ANC), d'autre part les nationalistes, qui pensent plutôt en terme de races et représentent la « droite », économiquement libérale, de l'ANC. Réthoriquement, ces deux grands courants se rencontrent dans l'idée d'une National Democratic Revolution, mais dans les faits, elles sont en permanente compétition. Ajoutons que l'ANC contemporain comprend de nombreux membres qui l'ont rejoint après la fin de l'apartheid, nouveaux jeunes militants ou opportunistes rejoignant le parti dominant : il n'est donc plus seulement le parti de libération nationale des années 1990.

Devenu parti de gouvernement, l'ANC a remporté toutes les élections nationales depuis 1994, avec encore 65,9 % des voix en 2009 et un taux de participation élevé (77,3 %), remportant 264 sièges sur 400 au Parlement. La vie politique est donc caractérisée par la domination électorale de l'ANC. Mais d'autres évolutions sont aujourd'hui essentielles : la montée en puissance de différentes formes d'opposition politique, les tensions et conflits entre les trois alliés au pouvoir, les tensions et conflits internes à l'ANC, la transformation profonde du monde du travail (et en conséquence la position de plus en plus difficile du COSATU), l'incapacité du pouvoir à juguler une corruption de plus en plus prégnante dans la classe politique et les services de l'État et dénoncée jusqu'au sein de l'ANC lui-même.

Les choix de politiques économiques depuis 1996 sont au cœur des débats entre les acteurs sociaux et politiques. Le Reconstruction and Developpment Program (RDP), qui a été le programme socio-économique du gouvernement de 1994 à 1996, était directement inspiré par la volonté de conduire une politique centrée sur la réparation des injustices héritées de l'apartheid. Il a été abandonné dès 1996, sous l'influence de Thabo Mbeki alors vice-président, pour être remplacé par le programme Growth Employment And Reconstruction (Gear) qui consistait à favoriser l'investissement en pariant sur un effet en cascade jusqu'aux plus démunis. Le successeur du Gear, l'Accelerated and Shared Growth Initiative (AGSI), lancé en 2006 par le gouvernement de Thabo Mbeki (lors de son deuxième mandat) était de même nature. Ces choix de politique économique ont provoqué à la fois des tensions internes à l'ANC et les dissensions entre les membres de l'alliance au pouvoir. Dans le même temps, on a vu se multiplier des scandales de corruption au plus haut niveau de l'État, le plus important est celui lié à l'achat d'armements à des sociétés allemandes et françaises : il a empoisonné les deux présidences de Thabo Mbeki et mis en cause le vice-président Jacob Zuma (ce qui n'a pas empêché son élection à la tête de l'État en 2009, mais le poursuit encore à ce jour puisque l'opposition réclame la réouverture du dossier). La corruption d'une partie de la classe politique au pouvoir est réelle, mais au-delà c'est le lien entre l'ANC et le monde des affaires qui est questionné : nombre de cadres du parti, dont des plus importants, se sont transformés en hommes d'affaires, accumulant des fortunes considérables grâce au Black Economic Empowerment, politique publique initiée à la fin des années 1990 qui consiste à favoriser le développement d'un milieu d'affaires noir. La famille du chef de l'État lui-même est critiquée pour ses liens très profonds avec une famille d'hommes d'affaires d'origine indienne ; au-delà de la classe politique, c'est l'ensemble de l'administration de l'État, à toutes les échelles, qui est concernée par le problème.

Le congrès de l'ANC de décembre 2007 à Polokwane a révélé les fortes tensions entre des tendances néo-libérales et des aspirations à une politique plus marquée à gauche. Le Parti communiste, le COSATU, les jeunesses de l'ANC et l'aile gauche du Parti, qui avaient été écartés des cercles de prise de décision durant l'ère Mbeki, ont soutenu Jacob Zuma et obtenu la démission de Thabo Mbeki en 2008. Mais le conflit interne à l'ANC qui s'en est suivi a provoqué pour la première fois une scission et la création d'un nouveau parti, le Congress of the People (Cope). Ce dernier n'a cependant pas obtenu les résultats qu'il espérait lors des élections d'avril 2009 : seulement 7,5 % des voix (soit 30 députés sur 400).

Après les promesses de réforme et de retour à une politique plus redistributive du candidat Jacob Zuma, élu en 2009, a été lancé le New Growth Path (NGP) soutenu par le COSATU et qui se voulait plus social que ses prédecesseurs (s'engageant à créer 5 millions d'emploi d'ici 2020 et prévoyant de vastes chantiers d'infrastructures). Mais en 2010, le gouvernement a mis en place la National Planning Commission, composée de 26 membres issus essentiellement de la société civile et du monde scientifique et académique, qui a produit en 2012 un plan de développement national (National Development Plan, NDP) à l'échéance 2030, se donnant comme priorité la réduction des inégalités et la lutte contre la pauvreté. Accepté par le congrès annuel de l'ANC en 2012, ce vaste programme, qui couvre l'ensemble des secteurs socio-économiques du pays (de l'emploi et l'économie à l'environnement, la structure foncière nationale, l'organisation spatiale et politique des grandes agglomérations ou les relations internationales), doit servir de base aux politiques à venir. Il repose sur des études qualitatives et quantitatives, la collecte d'informations dans tous les domaines et de larges consultations, et la commission a dans certains domaines (notamment sur les problèmes de corruption et de conflits d'intérêts) démontré une réelle indépendance. L'avenir de ce plan est bien sûr dépendant des évolutions politiques et économiques de l'Afrique du Sud, il est notamment vigoureusement critiqué par le COSATU et par une partie de la gauche socialiste de l'ANC. Sur le fond, le NDP s'inscrit directement dans une perspective économique libérale : c'est notamment la libéralisation du marché du travail et la modernisation de l'économie qui doivent être les outils de réduire les inégalités, intégrer la société et lutter contre la pauvreté.

Cyril Ramaphosa : un parcours exemplaire ?

Un personnage central du monde politico-économique a été moteur dans la mise en place de *National Planning Commission* puis en a assuré la vice-présidence : Cyril Ramaphosa. Né en 1952 à Soweto, Cyril Ramaphosa, militant anti-apartheid pendant ses études de droit et à deux reprises emprisonné dans les années 1970, a été fondateur en 1982 puis Secrétaire général du National Union of Mineworkers, puis fondateur du COSATU en 1985. Élu Secrétaire général de l'ANC en 1992, il a été le principal négociateur du compromis politique qui a conduit au changement de régime politique en Afrique du Sud. Il a ensuite été élu président de l'Assemblée en 1994, c'est donc sous sa houlette qu'a été rédigée la Constitution de 1996. Pressenti pour succéder à Nelson Mandela mais évincé par Thabo Mbeki, il démissionne de ses fonctions politiques en 1997 pour se lancer dans les affaires et créer sa compagnie, la New Africa Investments Limited devenue depuis le Shanduka Group ; il continue néanmoins de siéger au Comité Exécutif National de l'ANC où il est réélu en 1997 et jusqu'à 2012. En décembre 2012, avec le soutien de Jacob Zuma, il est élu vice-président de l'ANC.

La fortune de Cyril Ramaphosa est estimée à 675 millions de dollars US, ce qui ferait de lui un des plus riches Sud-Africains. Le Shanduka Group a des participations dans les secteurs énergétique, minier, immobilier, financier et dans les télécommunications ; il contrôle aussi la branche sud-africaine de la chaîne McDonald's. Ramaphosa est aussi membre de nombreux conseils de direction de grands groupes sud-africains, y compris de filiales de l'Anglo American Plc ; il siège aussi au Coca-Cola International Advisory Board et à l'Unilever Africa Advisory Council.

Enfin, *via* le Shanduka Group, Cyril Ramaphosa détient 9,1 % de Lonmin, la compagnie minière de Marikana, et il est avéré qu'il a été consulté par la direction de Lonmin sur la conduite à tenir face à la grève de 2012.

Dans ce contexte, et depuis 2009, plusieurs tendances sont observables qui pourraient mettre en cause l'hégémonie politique de l'ANC lors des élections nationales de 2014.

Premièrement, l'Alliance démocratique (DA), principal parti d'opposition, s'est renforcée à chaque scrutin national (9,56 % en 1999, 12,56 en 2004 et 16,66 en 2009, soit 67 députés) et a frôlé les 25 % de voix lors des élections municipales de 2011. La DA semble, comme l'indiquent un certain nombre d'élections partielles, désormais être en mesure d'attirer des électeurs au-delà des Blancs et des Colorés et au-delà aussi de la province Cap de l'Ouest qui est à ce jour la seule qu'elle gouverne (depuis 2009). C'est un enjeu essentiel pour le premier parti d'opposition que de gagner un électorat noir pour ne plus être stigmatisé par l'ANC comme le parti défendant les intérêts de la minorité blanche. La DA a aussi bien sûr bénéficié de la disparition de l'ancien National Party qui a fait le choix étrange de se fondre dans l'ANC en 2005. Depuis le début des années 2000 on note aussi l'effondrement électoral progressif de l'Inkhata Freedom Party, parti politique hostile à l'ANC, naguère puissant dans la province du Kwazulu-Natal, qui n'est plus aujourd'hui un élément important de l'opposition politique.

Deuxièmement, de nouveaux partis politiques viennent concurrencer l'ANC sur ses terres électorales, et ce malgré l'échec de l'expérience du Cope en 2009. D'une part sur son aile gauche, avec la fondation en 2013 du parti Economic Freedom Fighters par Julius Malema. Ancien leader de l'ANC Youth League, exclu de l'ANC en 2012, Julius Malema, appelle à une politique de nationalisation des mines et des banques et de redistribution massive des terres. Ce qui se joue là est aussi un conflit de génération : Julius Malema, lui-même fortement soupçonné de corruption et en 2013 poursuivi pour fraude fiscale, est le premier homme politique issu d'un ANC « post-apartheid ». D'autre part, un autre parti politique, Agang, a été fondé en 2013, toujours en vue des élections de 2014, par Mamphela Ramphele, ancienne compagne de Steve Biko, activiste sous l'apartheid et intellectuelle estimée. Cette initiative a été jugée salutaire par Desmond Tutu parce que Mamphela Ramphele se présente comme représentante de la tradition de la lutte contre l'apartheid rejetant la corruption et le népotisme de l'ANC contemporain.

Enfin, les tensions entre l'ANC au pouvoir et le COSATU sont de plus en plus fortes au moment même où des syndicats d'opposition se développent. Le COSATU rassemble 21 syndicats qui comptent au total 2 millions de membres. Il a été un acteur majeur de la lutte contre l'apartheid et nombre de dirigeants politiques post-apartheid sont d'anciens cadres syndicaux. Radicalement opposé au Gear et à l'AGSI, il a soutenu Jacob Zuma lors de la campagne électorale de 2009. Mais déçu par le manque de changement de politique économique, il se trouve aujourd'hui dans une situation de tension extrême. Les événements de Marikana évoqués plus haut ont été un signal : le National Union of Mineworkers (NUM), plus important membre du COSATU avec plus de 300 000 membres, a été accusé de collusion avec le patronat minier et le gouvernement. La grève dans les mines de platine, largement spontanée, était aussi le résultat d'une perte de confiance en le NUM, jugé inefficace et corrompu, et elle a été soutenue (ou récupérée selon le point de vue) par un syndicat concurrent, n'appartenant pas à la confédération, l'Asssociation of Mineworkers and Construction Union (AMCU), qui aujourd'hui attire de nombreux anciens syndiqués du NUM. L'affaiblissement général du COSATU est lié à de nombreux facteurs dont la difficulté d'être partie prenante d'une alliance avec un ANC devenu économiquement néo-libéral et les problèmes de corruption interne aux syndicats, mais il est aussi structurel. Les principaux syndicats de la fédération sont ceux du secteur minier et du secteur industriel (suivis par les syndicats de la fonction publique). Or la tertiarisation de l'économie fragilise ces deux secteurs. Dans l'ensemble, le COSATU a connu une augmentation importante de ses adhérents (plus de 70 % entre 1994 et 2012), mais aujourd'hui, le taux global de syndicalisation dépasse à peine les 25 % et il est plus faible chez les plus jeunes et dans les activités tertiaires qui gagnent en importance. Ces évolutions conduisent à un positionnement de plus en plus critique et revendicatif des syndicats du COSATU, ce qui explique pour partie les vagues de grèves dans le secteur minier en 2012, et en 2013 dans le secteur automobile (qui emploit 45 000 personnes à Tshwane, eThekwini, Nelson Mandela Bay et Buffalo City). C'est aussi ce qui a conduit en 2013 à la suspension du Secrétaire général de la confédération syndicale jugé trop hostile au gouvernement, ceci dans le cadre d'une tentative de prise de contrôle du COSATU par la direction de l'ANC au risque d'un éclatement soit de l'alliance tripartite au pouvoir, soit du COSATU lui-même.

Ces diverses évolutions pourraient inquiéter l'ANC qui, lors de son congrès de décembre 2012, a fait le choix de soutenir Jacob Zuma pour un second mandat. Les plus récents sondages d'opinion annoncent une forte baisse des votes ANC en 2014, ce qui pourrait signifier une première mise en cause de l'hégémonie politique de l'ancien mouvement de libération nationale. Ce serait un virage fondamental et sans doute dangereux, les espoirs de beaucoup portant plutôt sur la victoire de ceux, nombreux, qui au sein de l'ANC travaillent à la reconstruction de la morale politique du parti et au retour à ses valeurs historiques. D'ailleurs, au-delà des questions de corruption et de népotisme, les partis d'oppositions ne proposent pas d'alternative crédible à la politique économique actuelle : elle n'est réellement contestée que par une partie du mouvement syndical, lui-même en difficulté, et par une extrême-gauche qui a peu de chance de remporter des victoires électorales.

Au-delà des discours officiels et des prospectives politiques, quels sont les effets spatiaux des évolutions politiques et économiques que l'on vient de décrire ? La stabilité de l'organisation spatiale de l'Afrique du Sud est, de prime abord, frappante. Est-ce de l'inertie, c'est-à-dire que l'espace « résiste » aux efforts faits pour le transformer ? Ou bien est-ce simplement que la nouvelle économie globalisée s'est fort bien coulée dans les structures spatiales héritées de l'apartheid ? L'État sud-africain s'est-il d'ailleurs donné cette mission de transformation spatiale dans le but de produire une société plus juste ? Et si oui, comment pouvait-il gérer la contradiction entre des politiques publiques qui visent à plus de justice socio-spatiale (à la fois en redistribuant les richesses et équipements, en donnant la parole aux plus faibles et en reconnaissant la diversité culturelle) et la volonté d'intégrer la mondialisation économique qui fait émerger des injustices nouvelles ou en renforce d'anciennes socialement et spatialement ? Dans quelle mesure, enfin, l'espace sud-africain ne s'est-il pas simplement « normalisé » pour devenir ni plus ni moins inégalitaire que celui d'un autre pays émergent du monde contemporain ?

Une apparente stabilité spatiale à l'échelle nationale

La carte des découpages administratifs d'Afrique du Sud mise en place après 1994 indiquait une forte volonté de changement. Depuis la fin des années 1990, cette carte a été stable au niveau provincial : les provinces n'ont pas évolué, mis à part le changement de nom de la province du Nord rebaptisée Limpopo et quelques ajustements de frontières. En revanche, les autorités locales ont été transformées à partir de 2000 et leur nombre a été drastiquement réduit. Il y a aujourd'hui 44 *District Councils* (lesquels englobent 228 *Local Councils*) et 8 autorités métropolitaines : Johannesburg, Le Cap, eThekwini, Ekurhuleni, Tshwane, Nelson Mandela Bay, Buffalo City, Mangaung. Dans ces nouvelles limites, la redistribution économique interne à chaque entité territoriale est possible alors que l'apartheid l'interdisait en séparant strictement les budgets des territoires blancs et noirs. Chaque municipalité est enfin découpée en circonscriptions électorales (*ward*, un pour environ 15 000 habitants) qui constituent le plus petit maillage territorial ; chaque *ward* élit un conseiller municipal. Le *ward* est le seul niveau spatial qui peut encore aujourd'hui être mono-racial, notamment dans les *townships* et les anciens bantoustans. La carte 15 l'illustre dans le cas du Gauteng. On y voit la disparition des sous-structures municipales qui avaient été une première étape de concentration des pouvoirs à une échelle métropolitaine aujourd'hui aboutie. Il y a cependant deux lectures possibles de cette concentration politique métropolitaine : s'agit-il avant tout de résoudre une fois pour toutes les questions de redistribution des espaces riches vers les plus défavorisés, ou plutôt de donner les moyens à une autorité puissante et unifiée de se placer dans le jeu de la compétition entre grandes villes du monde (quitte à accroître les inégalités intra-métropolitaines) ? Dans le cas particulier du Gauteng, la fusion en une seule autorité de l'ensemble de la province est d'ailleurs régulièrement posée étant donné que l'on a affaire désormais à une véritable conurbation de plus de plus de 12 millions d'habitants.

Plus qu'une stabilité de l'organisation spatiale nationale, on constate en effet la poursuite du mouvement de concentration économique et démographique dans les grands centres urbains. Le Gauteng, Le Cap (3,8 millions d'habitants) et Durban/eThekwini (3,5 millions) restent les points nodaux du pays (carte 16) : y sont concentrés les sièges sociaux des grandes entreprises (surtout dans le Gauteng), les nœuds de communication aéroportaires et portuaires (dans le cas de Durban), et une large part de la population nationale (qui est urbanisée à 62 %). Mondialisation et tertiarisation de l'économie ont renforcé les processus de concentration métropolitaine. Culturellement enfin, les décalages entre ces grandes villes novatrices se sont aussi accentués d'avec les villes secondaires qui restent plus figées.

Cette polarisation spatiale explique largement d'ailleurs le renforcement des inégalités socio-économiques entre provinces (carte 17). Le trio de tête reste constitué du Gauteng, du Cap de l'Ouest et dans une moindre mesure du KwaZulu-Natal (moins urbanisé). Ces trois provinces concentrent à elles seules plus de 70 % du PIB national (et le Gauteng à lui seul plus du tiers). Le caractère de périphérie des autres provinces est toujours d'actualité, et plus encore des provinces où les territoires d'anciens bantoustans sont étendus. Les évolutions démographiques confirment cette tendance à la concentration. En 2013, le Gauteng rassemble près de 13 millions d'habitants, soit 24 % de la population totale, et les trois provinces du Gauteng, du KwaZulu-Natal et du Cap réunies pèsent près de 55 % de la population sud-africaine (tableau 4). Et ces proportions augmentent depuis le début des années 2000 alors que les populations de toutes les autres provinces diminuent par départ de migrants. Cela dans une situation où le taux d'accroissement naturel de la population nationale ne cesse de diminuer, passant de 1,33 en 2001 à 0,99 en 2013 ; si la population continue de s'accroître légérement, c'est aujourd'hui du fait de l'immigration qui explique un taux d'accroissement de 1,33 % en 2012. Enfin, deux provinces se dégagent nettement par leurs gains de population et deux par leur baisse : le Gauteng a gagné plus d'1 million d'habitants par migration (nationale et internationale légale) de 2006 à 2012 et le Cap de l'Ouest plus de 300 000 (les migrants dans ce cas viennent essentiellement du Cap de l'Est et sont Xhosa, provoquant une transformation profonde des équilibres anciens dans une province dont la majorité de population était colorée) ; à l'opposé, sur la même période, le Cap de l'Est en a perdu 260 000 et la province du Limpopo 230 000. Ces deux dernières provinces sont économiquement les plus faibles du pays, leurs administrations provinciales et locales sont les plus déficientes, ce sont aussi les provinces dont la part de population vivant dans d'anciens bantoustans est la plus importante. La situation de ces derniers est en effet l'autre grand élément de stabilité et en même temps indique un échec des politiques publiques de redistribution et d'équité spatiale.

Tableau 4. Caractéristiques des provinces sud-africaines

	Population, estimation 2013 (millions)	% de la population totale	Densité de population / km^2	Espérance de vie à la naissance (2011)	% de population vivant sous le seuil de pauvreté (2011, 577 rands/mois)	Part du PIB national (%)
Cap de l'Est	6 620 100	12,5	41	55	70,6	7,7
État Libre	2 753 200	5,2	22	50	61,9	5,5
Gauteng	12 728 400	24	700	61	33	33,7
KwaZulu-Natal	10 456 900	19,7	112	55	65	15,8
Limpopo	5 518 000	10,4	42	61	78,9	7,2
Mpumalanga	4 128 000	7,8	52	57	67,1	7
Cap du Nord	1 162 900	2,2	3	58	63	2,3
Nord Ouest	3 597 600	6,8	34	54	61,4	6,7
Cap de l'Ouest	6 016 900	10,4	50	66	35,4	14,1
Total	52 982 000	100			56,8	

Source : Stat SA, census 2011, mid-year estimates 2013.

La redistribution des terres, un des principaux engagements de l'ANC en 1994, n'a en effet toujours pas eu lieu : moins de 10 % des terres qui auraient dû être redistribuées l'ont été à des individus ou communautés noires entre 1994 et 2013, alors qu'au Zimbabwe, depuis 2000 et le lancement d'une vaste politique d'expropriation, 80 % des anciennes fermes blanches ont changé de mains. Certes cette politique brutale a plongé le Zimbabwe dans d'immenses difficultés alimentaires, mais vu depuis un ancien bantoustan sud-africain, la perspective est différente et Robert Mugabe est un leader populaire. Dans les anciens bantoustans vivent en effet quelque 12 millions de Sud-Africains et la majorité n'a pas accès à une terre cultivable et vit encore dans un régime foncier hérité de l'apartheid qui donne pouvoir sur le foncier aux chefs « traditionnels » (dont l'ANC a, paradoxalement en apparence, maintenu voire renforcé le statut s'en faisant ainsi des alliés politiques en zone rurale dans le cadre d'une stratégie politicienne visant à affaiblir l'IFP). Concernant les terres des anciennes zones blanches, le manque de moyens a caractérisé les politiques foncières, que ce soit la restitution ou la redistribution. Les principes de cette dernière ont évolué : dès 2006, le critère pour l'obtention de l'aide publique au rachat de terres agricoles est devenu la « viabilité économique » (donc de formation mais aussi de capital à investir) du projet pour promouvoir une nouvelle classe de fermiers commerciaux noirs ; en 2013, année du centenaire du *Land Act* de 1913 qui avait dépossédé les Noirs de 90 % des terres du pays, le gouvernement s'est doté de nouveaux outils légaux au service de la politique de redistribution foncière. Le Parlement a voté une loi renforçant le droit d'expropriation et permettant la mise en place d'un département d'évaluation du coût de la terre pour une « compensation équitable ». L'opposition politique y voit une mise en cause du principe du « *willing buyer, willing seller* » appliqué jusque-là et s'inquiète des menaces sur la sécurité alimentaire du pays d'une part, du maintien d'une agriculture commerciale devenue largement exportatrice depuis la fin de l'apartheid d'autre part. De fait, le gouvernement reconnaît lui-même que plus de 50 % des 4,12 millions d'hectares, redistribués à quelque 230 000 fermiers noirs, ne sont plus cultivés. Par ailleurs, il n'est pas évident que la question foncière ne soit pas principalement une question politique. Dans un contexte où le taux de chômage de la population rurale est de 52 % (soit beaucoup plus que celui de la population urbaine), il est tentant de critiquer la lenteur des transformations foncières. C'est le discours d'une opposition à la gauche de l'ANC qui appelle à une redistribution des terres par expropriation sans compensation des fermiers blancs. En réponse, le gouvernement sud-africain a aussi remis en marche sa politique de « restitution » : alors que, depuis 1998, il n'était plus possible de réclamer la restitution de terres spoliées depuis 1913, cette possibilité vient d'être réouverte, et la réclamation peut aussi porter sur des spoliations antérieures à 1913 (point essentiel dans les provinces du Cap de l'Ouest et du Cap du Nord pour les communautés rurales colorées). Symboliquement aussi, le gouvernement a annoncé en 2013 la réintroduction d'une classification raciale des propriétaires terriens qui avait été abolie en 1994. Mais, sur les 77 148 réclamations de terres traitées par la commission nationale en charge de la politique de restitution foncière, 80 % concernent des terres urbaines et, dans la très vaste majorité des cas, les ruraux les réclamant choisissent non pas de récupérer des terres mais de recevoir une compensation financière : cela renforce les tenants de l'idée qu'il n'y a pas de « faim de terres » agricoles en Afrique du Sud, mais un enjeu avant tout politique.

Quoi qu'il en soit, c'est par une autre stratégie territoriale que les autorités nationales ont aussi tenté de rééquilibrer le territoire. Les Spatial Development Initiatives (SDI), au nombre de 10 (carte 18), sont des projets de vastes partenariats publics privés, articulés sur des axes de communication (les « corridors » de développement) ou des infrastructures portuaires (à Buffalo City, eThekwini et Richards Bay). Les SDI devaient permettre l'intégration des espaces naguère laissés pour compte de la mondialisation ; dans certains cas, à l'image du Maputo Development Corridor (le plus important d'entre eux), ils sont transfrontaliers. L'efficacité de ces programmes reste à démontrer, de même que leurs articulations à l'échelle nationale. Le développement d'un nouveau complexe portuaire (Coega) et de production d'aluminium à proximité de Nelson Mandela Bay, qui s'inscrit dans ce cadre, aura cependant un impact territorial important. Le National Developement Plan de 2012 est toutefois critique d'une politique territoriale jugée désordonnée. Si ses propositions sont suivies d'effet, une politique nationale d'aménagement d'inspiration néo-libérale sera mise en œuvre ; elle accompagnerait de fait les tendances déjà en cours. Le NDP propose en effet un traitement différencié des espaces répartis en cinq grandes catégories :

- le renforcement des infrastructures sur le corridor Gauteng-eThekwini, définit comme National Competitiveness Corridor ;
- le développement en étoile à partir du Gauteng de trois corridors transfrontaliers avec le Botswana, le Zimbabwe et le Mozambique ;
- le développement des Nodes of Competitiveness : Le Cap, eThekwini, Nelson Mandela Bay, Buffalo City ;
- l'aide au développement des espaces ruraux de forte densité, essentiellement les anciens bantoustans ;
- la protection et le développement des espaces définis comme *ressource-critical* : espaces miniers prioritaires (notamment la *platinum belt*), espaces d'environnement menacés, espaces agricoles productifs.

Certes pragmatique, cette vision de l'espace national est bien éloignée d'une volonté, pourtant affichée en tant que telle comme première priorité dans le même document, de « justice spatiale » définie par les rédacteurs du NDP comme devant permettre d'effacer les structures spatiales héritées de l'apartheid.

Les changements à l'échelle intra-métropolitaine

À ce jour, c'est certainement à une autre échelle que l'espace a été le plus profondément transformé depuis le début du XXIe siècle : l'échelle intra-urbaine dans les villes principales. Mais ce changement-là n'est pas non plus simplement une réduction des inégalités héritées. Les politiques urbaines mises en place à partir de 1994 ne visaient en effet pas tant à changer la forme de la ville que son mode de fonctionnement : réforme politique (unification politico-administrative des agglomérations) et réforme économique (mise en place de systèmes fiscaux de redistribution économique des zones les plus favorisées aux zones défavorisées). Trois faits dominent dans l'observation des changements socio-spatiaux les plus récents : l'enfermement des plus riches dans certains espaces ; l'émergence, elle aussi spatialisée, d'une classe moyenne importante qui induit aussi des transformations des espaces d'exclusion de naguère, les grands *townships* ; le maintien, voire le renforcement, de l'exclusion socio-spatiale des plus démunis.

Les espaces de vie des plus riches des Sud-Africains correspondent aujourd'hui largement à des modèles mondiaux : *gated community, office park, shopping mall*... Peut-être ici la cause de ces enfermements est-elle plus qu'ailleurs le très fort taux de criminalité, sans doute aussi le désir d'entre-soi est-il tout autant lié aux écarts sociaux qu'au racisme, il n'en reste pas moins l'impression d'une normalisation. Comme ailleurs, le moteur du phénomène est la promotion immobilière spéculative qui met en vente un mode de vie sécurisé et exclusif et que les politiques publiques visant à densifier les espaces urbains ne sont pas parvenus à juguler. Si le développement de la suburbanisation remonte aux années 1980 (les capitaux sud-africains, boycottés, étaient alors investis dans l'immobilier local), il s'est accéléré après 1994 avec l'arrivée massive d'investissements étrangers et la croissance économique du pays. Les plus vastes « communautés fermées » s'étendent sur plusieurs centaines d'hectares et sont dotées de l'essentiel des services de proximité. Bien des épouses restent confinées dans cet univers quand leurs maris les quittent pour leur bureau. Celui-ci se situe de plus en plus souvent dans un autre type de complexe, centre d'affaire ou *office park*. Enfin, l'autre élément du triptyque suburbain est le *shopping mall*. On y vient faire ses achats, boutiques de luxe et surpermarchés s'y côtoient, les restaurants sont nombreux, du fast-food au plus luxueux. C'est là aussi que l'on va au cinéma, que les plus jeunes fréquentent les boîtes de nuit, que les hommes d'affaires organisent leurs déjeuners et que les familles se promènent le dimanche.

Dans ces espaces, la mixité raciale a considérablement progressé. La ségrégation est aujourd'hui beaucoup moins forte dans les métropoles que dans les villes secondaires où rien ne permet le développement d'une élite économique et d'une classe moyenne noire. Et parmi les métropoles, cette déségrégation est à l'évidence plus forte dans le Gauteng qu'ailleurs (par rapport au Cap, par exemple). Ces nouveaux groupes sociaux se sont notamment développés du fait des politiques d'Affirmative Action et de Black Economic Empowerment. On estime aujourd'hui que près de 30 % de la classe moyenne sud-africaine est noire ; en chiffres brut, on aurait donc affaire à près de 3 millions de personnes. Le Black Economic Empowerment (BEE), renforcé en 2003 pour en élargir le nombre de bénéficiaires sous la forme du Broad Based Black Economic Empowerment, c'est-à-dire le développement d'un milieu d'affaire noir, a permis l'émergence d'une élite économique, souvent issu du monde politique, les *Black*

Diamonds. Ces nouveaux millionaires, accumulant des fortunes en des temps records, membres de nombreux conseils d'administration, sont évidemment très visibles : achetant des résidences luxueuses dans les *suburbs* naguère réservées aux Blancs, circulant en grosses cylindrées allemandes ou en voitures de sport italiennes, ils sont un des symboles de la nouvelle Afrique du Sud capitaliste. Leurs liens avec les milieux politiques ou la haute administration sont régulièrement dénoncés[1].

Ni la visibilité de la classe moyenne noire dans les espaces qui leur étaient interdits sous l'apartheid, ni le bruit médiatique autour des *Black Diamonds*, ne doit occulter le maintien des structures d'ensemble des territoires métropolitains comme peut l'illustrer le cas de Johannesburg (carte 19). Les autorités métropolitaines rêvent d'un Johannesburg qui ressemblerait au slogan de cette ville aux 4,5 millions d'habitants : une *World Class African City.* Ce serait une ville idéale, compétitive, efficace, équitable. Le Gautrain donne une bonne image de cette utopie urbaine : système de transport urbain rapide, mis en place pour la Coupe du monde de football, le Gautrain est moderne, il est entièrement sécurisé, il est de niveau international. C'est le moyen idéal pour atteindre l'aéroport Oliver Tambo, le centre de Johannesburg en cours de réhabilitation mais aussi les centres d'affaires du nord de l'agglomération et Pretoria/Tshwane. Le Gautrain est une remarquable réussite (même si sa fréquentation quotidienne n'atteint pas encore les chiffres espérés), le reflet par ses passagers du rêve d'un certain Johannesburg : une ville pour une classe moyenne heureuse, multiraciale et multiculturelle ; mais c'est aussi pourquoi le Gautrain est cher, au dessus des moyens de la majorité des citadins, et pourquoi il ne dessert pas les parties les plus défavorisées de l'agglomération. De fait, dans cette métropole comme dans les autres, la différenciation sociale est aujourd'hui socio-économique, mais ces inégalités sociales se sont coulées dans l'espace hérité du système de ségrégation raciale. Depuis la fin des années 1970, la centralité économique de la ville s'est déplacée vers le nord de l'agglomération, laissant en héritage, en 1994, un centre-ville à l'abandon et des quartiers d'affaires en pleine expansion dans les *suburbs*, à Sandton et plus au nord encore à Midrand, alors que les plus pauvres étaient rejetés au sud de Soweto dans le secteur d'Orange Farm. Dans les anciens *townships*, notamment ceux de Soweto, les processus de diversification sociale et spatiale se sont poursuivis. Nombre de citadins appartenant à la classe moyenne vivent à Soweto, dans certaines parties surtout, qui n'est plus l'espace stigmatisé qu'il a été. Des centres commerciaux s'y sont développés, comme dans tous les grands *townships* des grandes villes, et ces anciens espaces d'exclusions se sont aussi aujourd'hui en grande partie « normalisés » : l'encombrement

1. Cependant, le BEE n'a pas fondamentalement modifié la position dominante des milieux économiques blancs. Quelques grands groupes financiers dominent toujours largement la bourse de Johannesburg (les vingt premiers contrôlent les deux tiers de la valeur de la capitalisation boursière), les compagnies minières y pèsent moins que naguère au profit des groupes de production de tabac (British American Tobacco Plc) ou de bière (SAB Miller Plc) et les sociétés de télécommunication, mais c'est une évolution structurelle. En revanche, aujourd'hui, près de 35 % des actions en bourse sont directement possédées par des Sud-Africains noirs.

dramatique et quotidien aux heures de pointe sur l'autoroute qui relie Soweto au centre-ville et aux banlieues nord est un des signes parmi d'autres de cette normalisation. Mais la tendance lourde de l'évolution de l'espace urbain, son étirement et éclatement, n'a pas été contrecarrée par les autorités malgré les efforts, par exemple, de reconquête du CBD. Ces programmes de sécurisation et de rénovation du centre se poursuivent aujourd'hui sous la forme de nombreux partenariats public-privé (essentiellement des rénovations d'immeubles de haut standing, plus ponctuellement des opérations de logement social), mais la centralité économique de la ville reste loin au nord de l'agglomération, l'essentiel des nouveaux projets de logements sociaux est concentré au sud, la distance s'est donc accrue entre les deux faces de la ville par rapport à la période de l'apartheid.

Le changement urbain est donc aussi un accroissement des inégalités socio-spatiales dans un cadre d'ensemble peu modifié. Les grandes villes sud-africaines ont toujours les densités les plus faibles du monde, leur étalement considérable renforce dramatiquement les inégalités socio-spatiales, les problèmes de transport urbain et de consommation énergétique. Cette évolution met directement en cause la capacité des gouvernements post-apartheid à répondre aux attentes à l'échelle locale. Du côté des plus démunis, dans les vastes *townships* et plus encore dans les quartiers informels, les émeutes violentes se sont multipliées à un rythme accéléré depuis le milieu des années 2000 et leur nombre a augmenté considérablement depuis 2009. Désignés en Afrique du Sud par l'expression de «*service delivery protests*», ces mouvements mobilisent les habitants d'un quartier, notamment les plus jeunes, qui reprochent aux autorités locales élues leur inaction; les revendications portent sur le logement, les services urbains ou directement sur des questions de démocratie locale et de corruption. Aucune grande ville n'est épargnée et les émeutes sont aussi fréquentes dans les villes petites et moyennes. Il y a deux manières d'analyser ces mouvements sociaux. En surface, on peut observer quantitativement les efforts dans le domaine du logement et de la fournitures de services urbains; moins importants que promis, ils sont néanmoins réels: des millions d'enfants ont gagné depuis 1994 un meilleur accès à l'éducation, des millions de personnes ont accédé à des services élémentaires (eau, électricité, soins...), des logements ont été construits en nombre considérable (plus de 3 millions) et les plus pauvres sont des millions à bénéficier d'un système d'aide sociale public. Cependant, dans le domaine du logement, par exemple, ces efforts n'ont pas suffi à réduire les manques. Les chiffres officiels indiquent que plus de deux millions de foyers (c'est-à-dire plus de 20 % de la population totale du pays) vivent encore dans des conditions inacceptables: un peu plus d'1 million dans des quartiers informels de type bidonville, environ 500 000 dans des baraques précaires dans les arrières-cours des maisons des *townships* (les *backyard shacks)*, et plus de 300 000 dans les *hostels* hérités de l'urbanisme d'apartheid. Le plus inquiétant est que ces chiffres sont stables ou en légère augmentation depuis 2002. Ceci explique les frustrations et l'impression d'immobilisme des populations, souvent aussi découragées par le sentiment que la classe politique vise aujourd'hui d'abord son propre enrichissement, et pose en profondeur la question de la relation entre les populations et leurs élus ainsi que la capacité de ces dernières à agir efficacement, à communiquer et à mettre en œuvre la démocratie locale. Le mécontentement populaire, massif dans les quartiers défavorisés et qui souvent ne s'exprime que par la violence, est donc un enjeu politique majeur pour l'ANC qui est, localement aussi, de plus en plus contesté.

J'ai écrit ailleurs que la discordance entre la temporalité du changement politique et celle du changement économique, d'une part, la lenteur du changement des structures spatiales et des usages sociaux, d'autre part, expliquaient la complexité de la situation actuelle de l'Afrique du Sud et permettaient de mieux comprendre les lenteurs et les contradictions du changement. C'est cependant aujourd'hui le temps accéléré de la mondialisation qui semble dominer alors même que la réalité de la volonté politique de construire une société plus juste peut-être questionnée : à l'échelle nationale comme dans les grandes villes, les politiques économiques visent d'abord à favoriser la compétitivité et donc se concentrent sur les espaces « porteurs » économiquement et susceptibles d'être attractifs pour les investisseurs. Dès lors, le décalage entre le discours politique du pouvoir, toujours centré sur les idées de justice et de réparation, et la réalité de son action sont de plus en plus évidents ; en conséquence, la défiance de la population envers ses représentants politiques et syndicaux croît. La corruption, toujours dénoncée mais de plus en plus importante, contribue à renforcer le phénomène. L'enjeu crucial aujourd'hui est donc de refonder le contrat social sud-africain. C'est le compromis politique qui a permis il y a vingt ans une sortie de l'apartheid qui est en question. Il reposait sur un certain nombre d'engagements de la part de la classe politique dans son ensemble, des milieux d'affaires et du mouvement syndical : maintenir une économie de marché, protéger les minorités, assurer justice sociale et redistribution. Les contradictions de ces engagements sont aujourd'hui évidents, de même qu'il apparaît qu'en effet ni la structure économique du pays, ni son organisation spatiale n'ont été profondément transformées. L'ANC au pouvoir est aujourd'hui confronté à cet inaboutissement de la transformation promise et il semble ne plus être en mesure de satisfaire tout à la fois la nouvelle élite économique et la classe moyenne, les milieux d'affaires, les travailleurs du secteur formel en même temps que la masse des exclus de la nouvelle économie sud-africaine cantonnés dans les espaces les plus défavorisés. Toutes ces questions sont au cœur des débats sud-africains contemporains, et il est important, pour conclure, d'en souligner la vigueur. Le débat a lieu dans les médias, surtout la presse écrite, mais aussi au sein des partis politiques et entre partis politiques, entre citoyens aussi, et ces formes d'expressions démocratiques contribuent à tempérer les nombreuses amertumes et faire d'une Afrique du Sud toujours si diverse un pays fascinant.

Dossier cartographique

Carte 1. Les organisations régionales d'Afrique australe

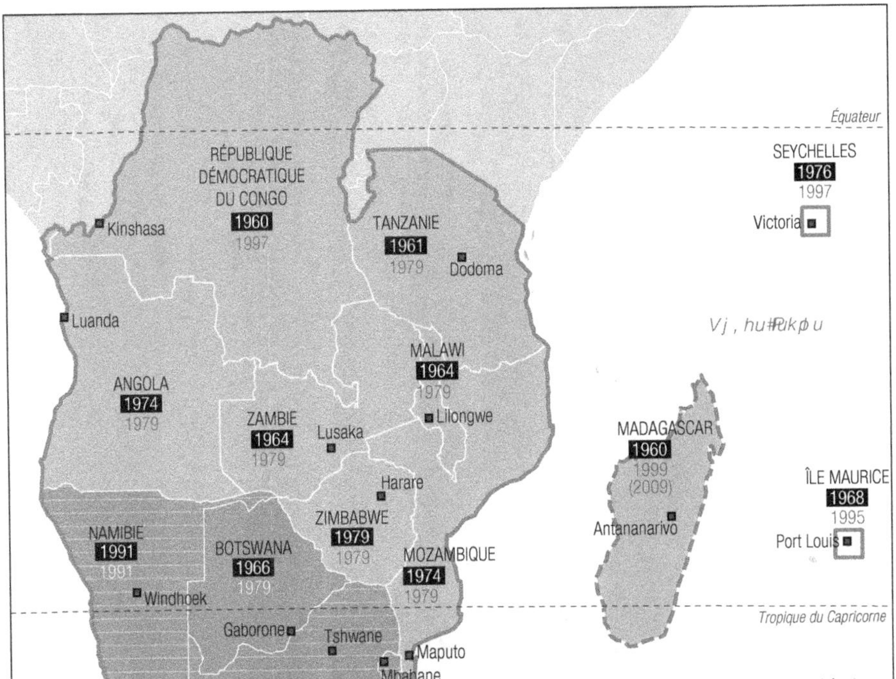

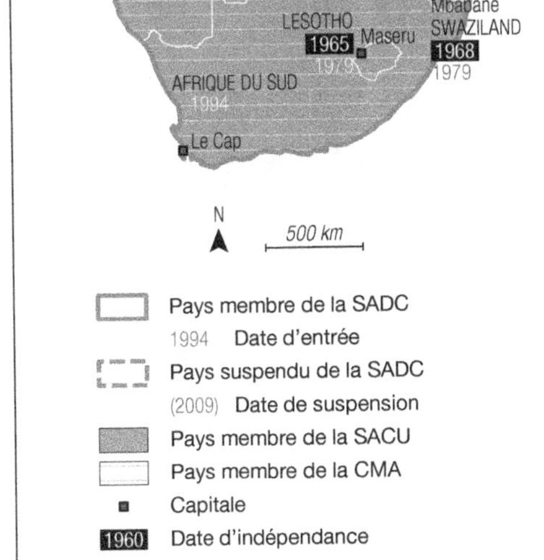

La carte dépasse le seul ensemble des dix pays traités dans cet ouvrage. Elle permet de distinguer les « cercles » presque concentriques autour de l'Afrique du Sud. Les pays les plus dépendants dont le cours de la monnaie est fixé sur celui du rand sud-africain appartiennent à la CMA (*Common Monetary Area*) : Namibie, Lesotho et Swaziland. Si l'on y ajoute le Botswana, riche de ses diamants et modèle de démocratie politique, on obtient l'ensemble des États liés par une union douanière, la *Southern Africa Costums Union* (SACU). Au-delà, un ensemble historique d'États fondateurs, en 1979, de la SADCC (*Southern Africa Development Coordination Conference*, devenue *Southern African Development Community*, SADC, après 1994) qui appartenaient aussi à un ensemble géopolitique : les États de la « ligne de front » contre l'apartheid, même si leurs relations avec le voisin sud-africain étaient souvent en fait ambiguës tant la dépendance économique était forte. Enfin, les membres les plus récents, post-apartheid : la République Démocratique du Congo et des trois États de l'Océan Indien. Cas particulier dans cet ensemble, la Tanzanie fait le lien avec l'Afrique orientale, un des premiers États indépendants de la région, elle a joué un rôle politique moteur dans les constructions politiques pan-africaines à toutes les échelles.

Cartographie : J. Robert, Université Paris Ouest 2013

Carte 2. Les zones climatiques et les milieux naturels d'Afrique australe

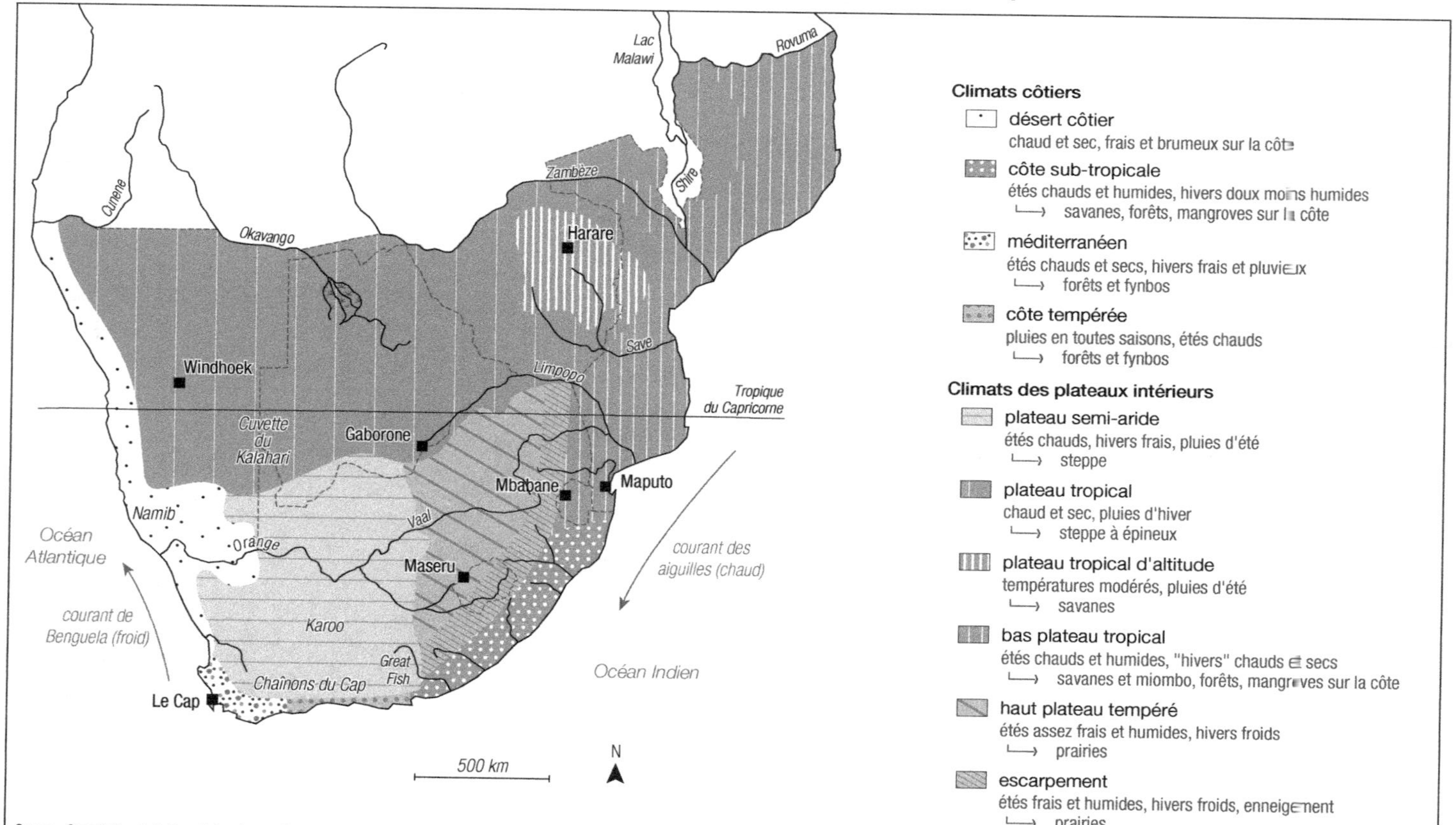

Source : Compilation de P. Gervais-Lambony - Cartographie : J. Robert, Université Paris Ouest 2013

Carte 3. Les entreprises sud-africaines en Afrique en 2013

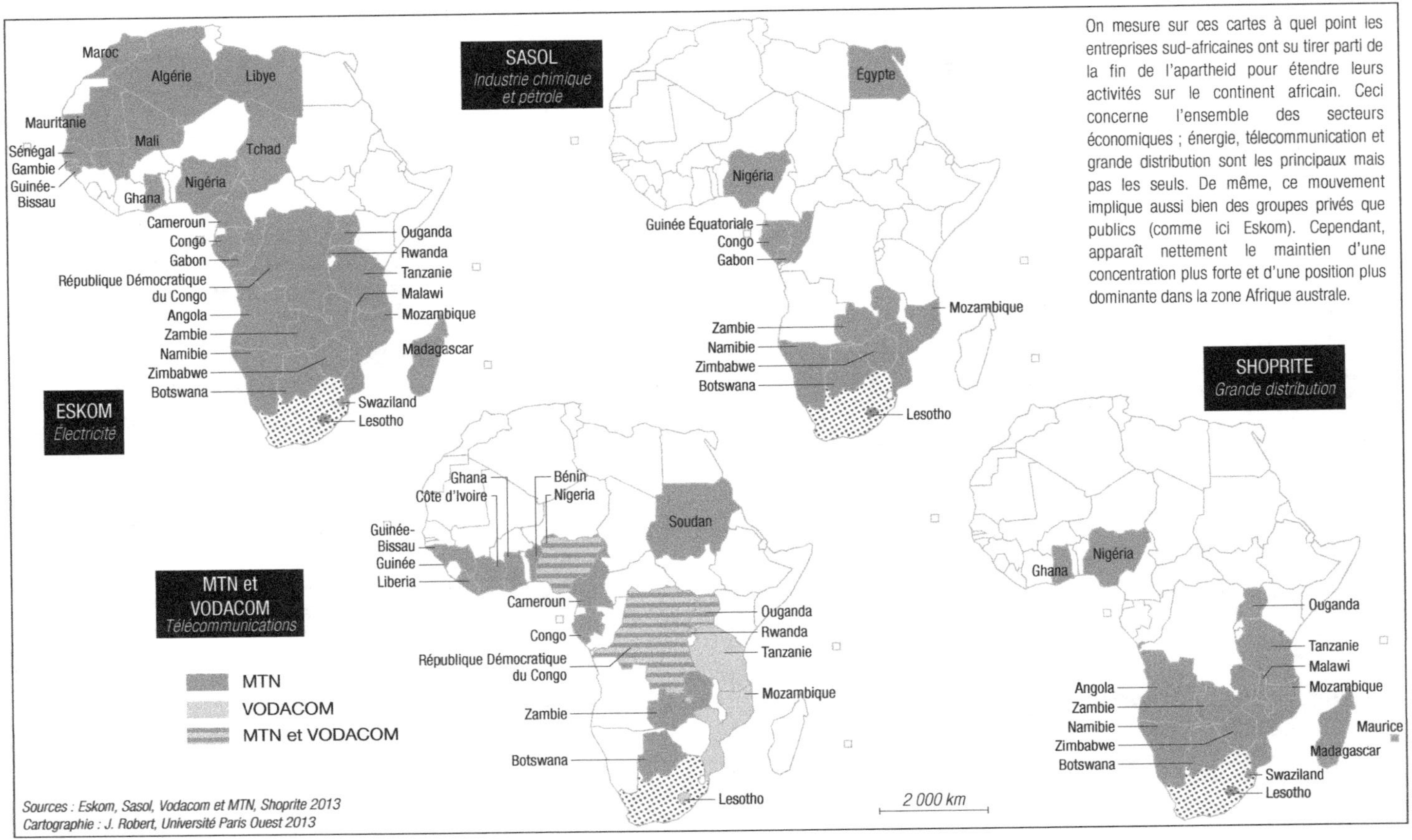

On mesure sur ces cartes à quel point les entreprises sud-africaines ont su tirer parti de la fin de l'apartheid pour étendre leurs activités sur le continent africain. Ceci concerne l'ensemble des secteurs économiques ; énergie, télécommunication et grande distribution sont les principaux mais pas les seuls. De même, ce mouvement implique aussi bien des groupes privés que publics (comme ici Eskom). Cependant, apparaît nettement le maintien d'une concentration plus forte et d'une position plus dominante dans la zone Afrique australe.

Sources : Eskom, Sasol, Vodacom et MTN, Shoprite 2013
Cartographie : J. Robert, Université Paris Ouest 2013

Carte 4. La répartition des groupes ethnolinguistiques en Afrique australe au XVIIIe siècle

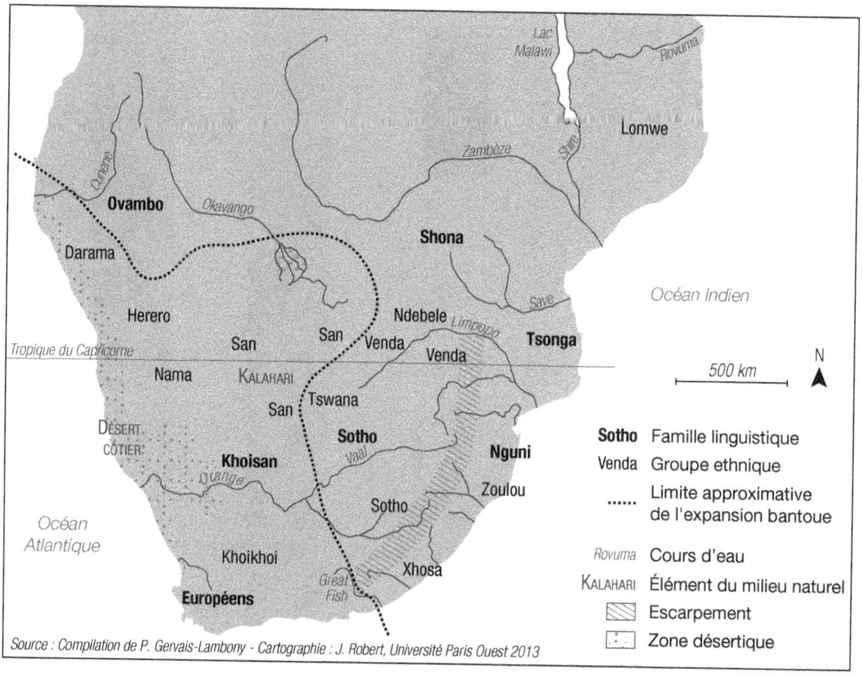

Carte 5. L'Afrique australe à la fin de la conquête coloniale (1895)

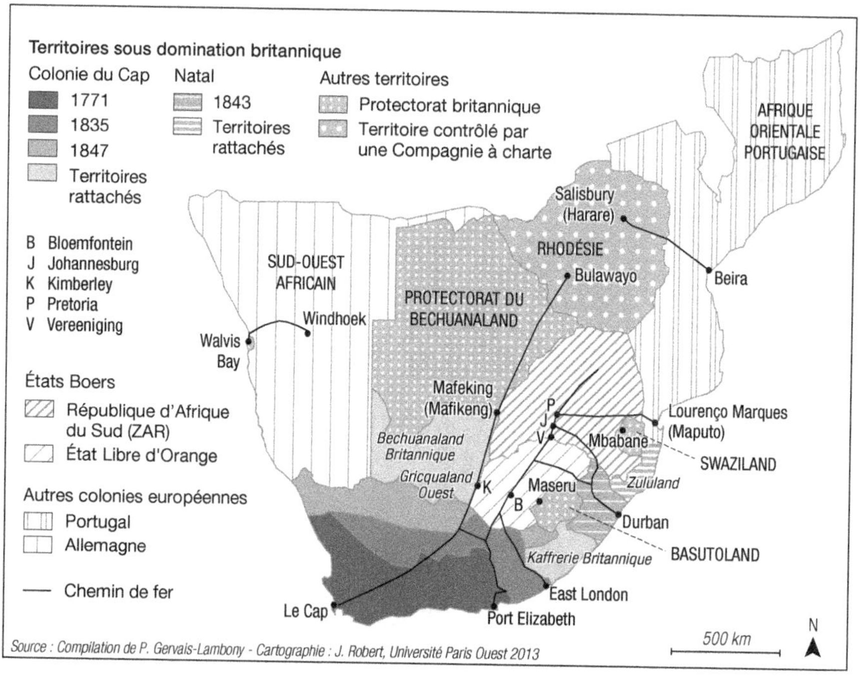

Carte 6. Le découpage territorial de l'Afrique du Sud pendant l'apartheid

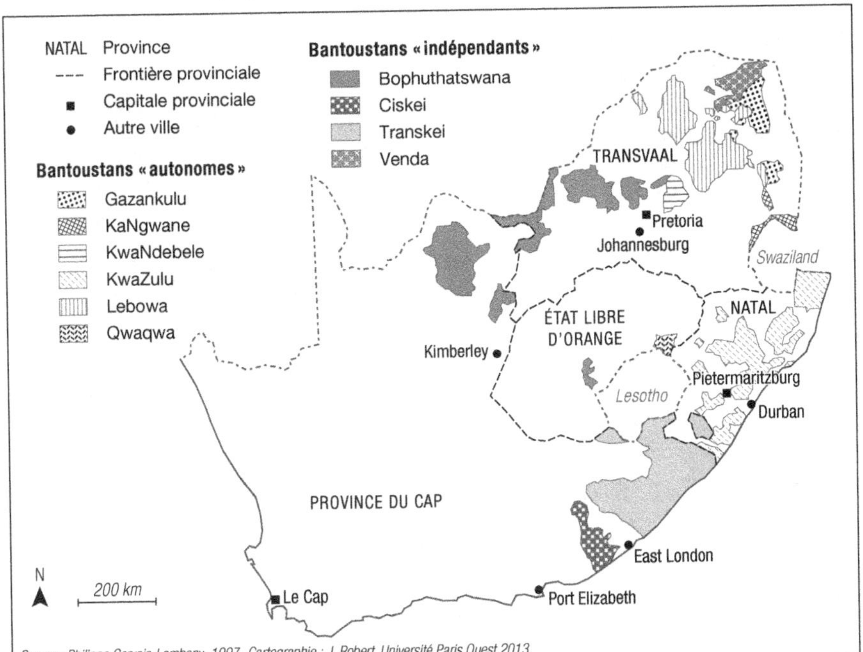

Source : Philippe Gervais-Lambony, 1997- Cartographie : J. Robert, Université Paris Ouest 2013

Carte 7. Les provinces sud-africaines en 2013

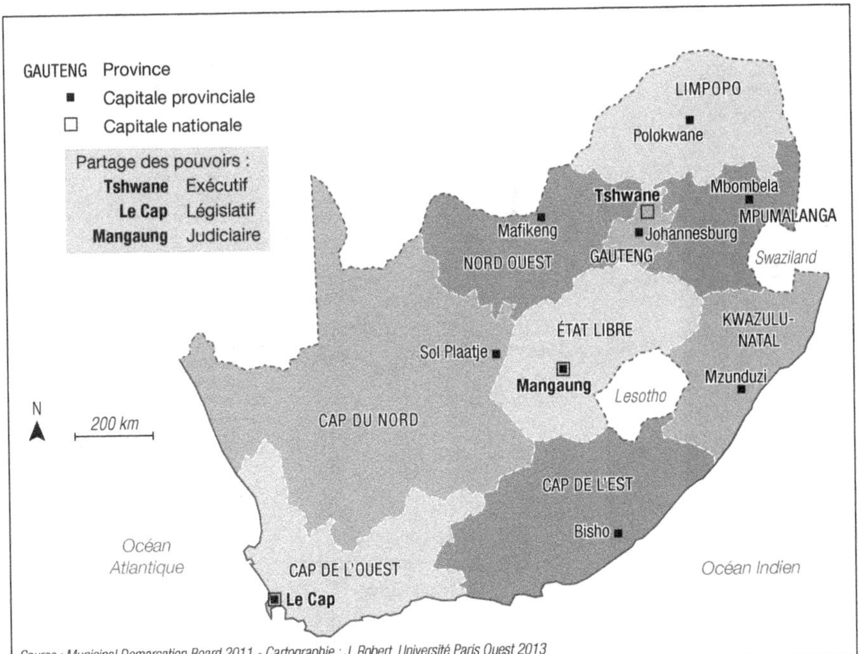

Source : Municipal Demarcation Board 2011 - Cartographie : J. Robert, Université Paris Ouest 2013

Carte 8. Les densités de population en Afrique du Sud

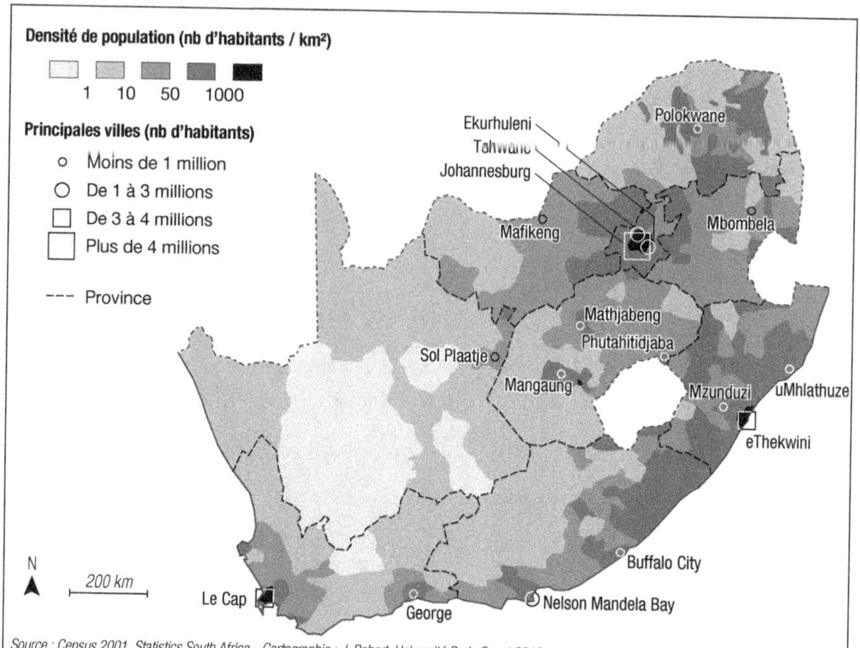

Source : Census 2001, Statistics South Africa - Cartographie : J. Robert, Université Paris Ouest 2013

Carte 9. Ventersdorp, une petite ville du haut *veld* sud-africain

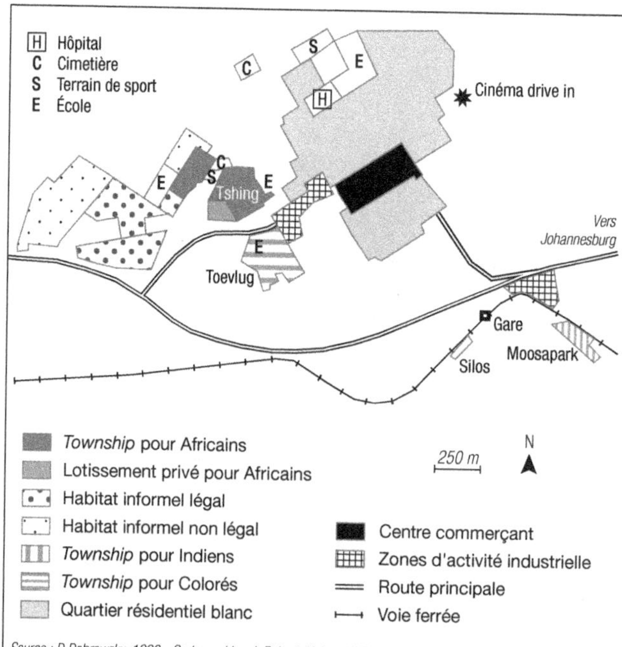

Source : D.Dabrowsky, 1996 - Cartographie : J. Robert, Université Paris Ouest 2013

La structure urbaine de Ventersdorp est exemplaire d'une petite ville d'apartheid et a bien peu changé depuis les années 1990. Elle est caractérisée par la séparation des groupes raciaux et des activités, routes et zones industrielles étant utilisées comme « zones tampons », et les inégalités spatiales sont évidentes étant donnée la disproportion entre les superficies des quartiers et les nombres d'habitants.

La ville, fondée en 1866, intégrée aujourd'hui dans le District municipal Kenneth Kaunda (Province du Nord Ouest), compte toujours en 2011 un peu plus de 20 000 habitants dont moins de 10 % de Blancs. Ventersdorp est aussi politiquement célèbre puisque c'était la ville d'Eugène Terre Blanche (assassiné en 2012), *leader* du mouvement raciste paramilitaire AWB (*Afrikaner Weerstandbeweging*) qui y avait son quartier général.

C'est enfin un bel exemple du caractère relatif de la déségrégation post-apartheid : à l'école secondaire du *township* de Tshing tous les élèves et tous les enseignants sont noirs ; l'école secondaire de la ville « blanche » en revanche, reçoit aujourd'hui, pour un enseignement en langue afrikaans, outre les élèves blancs, de nombreux élèves colorés habitant le *township* de Toevlug mais presque aucun venant de Tshing.

Carte 10. Le KwaZulu-Natal

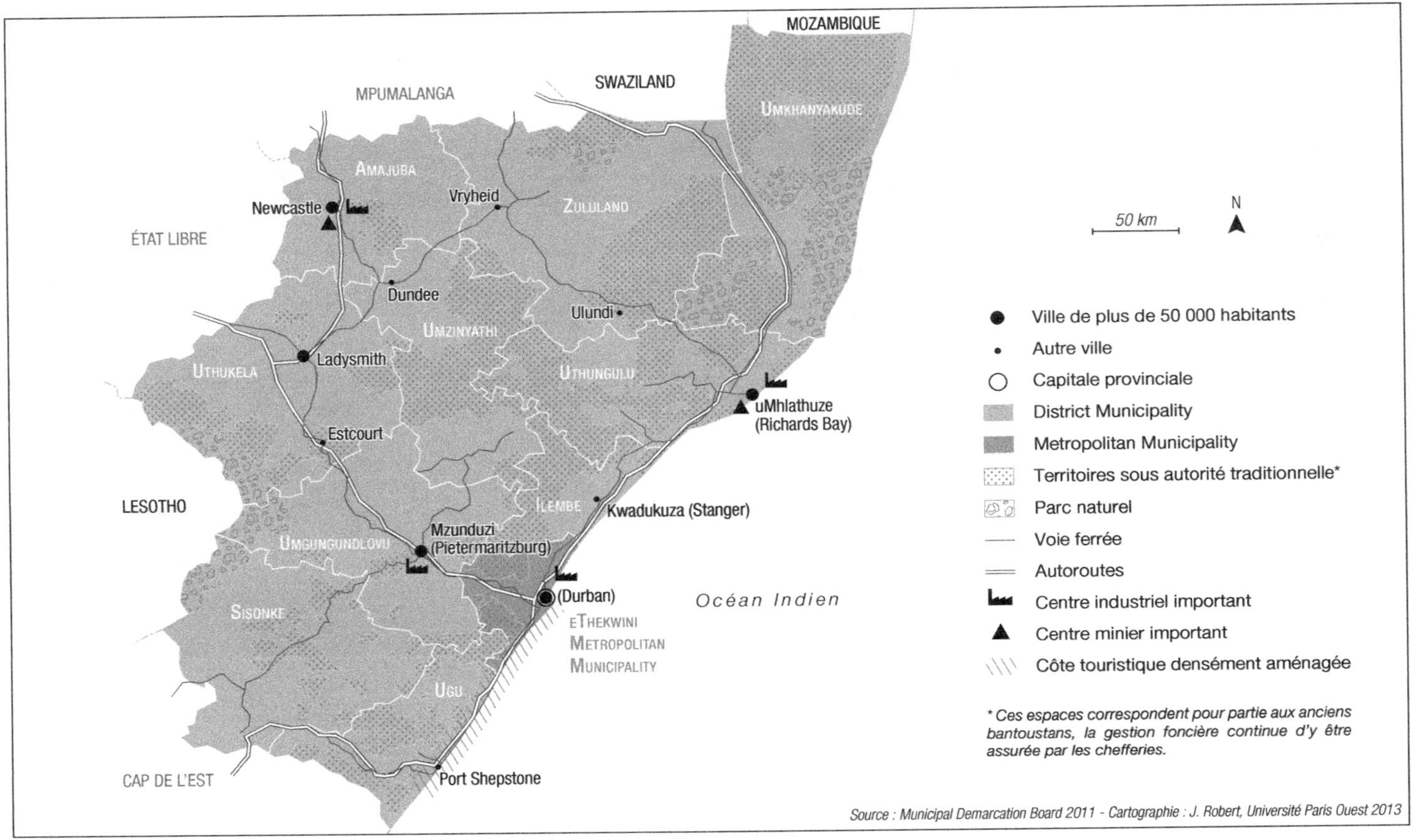

Source : Municipal Demarcation Board 2011 - Cartographie : J. Robert, Université Paris Ouest 2013

Carte 11. Le Cap de l'Ouest

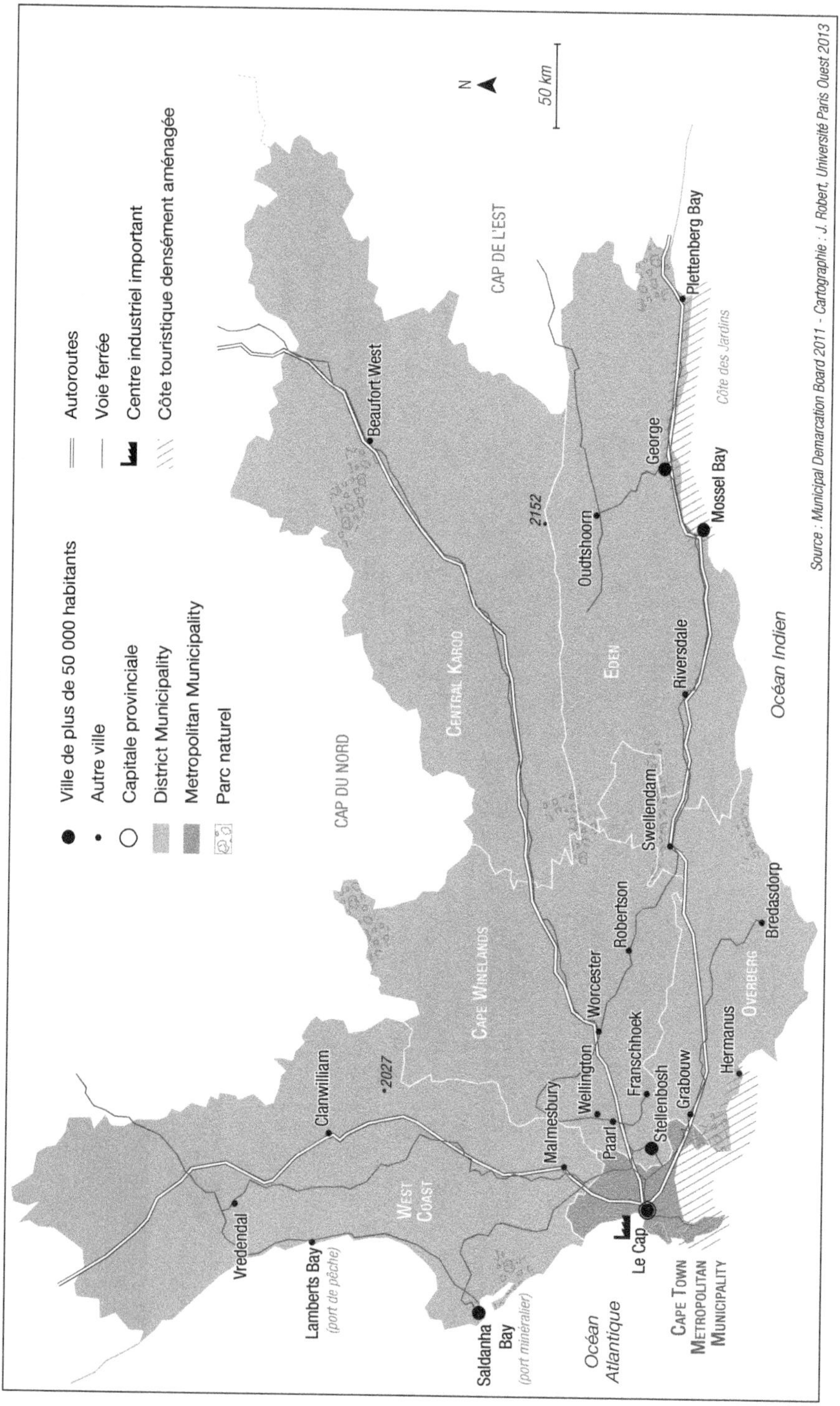

Source : Municipal Demarcation Board 2011 - Cartographie : J. Robert, Université Paris Ouest 2013

Carte 12. Les périphéries du Gauteng

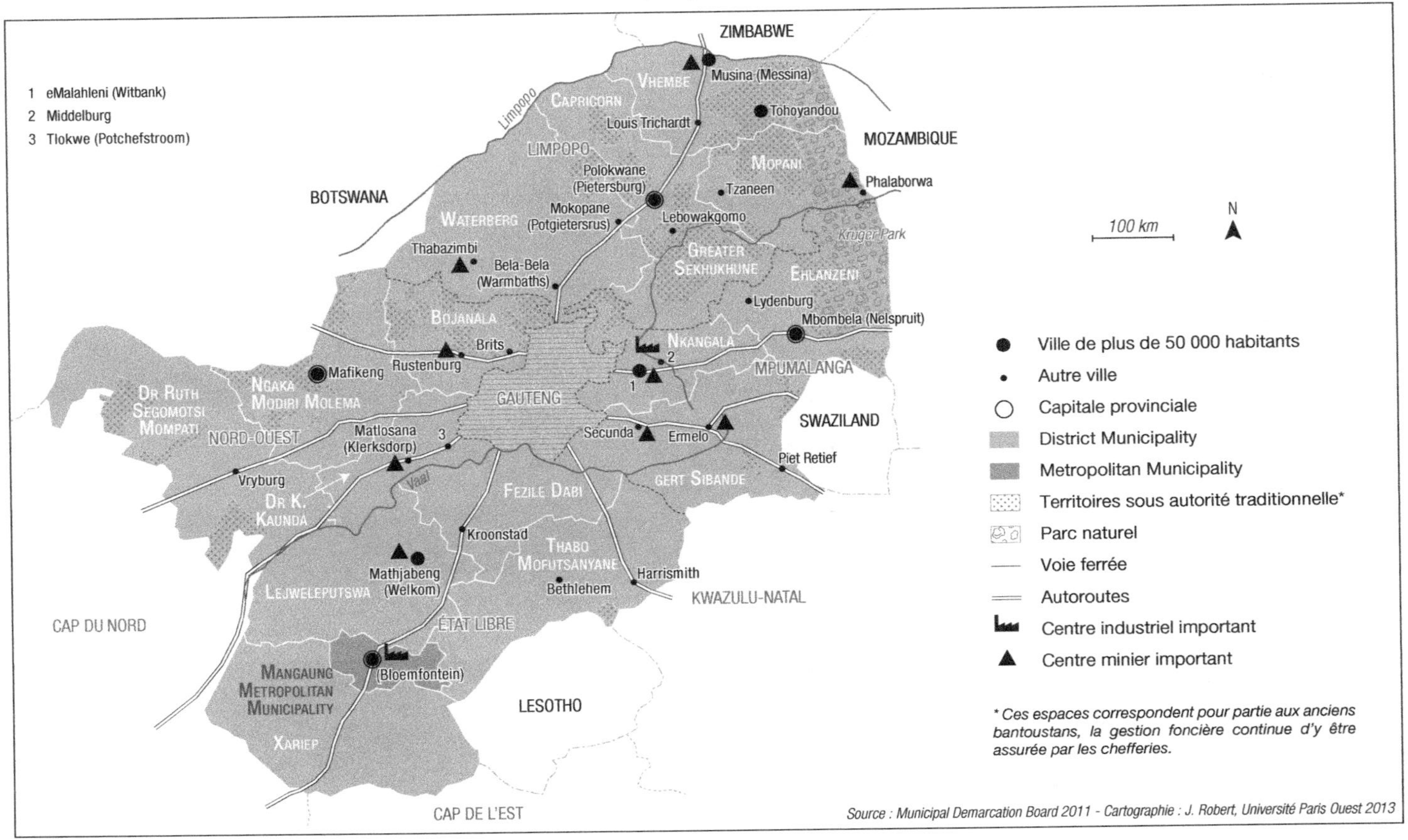

Carte 13. Le Cap du Nord

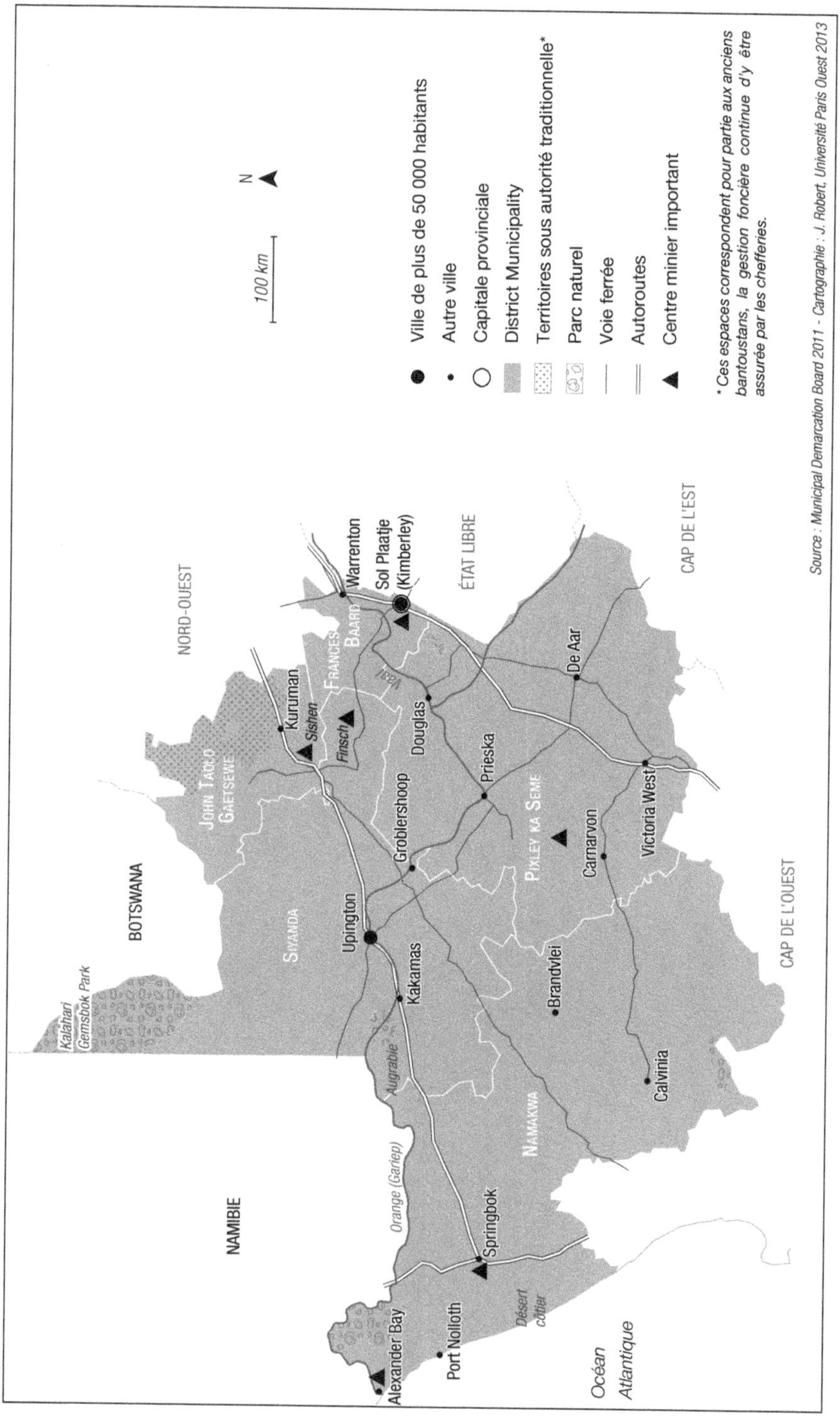

Source : Municipal Demarcation Board 2011 - Cartographie : J. Robert, Université Paris Ouest 2013

Carte 14. Le Cap de l'Est

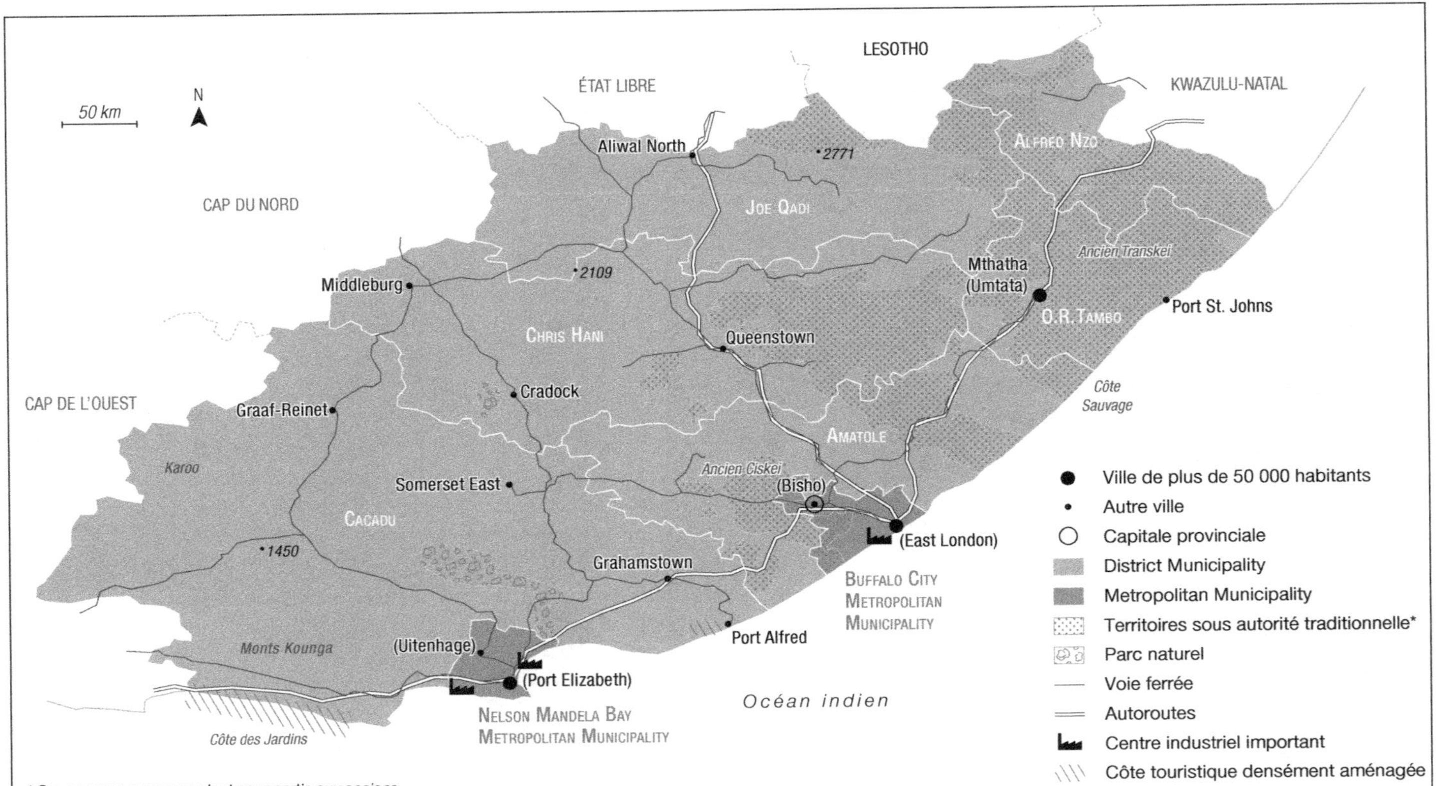

* Ces espaces correspondent pour partie aux anciens bantoustans, la gestion foncière continue d'y être assurée par les chefferies.

Source : Municipal Demarcation Board 2011 - Cartographie : J. Robert, Université Paris Ouest 2013

Carte 15. Les autorités locales dans la province du Gauteng

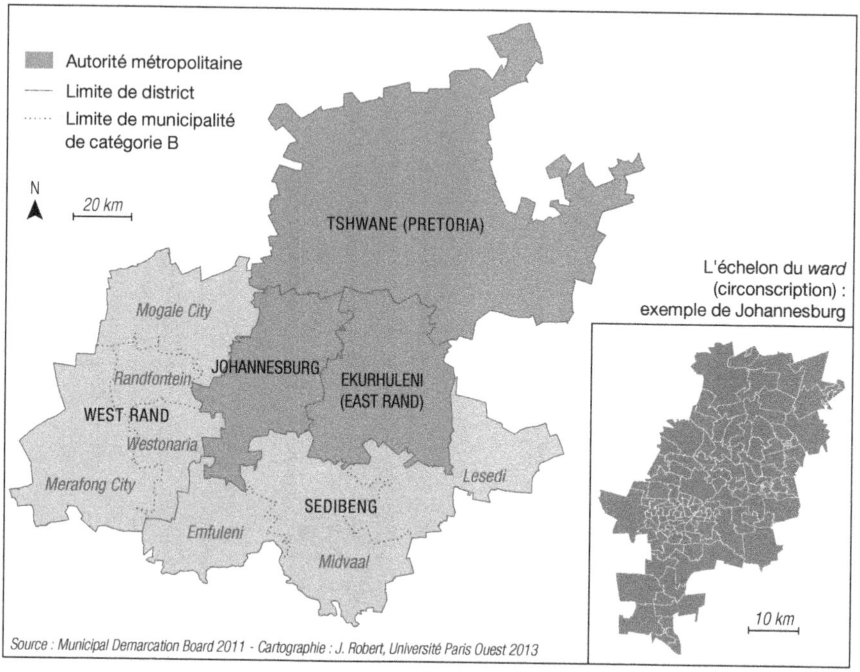

Carte 16. Population des principales villes sud-africaines en 2012

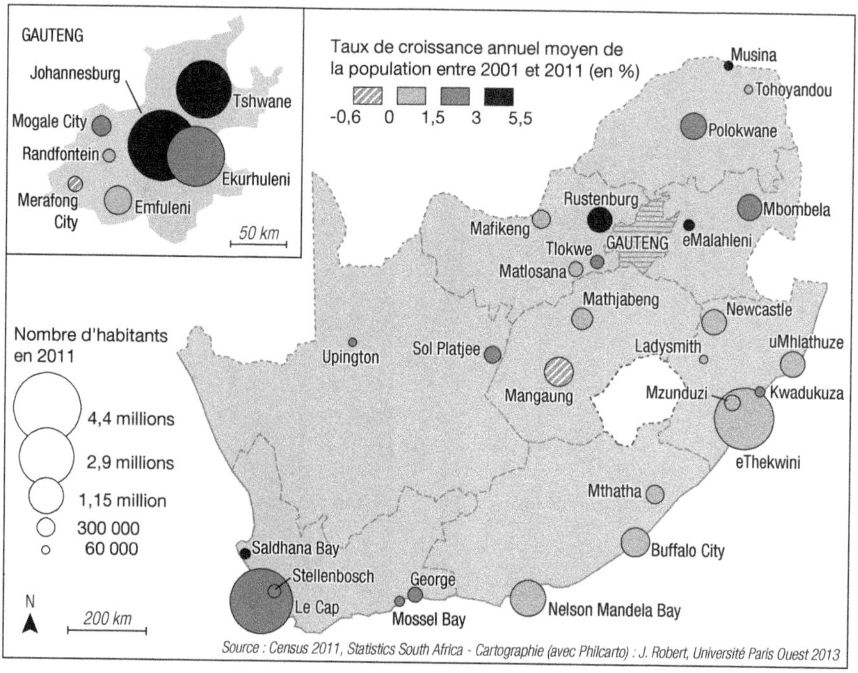

Carte 17. Les inégalités socio-économiques entre les neuf provinces sud-africaines en 2012

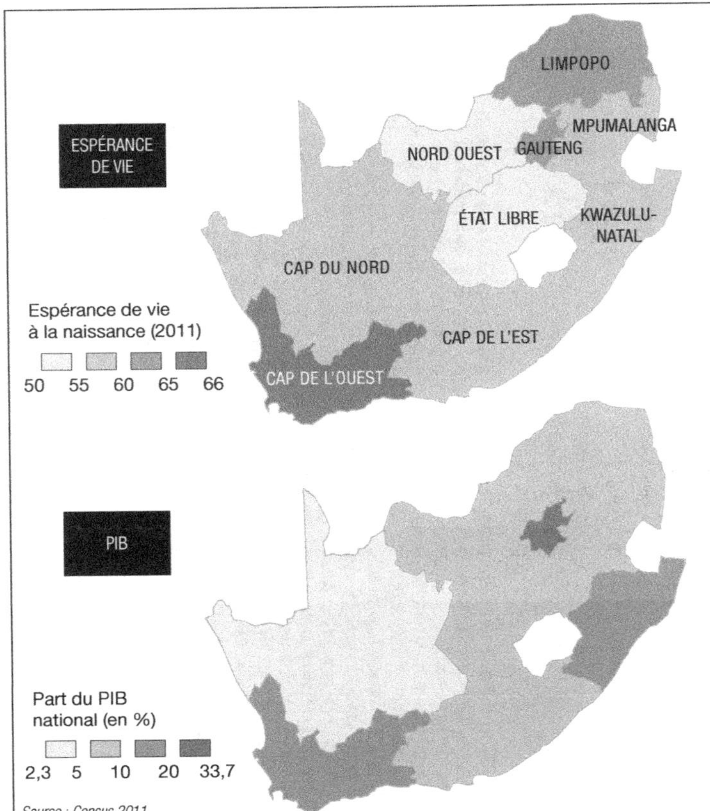

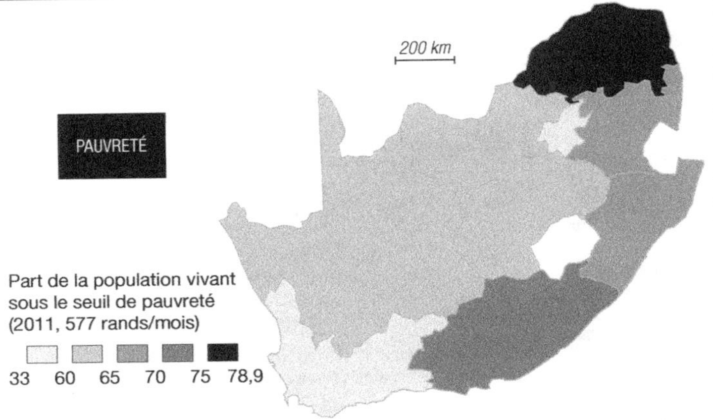

Les délimitations et les pouvoirs des provinces sud-africaines sont le résultat de nombreux compromis politiques des années 1990 : entre l'ANC et les autres partis politiques (et au sein même de l'ANC), avec les autorités des anciens bantoustans et avec les autorités traditionnelles rurales, avec les grands acteurs économiques. Dans le même temps, ce découpage territorial était censé contribuer à réduire les inégalités socio-spatiales du fait de la viabilité économique de chaque province. On voit ici que cet objectif n'a pas été atteint : les inégalités socio-économiques sont extrêmement fortes d'une province à l'autre et elles tendent à s'aggraver plutôt qu'à se résorber. Pour synthétiser : les provinces les plus urbanisées sont bien mieux loties que les autres (à commencer bien sûr par le Gauteng et le Cap de l'Ouest) ; les provinces qui intègrent le plus d'anciens territoires de bantoustans sont encore aujourd'hui les plus en difficulté (d'abord Limpopo, Cap de l'Est et Mpumalanga). À cette dimension socio-économique, il convient d'en ajouter deux autres : l'ethnicisation du pouvoir au niveau de certaines provinces a des conséquences politiques fortes jusqu'au sein de l'ANC (les cas exemplaires sont ceux du Kwazulu-Natal, bastion politique de l'actuel chef de l'État, et du Cap de l'Ouest, seule province gouvernée non par l'ANC mais par l'Alliance Démocratique) ; l'inégalité des capacités gestionnaires et administratives selon les provinces est extrême et se retrouve au niveau des districts et des autres autorités locales (par exemple, la Province du Limpopo s'est trouvée en 2012 dans une telle situation financière qu'elle a dû être placée sous tutelle, notamment du fait de la corruption avérée de l'administration provinciale).

Source : Census 2011, Statistics South Africa, estimations mi 2013 - Cartographie (avec Philcarto) : J. Robert, Université Paris Ouest 2013

Carte 18. Les Spatial Development Initiatives (SDI) en 2012

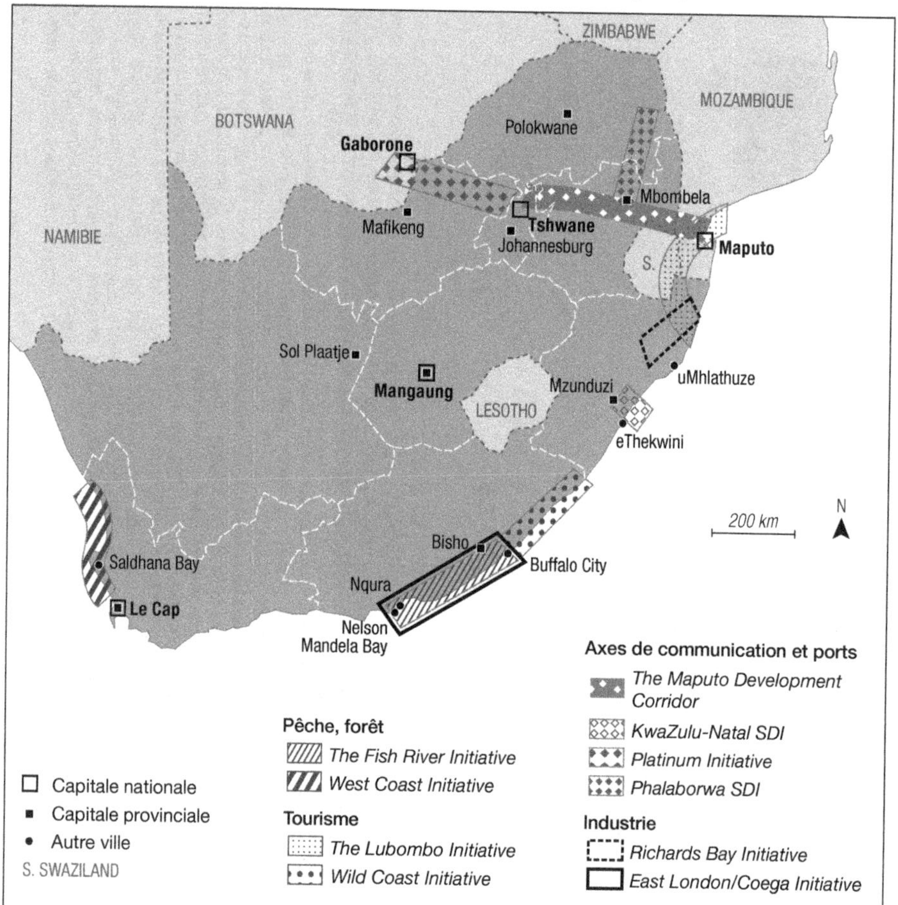

Les SDI, au nombre de 10, sont des projets de partenariats publics privés, articulés sur des axes de communication (les « corridors » de développement) ou des infrastructures portuaires (à Nelson Mandela Bay, Buffalo City, eThekwini et uMhlathuze). Ils étaient censés intégrer des espaces naguère laissés pour compte et d'autres porteurs au contraire dans le contexte de la mondialisation ; dans certains cas, à l'image du *Maputo Development Corridor* (la plus ancienne des SDI, lancée en 1996, elle a été le modèle reproduit ensuite), ils sont transfrontaliers et devraient donc contribuer à l'intégration régionale. Ces programmes connaissent des réussites inégales et n'ont évidemment pas suffi au rééquilibrage territorial à l'échelle nationale. Outre le Corridor de Maputo, on doit souligner l'importance du développement portuaire et industriel du projet industrialo-portuaire Coega entre Nelson Mandela Bay et Buffalo City.

Certains SDI ont été intégrés dans les prescriptions du *National Development Plan 2030* (NDP) adopté en 2012 par l'ANC et le gouvernement, d'autres risquent au contraire d'être abandonnés car en contradiction avec ce nouveau cadre de l'aménagement du territoire national qui prévoit :

- Le renforcement des infrastructures sur le corridor Gauteng-eThekwini, défini comme *National Competitiveness Corridor*.
- Le développement en étoile à partir du Gauteng de trois corridors transfrontaliers avec le Botswana, le Zimbabwe et le Mozambique.
- Le développement des *Nodes of Competitiveness* : Le Cap, eThekwini, Nelson Mandela Bay, Buffalo City.
- L'aide au développement des espaces ruraux de forte densité, essentiellement les anciens bantoustans.
- La protection et le développement des espaces définis comme *ressource-critical* : espaces miniers prioritaires (notamment la *platinum belt*), espaces d'environnement menacés, espaces agricoles productifs.

Source : The department of Trade and Industry - Cartographie : J. Robert, Université Paris Ouest 2013

Carte 19. Les résultats électoraux de 2011 à Johannesburg et au Cap

Les élections municipales de 2011 ont vu l'Alliance Démocratique (DA), premier parti d'opposition à l'ANC, dépasser les 24 % des voix à l'échelle nationale. Ces résultats sont examinés attentivement car ces dernières élections permettent de réfléchir à l'échéance désormais très proche des élections provinciales, législatives et présidentielles de 2014.

Ici on peut comparer les résultats dans les deux plus grandes villes d'Afrique du Sud, Johannesburg, remportée par l'ANC avec près de 60 % des voix et Le Cap, remportée par la DA avec un peu plus de 60 % des voix.

Les deux cartes permettent de visualiser une ségrégation raciale qui reste structurante. À Johannesburg, les circonscriptions où l'ANC remporte plus de 80 % des voix sont les quartiers « noirs » : on repère aisément Soweto et plus au sud le secteur d'Orange Farm où nombre d'ensembles de logement social post-apartheid ont été construits ; vers le nord, le plus ancien quartier noir de Johannesburg, Alexandra, et plus loin le *township* post-apartheid de Diepsloot et une partie du *township* de Tembisa. La carte permet aussi de repérer l'ancien centre-ville et les quartier péri-centraux « africanisés ». Au Cap les proportions sont presque inversées et les *townships* noirs bien moins nombreux et étendus, on repère très bien les principaux : Langa, Gugulethu et Khayelitsha (plus récent et en grande partie constitué de bâti précaire).

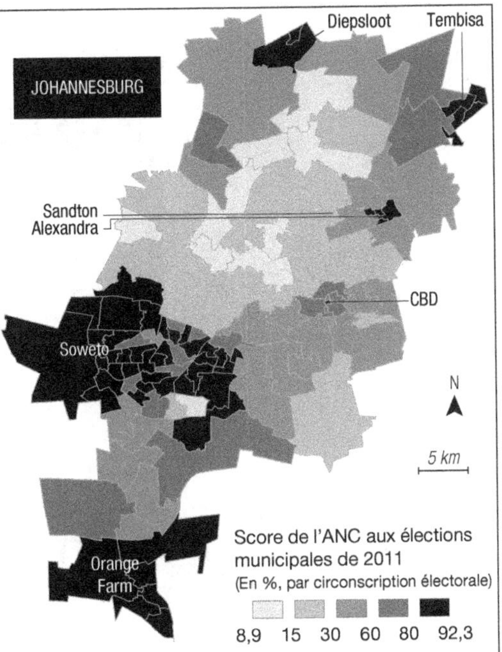

Le cas du Cap illustre bien le fait que la population colorée vote en majorité contre l'ANC, de même que la population blanche ; le cas de Johannesburg à l'inverse indique une évolution puisque l'électorat de la DA (34,6 % des voix alors que 76,4 % des johannesburgeois sont en 2011 « noirs africains », 12,3 % Blancs, 5,6 % Colorés et 4,9 % Indiens) est aujourd'hui à l'évidence en partie composée de Sud-Africains noirs.

Du fait de leur « racialisation » les résultats des élections locales et provinciales évoluent cependant au gré des mouvements de population. La métropole du Cap croît aujourd'hui du fait d'importantes migrations de populations noires de langue xhosa venant de la Province du Cap de l'Est. De ce fait les équilibres démographiques sont en train de changer et l'ANC en espère des effets politiques : près de 40 % des capetoniens sont aujourd'hui « noirs africains », soit presque autant que les Colorés, les Blancs ne représentant plus que 15 % de la population de l'aire métropolitaine et les Indiens un peu plus de 1 %.

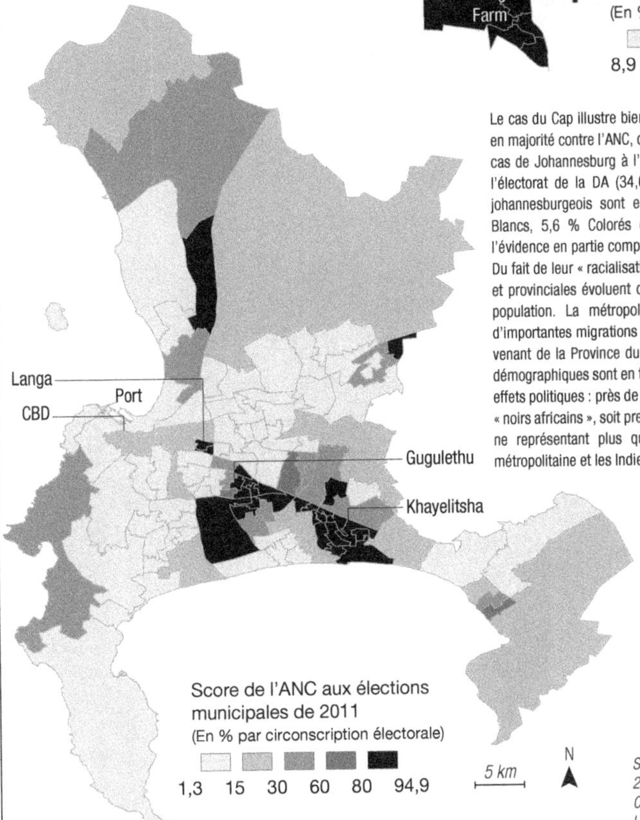

Sources : Independant Electoral Commission 2011, Municipal Demarcation Board 2011
Cartographie (avec Philcarto) : J. Robert, Université Paris Ouest 2013

Carte 20. Le Botswana

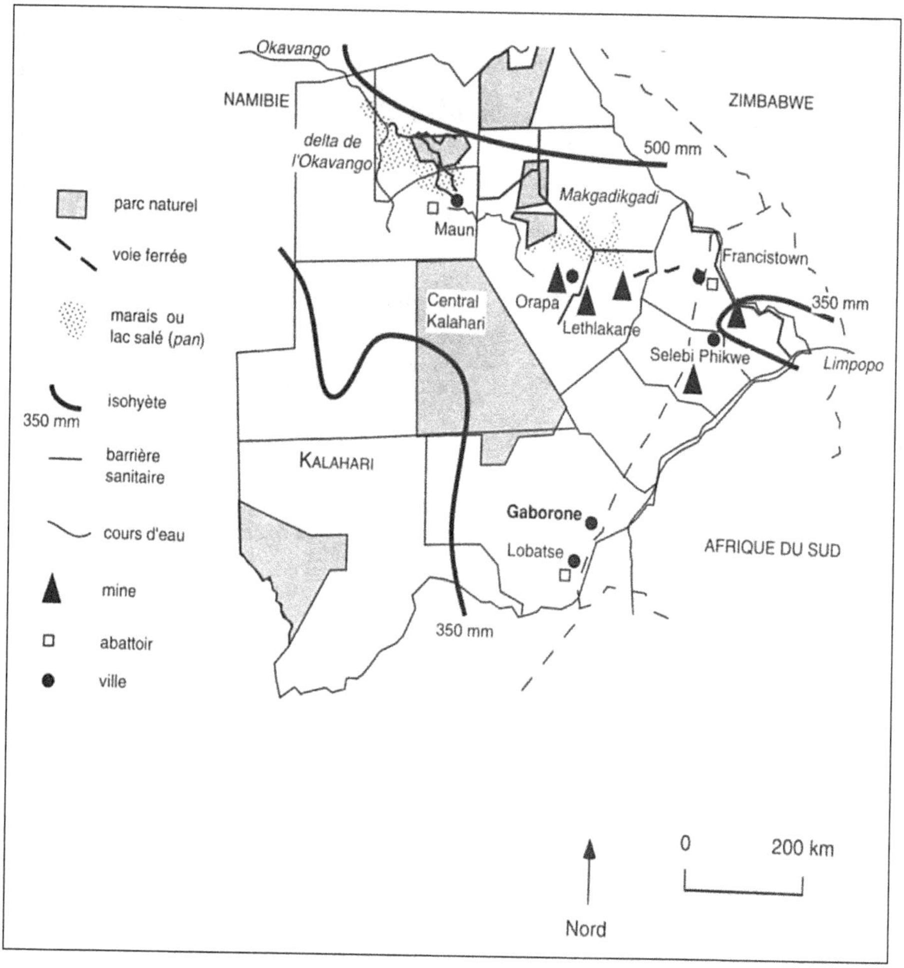

Carte 21. Le Lesotho

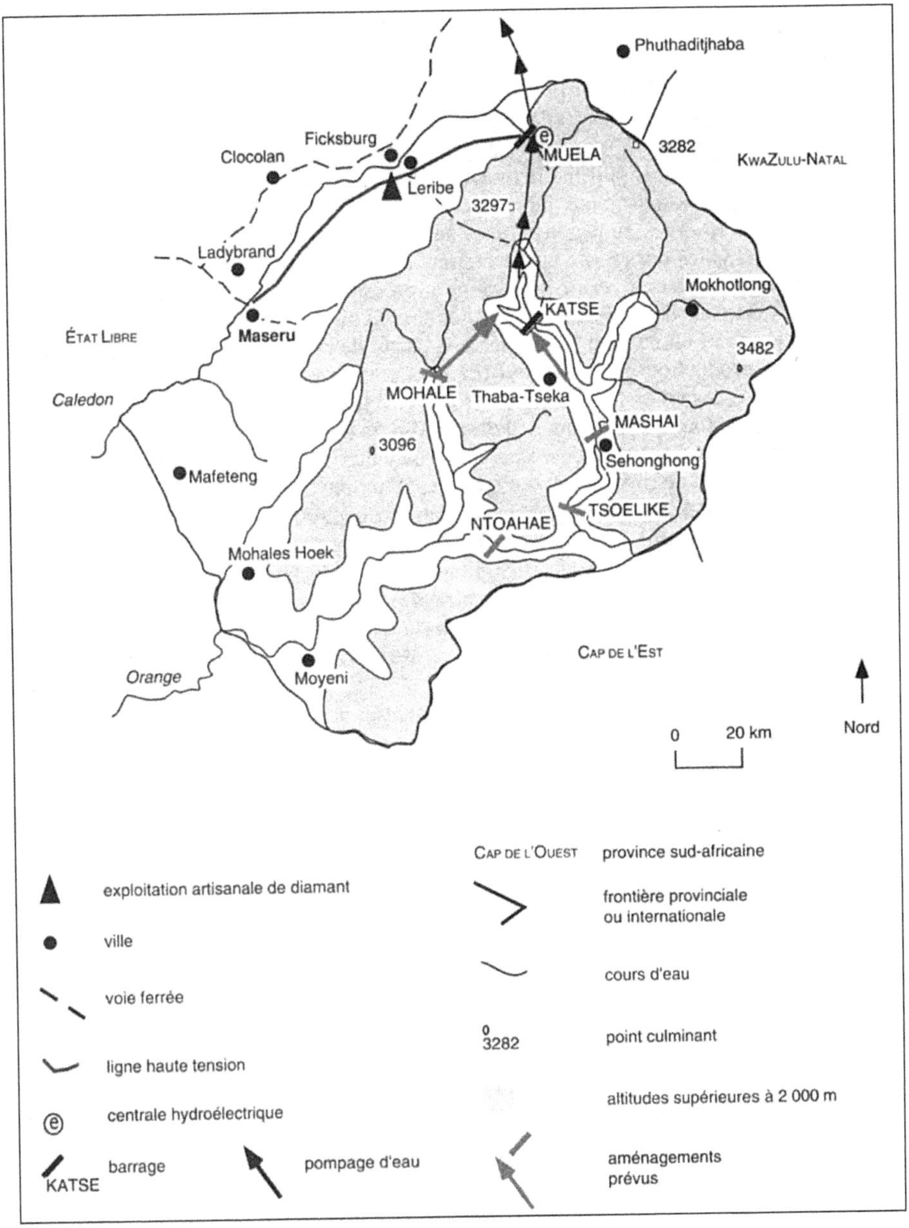

Carte 22. Le Swaziland

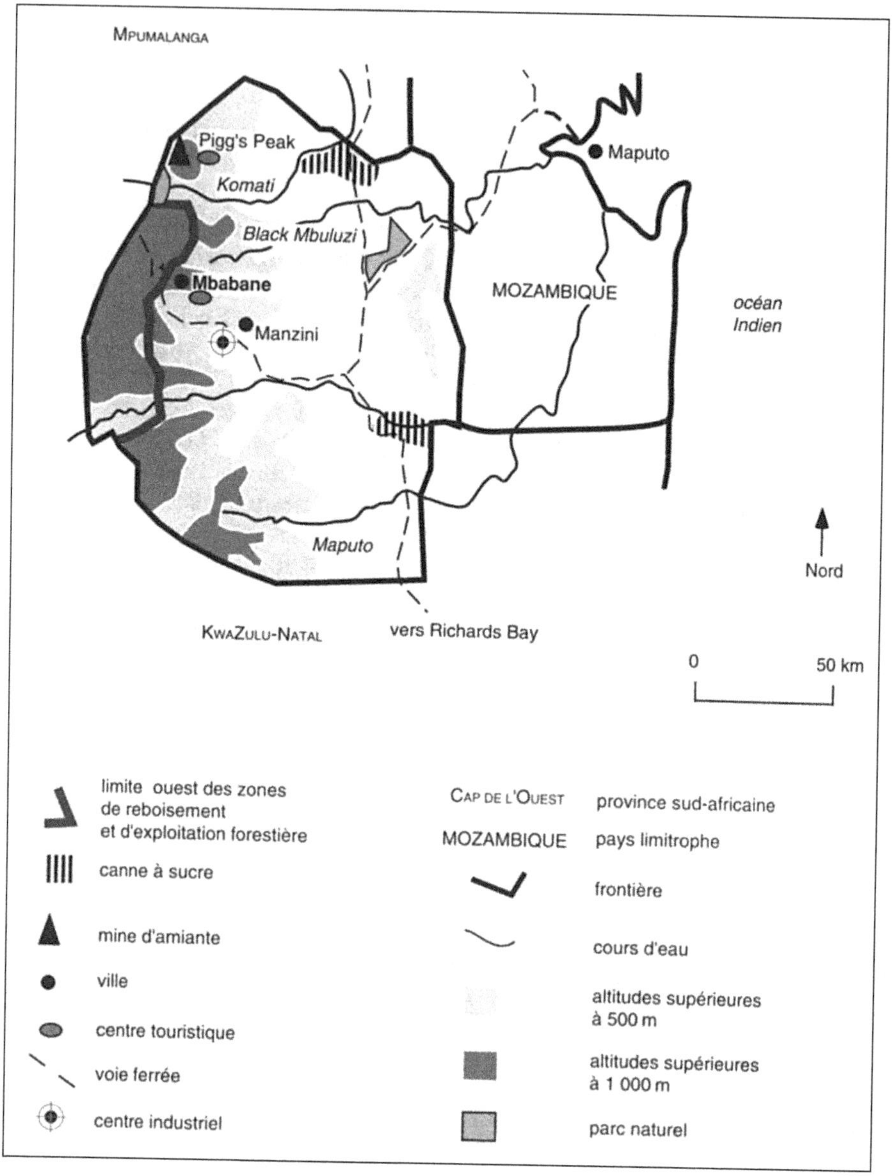

Carte 23. Le Mozambique

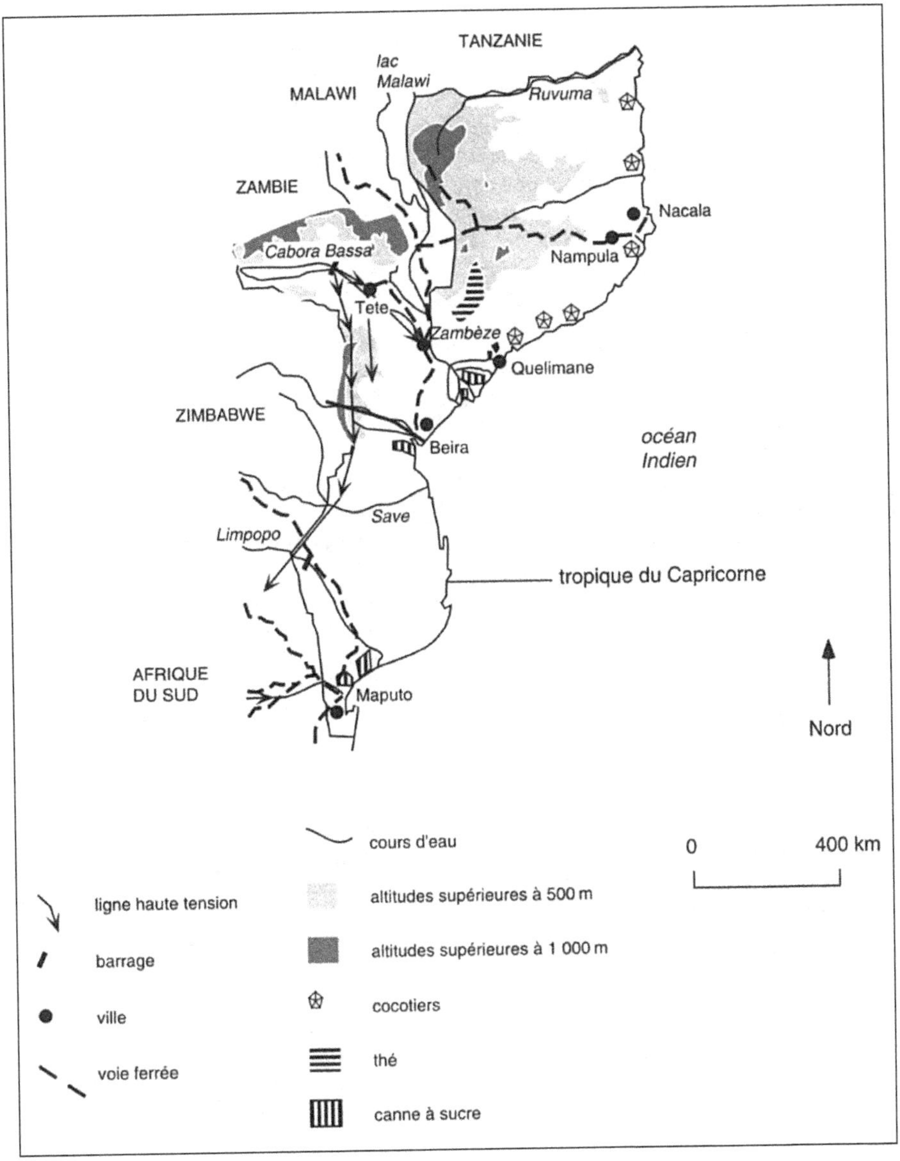

Carte 24. La Namibie

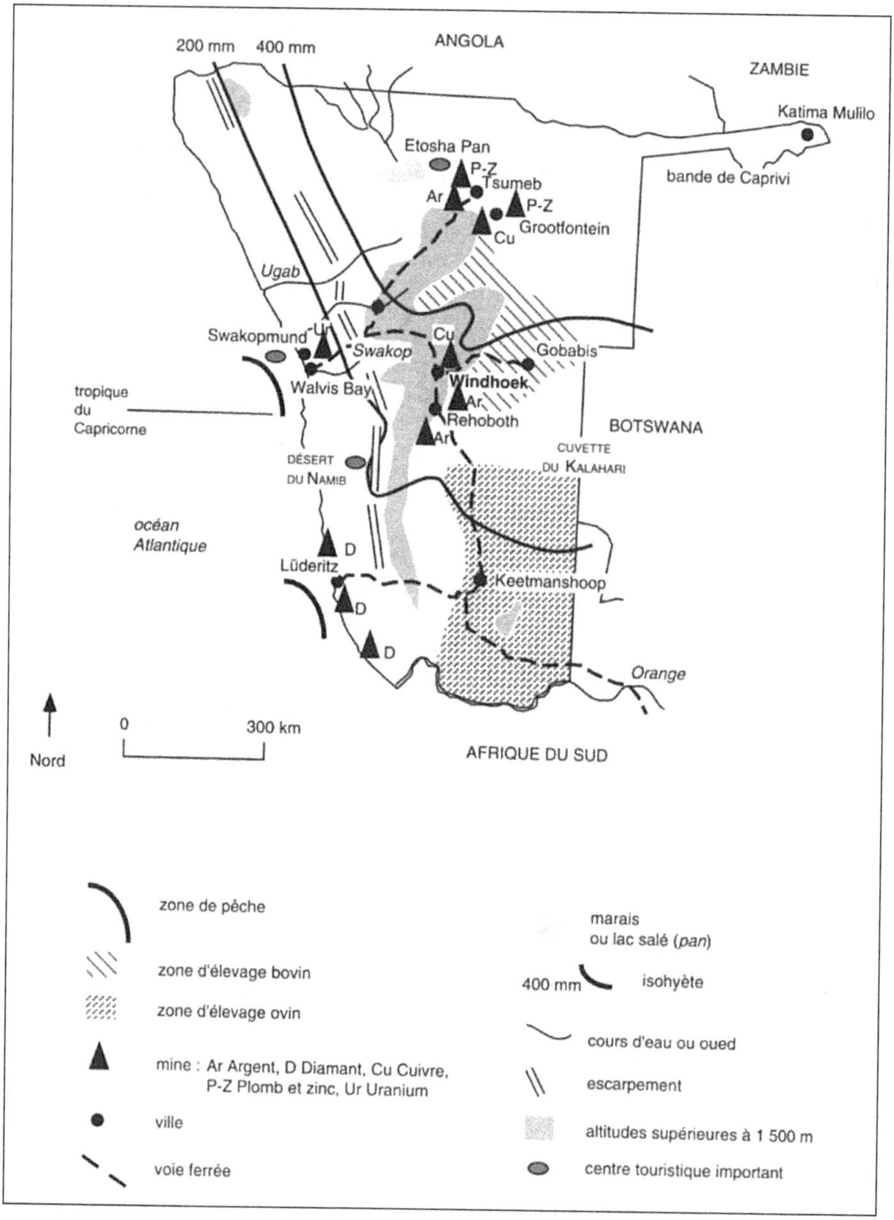

Carte 25. Le partage des terres en Rhodésie selon le *Land Tenure Act* de 1969

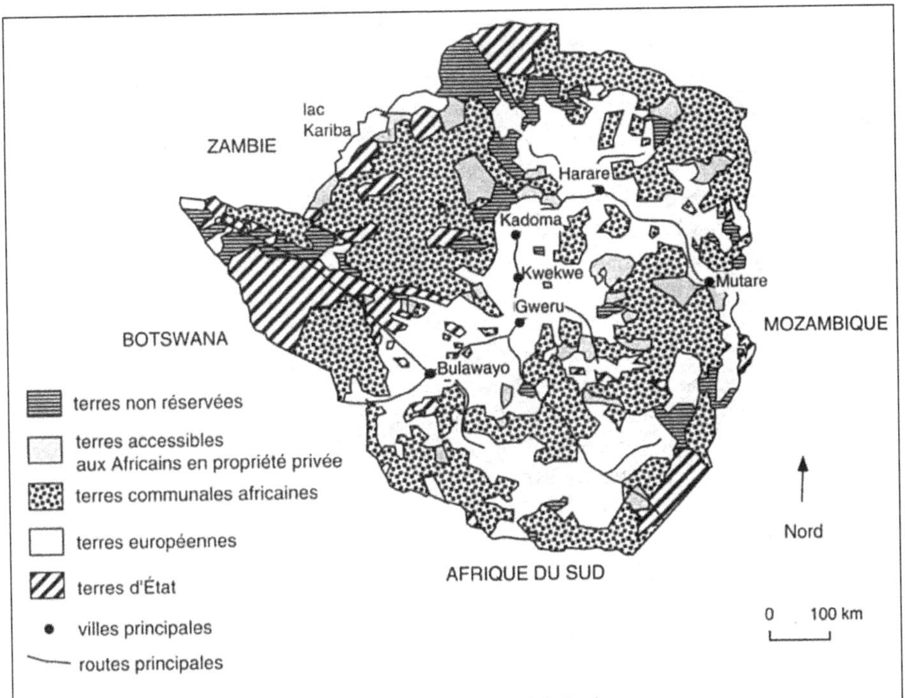

NB : On a porté sur cette carte les noms actuels des villes zimbabwéennes.

Carte 26. Harare

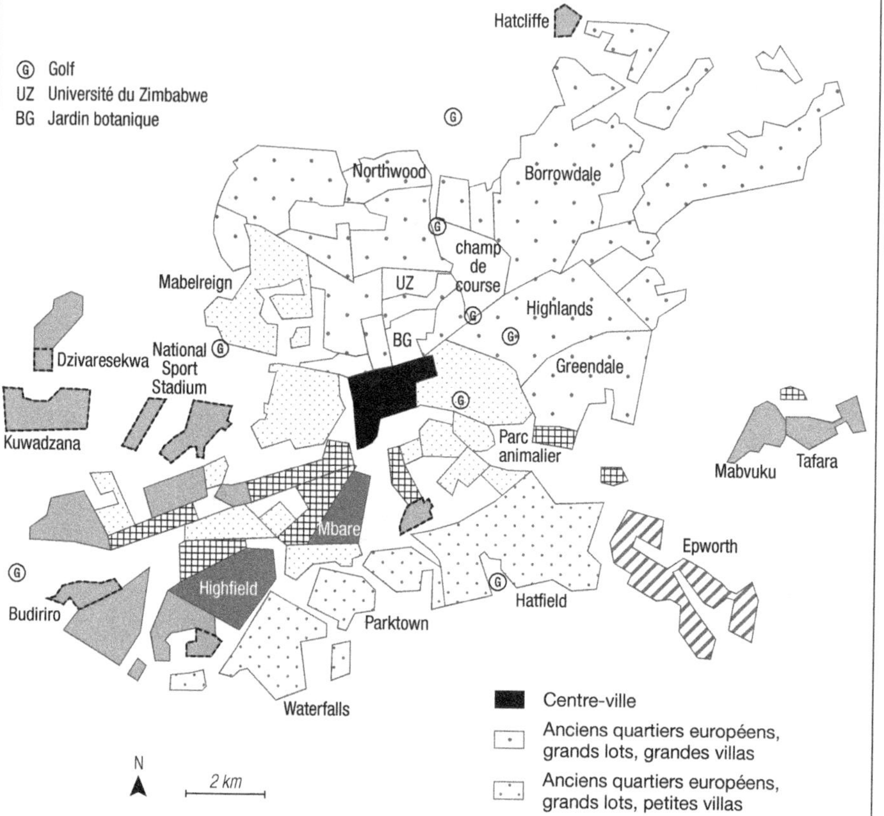

L'apartheid sans l'apartheid : la structure urbaine de la capitale zimbabwéenne ne diffère en rien de celle d'une ville sud-africaine. D'autant moins qu'à l'écart au sud de la ville se trouve le vaste ensemble de *townships* de Chitunguiza (non placé ici), conçu, dans les années 1970, sur le modèle de Soweto. Les principes urbanistiques sont les mêmes et ont conduit à des contrastes extrêmes de densité et à des inégalités spatialisées. Depuis la date de réalisation de cette carte, du côté de l'ancienne ville réservée aux Blancs, c'est l'installation de la nouvelle élite liée au régime de la ZANU PF qui frappera l'observateur, surtout dans le quartier de Borrowdale (où ont cependant aussi été réalisées quelques opérations de construction de logements destinés à la classe moyenne supérieure). Le déclin économique du centre-ville a aussi été une des évolutions, en partie liée au développement, comme en Afrique du Sud, de nouveaux centres commerciaux en périphérie nord de l'agglomération. Mais, jusqu'au milieu des années 2000, c'est d'abord l'extension des quartiers auto-construits qui a été un des traits de l'évolution urbaine (en même temps que la densification dans les *townships*). En 2005, le gouvernement zimbabwéen a lancé à Harare l'opération « Murambatsvina » (« nettoyage des ordures » en langue shona) qui visait à éradiquer de l'espace urbain l'ensemble de ce qui n'était pas « formel » : commerce informel, habitat non-réglementaire. Des dizaines de milliers de familles ont été jetées sur les routes, des milliers de baraques de quartiers non-légaux ont été rasées. Ceci indique assez le maintien d'une idéologie qui n'hésite jamais à interdire le « droit à la ville » et à refuser le statut de citadin dans une grande continuité entre colonial et post-colonial.

Source : P. Gervais-Lambony, 1994 - Cartographie : J. Robert, Université Paris Ouest 2013

Bibliographie

La bibliographie de la première édition de l'ouvrage a été ici mise à jour par l'ajout de publications postérieures à 1997 et par la suppression des articles ou ouvrages qui seraient peu utiles aujourd'hui. Les ouvrages sur l'Afrique du Sud sont en anglais très nombreux, moins rares aujourd'hui en français qu'ils ne l'étaient dans les années 1990. Sur les pays voisins de l'Afrique du Sud, en revanche, même en langue anglaise, la bibliographie est peu abondante, d'où la disproportion dans les références. Nous nous sommes limités ici aux ouvrages et articles qui semblaient être soit indispensables à un complément d'information, soit facilement accessibles au lecteur francophone.

Alden C., Khalfa J. (éds), 1995, « Afrique du Sud : Le Cap de Bonne-Espérance », *Les Temps Modernes*, n° 585.

Balans J.-L., Lafon M. (éds), 1995, *Le Zimbabwe contemporain*, Paris, Karthala.

Beavon K., 2004, *Johannesburg. The Making and Shaping of the City*, Pretoria/Tshwane, Unisa Press.

Bénit-Gbaffou C., Gervais-Lambony Ph. (éds), 2008, « Les formes de la démocratie locale dans les villes sud-africaines », *Revue Tiers Monde*, n° 196.

Blanchon D., 2009, *L'espace hydraulique sud-africain : le partage des eaux*, Paris, Karthala.

Bundy C., 1979, *The Rise and Fall of the South African Peasantry*, Londres, Heinemann.

Cahen M., 1987, *Mozambique, la révolution implosée*, Paris, L'Harmattan.

Calland R., 2013, *The Zuma Years*, Cape Town, Zebra Press.

Chipkin C., 1993, *Johannesburg Style, Architecture and Society, 1880s-1960's*, Cape Town, David Phillip.

Chipkin C., 2008, *Johannesburg Transition. Architecture and Society from 1950*, Johannesburg, STE Publishers.

Chipkin I., 2007, *Do South African Exist?*, Johannesburg, Wits University Press.

Christopher A. J., 2001, *Atlas of Changing South Africa*, Londres, Routledge.

Cling J.-P., 2000, *L'Économie sud-africaine au sortir de l'apartheid*, Paris, Karthala.

Compagnon D., 2013, *A Predictable Tragedy. Robert Mugabe and the Collapse of Zimbabwe*, University of Pennsylvania Press.

Coplan D., 1992, *In Township Tonight! Musique et théâtre dans les villes noires d'Afrique du Sud*, Paris, Karthala.

Coussy D., Hirson D., Metelerkamp J., 2010, *Afrique du Sud : une traversée littéraire*, Paris, Institut français-INA.

Cubizolles S., 2010, *Le football en Afrique du Sud*, Paris, Karthala.

Darbon D., Faure V. (éds), 1996, « La Nouvelle Afrique du Sud », *Hérodote*, n° 82/83.

Davenport T. R., Saunders C., 2000, *South Africa. A Modern History*, Londres, MacMillan.

Diener I., Graeffe O. (éds), 1999, *La Namibie contemporaine. Les premiers jalons d'une société post-apartheid*, Paris, Karthala.

Dubresson A., Jaglin S. (éds), 2008, *Le Cap après l'apartheid*, Paris, Karthala.

Dupre R. H., 1994, *Separate but Unequal, The Coloured People of South Africa, a Political History*, Johannesburg, Jonathan Ball Publishers.

Fassin D. (éd), 2004, *Afflictions. L'Afrique du Sud, de l'apartheid au Sida*, Paris, Karthala.

Fauvelle-Aymar F.-X., 2006, *Histoire de l'Afrique du Sud*, Paris, Le Seuil.

Foucher M., 1991, *Fronts et frontières. Un tour du monde géopolitique*, Paris, Fayard.

Freund W., 1995, *Insiders and Outsiders, The Indian Working Class of Durban, 1910-1990*, Pietermaritzburg-Londres, Heinemann, University of Natal Press, James Currey.

Freund W., 1998, *The Making of Contemporary Africa: Development of African Society since 1800*, Boulder, Lynne Rienner Publishers.

Fritz J.-C., 1991, *La Namibie indépendante. Les coûts d'une décolonisation retardée*, Paris, L'Harmattan.

Geffray C., 1990, *La cause des armes au Mozambique. Anthropologie d'une guerre civile*, Paris, Karthala.

Gervais-Lambony Ph., 1994, *De Lomé à Harare: le Fait citadin*, Paris, Karthala.

Gervais-Lambony Ph., 2003, *Territoires citadins, 4 villes africaines*, Paris, Belin.

Gervais-Lambony Ph., 2009, *L'Afrique du Sud*, Paris, Le Cavalier Bleu.

Gervais-Lambony Ph., 2012, *L'Afrique du Sud. Entre héritages et émergence*, Paris, La Documentation photographique.

Gervais-Lambony Ph., Jaglin S., Mabin A. (éds), 1999, *La question urbaine en Afrique australe, perspectives de recherche*, Paris, Karthala-Ifas.

Gills S. J., 1993, *A Short History of Lesotho*, Morija, Morija Archives.

Godwin P., Hancock I., 1993, *Rhodesians Never Die*, Harare, Baobab Books.

Gourou P., 1971, *L'Afrique*, Paris, Hachette.

Guillaume P., 2001, *Johannesburg. Géographie de l'exclusion*, Paris, Karthala-Ifas.

Guillaume P., Péjout N., Wakwalu-Segati A. (éds), 2004, *L'Afrique du Sud, dix ans après. Transition accomplie?*, Paris, Karthala-Ifas.

Hayem J., 2008, *La figure ouvrière en Afrique du Sud*, Paris, Karthala.

Houssay-Holzschuh M., 1999, *Le Cap, ville sud-africaine*, Paris, L'Harmattan.

Houssay-Holzschuh M. (éd), 2010, « Puissance émergente, nation adolescente : l'Afrique du Sud en 2010 », *Revue ÉchoGéo*, n° 13.

Jouanneau D., 1995, *Le Mozambique*, Paris, Karthala.

Kay G., 1970, *Rhodesia, a human geography*, Londres, University of London Press.

Lachartre B., 2003, *Enjeux urbains au Mozambique, de Lourenço Marques à Maputo*, Paris, Karthala.

Lemon A. (éd.), 1991, *Homes Apart: South Africa's segregated cities*, Bloomington, Indiana University Press.

Lory G., 2010, *Afrique du Sud*, Paris, Karthala.

Lory M., 1995, *Le Botswana*, Paris, Karthala.

Marcus T., Eales K., Wildschult A., 1996, *Down to Earth. Land Demand in the New South Africa*, Durban, Indicator Press, University of Natal Press.

Martin D.-C., 2013, *Sounding the Cape. Music, Identity and Politics in South Africa*, Le Cap, African Minds.

Maylam P., 1986, *A History of the African people of South Africa*, Londres, Croom Helm.

Meillassoux C., Messiant C. (éds), 1991, *Génie social et manipulations culturelles en Afrique du Sud*, Paris, Arcantère.

Morange M., 2006, *La question du logement à Mandela City*, Paris, Karthala-Ifas.

Moyo S., Chamabti W. (éds), 2013, *Land and Agrarian Reform in Zimbabwe: Beyond White-Settler Capitalism*, Dakar, CODESRIA & AIAS.

Murray M., 2011, *City of extremes. The Spatial Politics of Johannesburg*, Johannesburg, Wits University Press.

NTEBESA L., HALL R., 2007, *The Land Question in South Africa*, Tshwane, HSRC Press.

OMER-COOPER J.-D., 1994, *History of Southern africa*, Londres, James Currey.

PEYROUX E., 2004, *Windhoek, capitale de la Namibie*, Paris, Karthala-Ifas.

POSEL D., 1991, *The Making of Apartheid*, Londres, Clarendon Press.

RAISON J.-P., GERVAIS-LAMBONY PH., MESSIANT P., 1994, « L'Afrique australe », *in* DUBRESSON A., MARCHAL J.-Y., RAISON J.-P., *Les Afriques au sud du Sahara, Géographie Universelle*, Paris, Belin, p. 358-421.

SHEPHERD N., ROBINS S. (éds), 2008, *New South African Keyword*, Johannesburg, Jacana Press.

SOUTHALL R., 2013, *Liberation Movements in Power. Party and State in Southern Africa*, Durban, University of Kwazulu-Natal Press.

VAIL L. (éd.), 1989, *The Creation of tribalism in Southern Africa*, Londres, James Currey.

VAN DONK M., SWILLING M., PIETERSE E., PARNELL S., 2008, *Consolidating Developmental Local Government. Lessons from the South African Experience*, Le Cap, University of Cape Town Press.

VAN ONSENLEN C., 1982, *Studies in the social and economic history of the Witwatersrand 1886-1914*, Johannesburg, Ravan Press.

VAN ONSENLEN C., 1996, *The Seed is Mine. The life of Kas Maine, a South African Sharecropper 1894-1985*, Le Cap, David Philip.

VIVET J., 2012, *Déplacés de guerre dans la ville. La citadinisation des deslocados à Maputo (Mozambique)*, Paris, Karthala.

WEULERSSE J., 1993 (1931), *Noirs et blancs*, Paris, Comité des Travaux historiques et scientifiques.

Index des noms propres

Table des cartes

Table des matières

Deuxième Partie
L'Afrique du Sud au sortir de l'apartheid : un pays en mutation

Troisième Partie
Afrique du Sud, l'espace inégal

Quatrième Partie
Des voisins divers : dépendance ou intégration ?

Post-scriptum

Achevé d'imprimer en France
par Dupli-Print à Domont (95)

Armand Colin Éditeur
21, rue du Montparnasse, 75006 Paris

11026918/02 – (II) – (0,5) – OSB 80° – PCA – IPN
Dépôt légal : décembre 2013
N° d'impression : 2013120107

PAPIER À BASE DE FIBRES CERTIFIÉES

ARMAND COLIN s'engage pour l'environnement en réduisant l'empreinte carbone de ses livres. Celle de cet exemplaire est de :
1,1 kg éq. CO_2
Rendez-vous sur www.armand-colin-durable.fr